全国教育科学"十二五"规划2015年度教育部
工科大学生工程伦理教育的研究与实践
（课题批准号：DIA150314）

工程伦理与案例分析

王玉岚　等著

知识产权出版社
全国百佳图书出版单位
—北京—

图书在版编目（CIP）数据

工程伦理与案例分析/王玉岚等著. —北京：知识产权出版社，2020.12
ISBN 978-7-5130-7347-9

Ⅰ.①工… Ⅱ.①王… Ⅲ.①工程技术—伦理学—研究 Ⅳ.①B82-057

中国版本图书馆 CIP 数据核字（2020）第 254650 号

内容提要

时代的发展，对我国工程技术人员的培养提出了更高的要求。工程伦理教育在我国的兴起是顺应时代发展要求的，也符合中国高等工程教育和国际接轨的需要。

本书从道德和伦理概念导入，逐步深入论述了工程伦理的基本概念、基本理论、基本原则和相关工程伦理规范，并对我国工程伦理教育的推进思路进行了一定的思考。本书意在启迪工程技术人员的工程伦理意识，培养其强烈的社会责任感，有助于其在工程活动中科学决策，主动规避工程风险，使人类的工程活动向着有益于人类社会的方向发展，向着有益于生态环境和谐的方向发展。书中在工程伦理理论论述的基础上，对相关伦理问题进行了阐述和思考，并分析了大量的典型伦理案例，便于读者透彻理解相关章节所阐述的工程伦理问题。

本书可作为高等院校理工类专业师生教学用书和选读著作，也可以作为工程技术人员的培训教材和参考用书。

责任编辑：刘 嚣　　　　　　　　责任校对：谷 洋
封面设计：红石榴文化·王英磊　　责任印制：孙婷婷

工程伦理与案例分析
王玉岚　等著

出版发行：知识产权出版社有限责任公司	网　址：http://www.ipph.cn
社　址：北京市海淀区气象路 50 号院	邮　编：100081
责编电话：010-82000860 转 8119	责编邮箱：liuhe@cnipr.com
发行电话：010-82000860 转 8101/8102	发行传真：010-82000893/82005070/82000270
印　刷：北京九州迅驰传媒文化有限公司	经　销：各大网上书店、新华书店及相关专业书店
开　本：787mm×1092mm　1/16	印　张：15.25
版　次：2020 年 12 月第 1 版	印　次：2020 年 12 月第 1 次印刷
字　数：290 千字	定　价：69.00 元
ISBN 978-7-5130-7347-9	

出版权专有　侵权必究
如有印装质量问题，本社负责调换。

前言

PREFACE

现今社会是科技高度发展的时代，人类在享有发达科技带来现代文明的同时，也时刻被出现在公众视野中由工程活动引发的工程伦理问题所困扰。在人类历史上发生的，诸如核电站核泄漏事故、航天飞机失事事件、克隆人问题、核武器使用问题、环境劣化问题、人工智能问题、土木工程事故和网络安全问题等工程伦理问题频频冲击着人们的心理承受力和伦理价值观。这些由科技发展而导致的工程安全事件的发生既有人类认知局限性的原因，也和参与工程活动的工程技术人员自身伦理素质有关。工程技术人员是工程活动的实施者，其专业素养、工程伦理意识和社会责任感的强弱必将体现在其实施的工程行为中，并对人类社会产生深远影响。在工程活动中，人类对自然的影响力度越大，其中蕴含的工程伦理问题将越突出，造成的社会影响力也会越大。所以，在实施工程行为时，现今社会在关注工程技术人员专业能力和专业素养的基础之上，对工程技术人员处理工程活动中相关非技术性问题的能力要求也越来越高，包括其处理在工程活动中可能出现的政治、经济、法律、管理、伦理、环境和人类安全等问题的能力。工程伦理教育的推进对培养具备良好工程伦理素养和强烈社会责任感的高层次专业技术人才意义深远。

本书是工程伦理方面的研究专著。本书内容主要涵盖道德和伦理；伦理学、应用伦理学和工程伦理学；科学、技术和工程对社会发展的推动作用；工程活动中的伦理困惑和思考；工程活动中的团队精神；工程师的职业素质；工程师在公共安全中的作用；工程活动中的环境伦理问题；土木工程活动中的伦理问题；网络社会中的伦理问题；公众食品安全中的伦理问题；以及对我国工程伦理教育推进的设想。本书对推动工程伦理实践和研究具有一定的理论意义和现实价值。

本书以培养工程技术人员的工程伦理意识和社会责任感，使其掌握工程伦理规范，健全其自身的职业伦理素养，提升其在工程活动中的工程分析、工程判断和工程决策能力为主旨。本书将概念、理论和案例相结合，全书共分十二章，在章节最后共分析和讨论了35个伦理案例。同时，在本书的工程伦理理论论述中，也引入大量案例对相关伦理问题进行实例支撑。本书的特点是案例丰富，涉及面广，可以充分打开读者的工程伦理视野，从多角度论述了工程伦理问题，帮助读者理解工程伦理的内涵和意义，培育读者感知工程伦理理念，使其能运用工程伦理思维方法去解决工程实践问题中的伦理判断和伦理决策问题。本书在对工程伦理理论论述和案例分析的同时，也实时穿插相关知识点和思考描述，使工程伦理理论的阐述更清晰。

本书编写工作的具体分工如下：第一章、第二章、第三章、第四章、第十二章由湖北第二师范学院王玉岚编写；第五章由湖北第二师范学院王秋珍编写；第六章、第九章由湖北第二师范学院胡显燕编写；第七章由湖北第二师范学院张忠贵编写；第八章的第一节至第三节由湖北第二师范学院张赟编写，第四节由王玉岚编写；第十章、第十一章由武汉工程大学谢莎莎编写。本书由王玉岚主持编写工作并负责统稿。程浩、杨秀沙、覃源德、黄恒东、游学成、陈宏业、周怡璟和向卫东等参与了本书有关章节的资料收集工作。

本书得到全国教育科学"十二五"规划2015年度教育部重点课题——工科大学生工程伦理教育的研究与实践（课题批准号：DIA150314）项目基金的资助。武汉理工大学张光辉教授对本书的编写给予了很多指导性的宝贵意见和大力支持。知识产权出版社刘嚣编辑对本书的编写提出了具有建设性的有价值建议，为本书的出版付出了无微不至的努力。在本书的编写过程中，参考了很多国内外专家和学者的文献资料，在此表示衷心的感谢！

由于工程伦理的研究涉及多学科的交叉和融合，具有一定的复杂性，本书的编写工作具有一定的难度。同时，由于作者水平有限，书中不足之处在所难免，恳请专家和读者批评指正。

王玉岚
2020年8月于武汉

目录

第一章　道德和伦理 ………………………………………………………………… 1

　第一节　道德和伦理的内涵　/ 2

　　　一、道德　/ 2

　　　二、伦理　/ 4

　　　三、道德与伦理的区别　/ 5

　第二节　中国伦理思想的演变　/ 8

　　　一、春秋战国时期的伦理思想　/ 8

　　　二、秦汉至清代时期的伦理思想　/ 10

　　　三、中国近代伦理思想　/ 11

　第三节　西方伦理思想的演变　/ 11

　　　一、古希腊古罗马时期的伦理思想　/ 12

　　　二、中世纪的伦理思想　/ 15

　　　三、近代资产阶级的伦理思想　/ 16

　第四节　案例分析及伦理思考　/ 18

　案例一　电车难题　/ 18

　案例二　女王诉达德利和史蒂芬斯案　/ 21

第二章　伦理学、应用伦理学和工程伦理学 ……………………………………… 25

第一节　伦理学和伦理学的基本范畴 / 26
一、伦理学的概念 / 26
二、伦理学的基本范畴 / 26

第二节　伦理原则 / 29
一、个人主义原则 / 29
二、功利主义原则 / 30
三、人道主义原则 / 30
四、利他主义原则 / 31
五、集体主义原则 / 31

第三节　伦理学的分类 / 32
一、规范伦理学 / 32
二、元伦理学 / 32
三、描述伦理学 / 33
四、应用伦理学 / 33

第四节　应用伦理学概述 / 34
一、应用伦理学基本原则 / 34
二、应用伦理学的指导意义 / 35
三、应用伦理学的研究范围 / 36
四、应用伦理学的分类 / 37

第五节　工程和工程伦理学 / 40
一、工程 / 40
二、工程伦理学 / 41

第六节　案例分析及伦理思考 / 44
案例一　消极公正案例——唐代武则天时期徐元庆案 / 44
案例二　《致加西亚的信》故事中蕴含的伦理思想 / 45
案例三　中国传统古村落保护中的伦理问题 / 47

第三章　科学、技术和工程对社会发展的推动作用 ……………………………… 50

第一节　科学、技术和工程 / 51
第二节　人类历史上的三次工业革命 / 53
一、第一次工业革命 / 53
二、第二次工业革命 / 54

三、第三次工业革命 / 54
第三节 科学、技术和工程对人类社会的贡献 / 56
　　一、公路、铁路和航空运输的发展 / 56
　　二、航天技术的发展 / 58
　　三、土木工程领域的发展 / 60
第四节 案例分析及伦理思考 / 64
案例一 中国"八横八纵"高速铁路网络建设 / 64
案例二 青藏铁路 / 66
案例三 京杭大运河 / 69

第四章 工程活动中的伦理困惑和思考 / 74
第一节 工程活动中的伦理困惑 / 75
　　一、核武器的使用 / 75
　　二、克隆人问题 / 79
　　三、人工智能的困惑 / 81
第二节 工程活动中的风险 / 85
第三节 工程活动中的决策 / 90
第四节 案例分析及伦理思考 / 97
案例一 苏联切尔诺贝利核事故 / 97
案例二 美国"哥伦比亚号"航天飞机失事事故 / 99

第五章 工程活动中的团队精神 …… 103
第一节 团队的概念与团队建设 / 104
　　一、团队的概念 / 104
　　二、团队的特点 / 104
　　三、团队和群体的比较 / 104
　　四、团队的类型 / 105
　　五、高效团队的建设 / 106
第二节 团队精神与团队精神的培养 / 108
　　一、团队精神的概念 / 108
　　二、团队精神的特点 / 108
　　三、团队精神对团队的作用 / 109
　　四、影响团队精神的因素 / 109

五、团队精神建设的措施 / 110
　第三节　工程技术团队合作能力的培养与创新团队的建设 / 111
　　　一、工程技术人员能力的培养 / 111
　　　二、工程技术团队能力的培养 / 112
　　　三、工程技术团队创新优势的培养 / 112
　　　四、工程技术团队的建设措施 / 113
　　　五、工程技术创新团队的创新精神培育 / 114
　第四节　案例分析及伦理思考 / 115
　案例一　从刘邦的成功思考团队成员合作的重要性 / 115
　案例二　1935年春夜苟坝那盏马灯——团队力量成就了中国革命的胜利 / 116
　案例三　小陀螺里的大世界——永远不偏的团队 / 118

第六章　工程师的职业素质 …… 121
　第一节　工程师概述 / 122
　第二节　职业素质的概念界定及现实意义 / 123
　　　一、职业素质的定义 / 123
　　　二、职业素质的构成 / 123
　　　三、职业素质的重要作用 / 125
　　　四、我国工科大学生应具备的职业素质特征 / 126
　　　五、如何加强职业素质建设 / 127
　第三节　工程师的职业素质评价 / 128
　　　一、工程师的种类 / 128
　　　二、工程师应具备的职业素质 / 129
　　　三、职业素质缺失带来的后果 / 130
　第四节　怎样成为土木工程师 / 131
　第五节　案例分析及伦理思考 / 132
　案例一　复旦投毒案 / 132
　案例二　马加爵事件 / 133
　案例三　工程师之戒 / 134

第七章　工程师在公共安全中的作用 …… 136
　第一节　公共安全的概念及特征 / 137
　第二节　突发公共事件 / 138

第三节　城市公共安全空间规划　/ 140
　　　　一、构建城市公共安全系统　/ 141
　　　　二、城市公共安全空间规划保障机制　/ 141
　　　　三、城市公共安全空间规划技术体系　/ 142
　　第四节　案例分析及伦理思考　/ 142
　　案例一　"7·23"甬温线特别重大铁路交通事故　/ 142
　　案例二　印度博帕尔毒气泄漏事故　/ 145

第八章　工程活动中的环境伦理问题 ……………………………………… 149
　　第一节　生态环境状况概述　/ 150
　　　　一、水土流失问题　/ 150
　　　　二、土地荒漠化问题　/ 150
　　　　三、森林面积不断减少　/ 151
　　　　四、地下水位下降，水体污染严重　/ 151
　　第二节　人类工程活动对环境的压力　/ 151
　　第三节　环境问题的治理措施　/ 152
　　　　一、西方发达国家在环境治理问题上理论和实践的探索　/ 152
　　　　二、我国在生态文明建设方面理论和实践的探索　/ 154
　　第四节　案例分析及伦理思考　/ 157
　　案例一　颇具争议的阿斯旺高坝　/ 157
　　案例二　伦敦烟雾事件　/ 160
　　案例三　新冠肺炎疫情下野生动物的自然回归　/ 162

第九章　土木工程活动中的伦理问题 ……………………………………… 164
　　第一节　土木工程概述　/ 165
　　　　一、土木工程定义　/ 165
　　　　二、土木工程的发展过程　/ 166
　　第二节　土木工程灾害　/ 167
　　　　一、土木工程灾害概述　/ 168
　　　　二、土木工程灾害产生机理及其类型　/ 168
　　　　三、土木工程灾害防御措施探索　/ 169
　　　　四、典型的土木工程灾害——地震　/ 169
　　第三节　建筑定向爆破和建筑平移中的伦理问题　/ 171

一、建筑定向爆破 / 171
　　二、建筑平移 / 172
第四节　土木工程施工和建设管理中的伦理问题 / 173
　　一、土木工程施工中存在的伦理问题 / 174
　　二、工程建设管理中存在的伦理问题 / 175
第五节　案例分析及伦理思考 / 177
案例一　重庆綦江彩虹桥坍塌事件 / 177
案例二　上海"莲花河畔景苑"小区13层楼房倒塌事件 / 178
案例三　梁思成、林徽因故居被拆除案例 / 180
案例四　三门峡水利工程 / 180

第十章　网络社会中的伦理问题 …………………………………………… 183
第一节　网络简介 / 184
　　一、网络的定义和特性 / 184
　　二、网络安全 / 185
第二节　网络伦理问题 / 186
　　一、网络伦理学 / 186
　　二、网络伦理研究的发展 / 188
第三节　网络伦理问题的根源 / 189
　　一、网络的全球化与开放性 / 189
　　二、主体自律意识的缺失 / 190
第四节　网络伦理问题的规范和应对措施 / 190
　　一、提升公众道德素养 / 190
　　二、提升网络主体自身道德修养 / 191
　　三、加强网络监管 / 191
　　四、增强国际合作 / 192
第五节　案例分析及伦理思考 / 192
案例一　网上支付系统安全问题 / 192
案例二　网络监听 / 193
案例三　章莹颖失踪案和暗网 / 194
案例四　网络病毒 / 195
案例五　电影《搜索》中的伦理问题——网络隐私和网络暴力 / 196

第十一章　公众食品安全中的伦理问题 …………………………………… 198

第一节 食品和食品安全 / 199
　　一、食品安全的演进 / 199
　　二、食品安全的特征 / 199

第二节 食品安全现状 / 201
　　一、食品加工业的重要地位 / 201
　　二、互联网食品行业的兴起 / 201

第三节 食品安全法规和监管机制 / 202
　　一、食品安全法规的发展史 / 202
　　二、食品安全监管的现状 / 203

第四节 食品安全中的伦理问题 / 204
　　一、食品安全伦理的意义 / 204
　　二、食品安全伦理存在的问题 / 205
　　三、食品安全伦理体系的构建思路 / 205

第五节 案例分析及伦理思考 / 206
　案例一 南京冠生园之殇 / 206
　案例二 三鹿奶粉事件 / 207
　案例三 流入餐桌的"地沟油" / 208
　案例四 走私"僵尸肉"事件 / 210
　案例五 饿了么"黑店"风波 / 211

第十二章 我国工程伦理教育推进的设想 ……………………… 213

第一节 我国高等工程教育中的工程伦理素质要求 / 214
　　一、我国卓越工程师教育培养计划中的工程伦理素质要求 / 214
　　二、我国工程教育专业认证体系建设中的工程伦理素质要求 / 215
　　三、我国新工科建设中的工程伦理素质要求 / 216

第二节 我国工程伦理教育推进的途径 / 217
　　一、城市公共资源对工科大学生工程伦理素养的提升作用 / 217
　　二、共情能力对工科大学生工程伦理素养的助益 / 221
　　三、中国教育的完善对我国工程伦理教育的促进作用 / 224
　　四、工程伦理教育需要国家、社会和高校层面的共同推进 / 226

第三节 对我国工程伦理教育的反思 / 228

第一章 道德和伦理

第一节　道德和伦理的内涵

一、道德

(一) 道德概念的引入

苏格拉底的困惑——什么是道德？

苏格拉底习惯到热闹的雅典市场上去发表演说和与人辩论问题。

有一天，苏格拉底来到市场上。他问一个路人："对不起！我有个问题弄不明白，向您请教。人人都说要做一个有道德的人，但道德究竟是什么？"

"忠厚诚实，不欺骗别人。"那人答道。

"但为什么和敌人作战时，我军将领却千方百计地去欺骗敌人呢？"苏格拉底继续问道。

那人马上解释道："欺骗敌人是符合道德的，但欺骗自己人就不道德了。"

苏格拉底反驳道："当我军被敌军包围时，为了鼓舞士气，将领就欺骗士兵说，援军已经到了，大家奋力拼杀突围，最后突围成功了。这种欺骗也不道德吗？"

那人说："那是战争中出于无奈才这样做的，日常生活中这样做是不道德的。"

苏格拉底又追问道："假如您儿子生病了，又不肯吃药，作为父亲，您欺骗他说，这不是药，而是一种很好吃的东西，这也不道德吗？"

那人只好承认："这种欺骗是符合道德的。"

苏格拉底并不满足，又问道："不骗人是道德的，骗人也可以是道德的。那就是说，道德不能用骗不骗人来说明。那究竟用什么来说明呢？还是请您告诉我吧！"

那人想了想，道："不知道道德就不能做到道德，知道了道德便能做到道德。"

苏格拉底这时候才满意地笑起来，拉着那个人的手说："您真是一个伟大的哲学家，您告诉了我关于道德的知识，使我弄明白了一个长期困惑不解的问题，我衷心地感谢您！"

苏格拉底通过对道德含义的不断发问，在问与答之间逐渐使人们明晰了道德的真谛。人首先要知道何谓道德，才能行道德之事，此种从辩论中弄清问题的方法称为"精神助产术"。

意大利诗人但丁说过："一个知识不全的人可以用道德去弥补，而一个道德不全的人却难以用知识去弥补。"由此可见道德在人们心目中的重要地位。中华民族崇尚道德，道德依靠社会舆论、人的信念和传统习俗调节着人与人、人与社会的行为。以孔子为代表的儒家思想和以老子为代表的道家思想，都以拥有高尚的道德品格为他们所推崇的至高境界。

（二）道德的含义

"道德"一词，在英文里用 Morality 表达，这个词源自拉丁语 Moralis，所表示的含义是"风尚""风俗"。道德是古代哲学和伦理思想的一个基本范畴，在古代典籍中，"道"和"德"最早是分开使用的两个概念。先秦思想史上，"道"主要是指一种支配自然和人类社会的规律。表示自然的运行规律称为"天道"，常用的表达如天道酬勤、吉人自有天相等。表示社会生活准则的称为"人道"。"德"字最初意义是对祖先神的祭祀，本意为顺应自然、社会和人类客观需要去做事，常用的表达如德高望重、积善成德、德才兼备等。"道"为行为的原则，"德"为行为的效果。"道"和"德"两字连用，把外在的道理内化于己而有所得，使人类的行为合于理、利于人。道德是一种社会规范：与政治、法律相比，道德是一种非强制性的规范；与宗教相比，道德调节的是现实世界的社会关系；从道德的调节层次来看，道德就是调节各种社会性关系的规范形式。

总而言之，道德是一定社会、一定阶级向人们提出的处理人和人之间、个人和社会、个人和自然之间各种关系的一种特殊的行为规范。道德是通过社会舆论、传统习俗和人们的内心信念来维系，是对人们的行为进行善恶评价的心理意识、原则规范和行为活动的总和。

（三）道德的特征[①]

道德具有历史性、阶级性、传承性、稳定性和自律性等特征。

（1）道德的历史性：道德有一个发展过程，在不同的历史时期可能有不同的道德要求和标准。

（2）道德的阶级性：不同的阶层或阶级有不同的道德标准，不同的民族或国家

---

① 王明辉. 何谓伦理学 [M]. 北京：中国戏剧出版社，2005.

也可能有不同的道德标准。

（3）道德的传承性：道德在发展过程中有着相互联系，有一些基本的道德要素可以超越时空、民族和信仰，成为全人类的共识。

（4）道德的稳定性：在人类历史的演化中形成的传统习惯和风尚，会和人们的情感意志等心理因素结合在一起而长期存在。

（5）道德的自律性：道德和法律不同，不是一种强制性的规范，是通过社会舆论、传统习俗和人们的信念来维持的。

二、伦理

在英文中，"伦理"一词用 Ethics 表达，源自古希腊语 Ethos 这个词①。在荷马时代，表示驻地或公共场所。早期的古希腊，这个词也曾作为专门术语，表示某种现象的实质或稳定的性质。后来，伦理被用来专指一个民族特有的生活惯例，相当于汉语的"风尚"和"风俗"等含义，经过多次演变之后，又有汉语的"性格""品质""品格"和"德行"等含义。从亚里士多德开始，这个词便专门用来表示研究人类德行的科学。

伦理是指在处理人与人、人与社会相互关系时应遵循的道理和准则，是指一系列指导行为的观念，是从概念角度上对道德现象的哲学思考。它不仅包含对人与人、人与社会和人与自然之间关系处理中的行为规范，而且也深刻地蕴涵着依照一定原则来规范行为的深刻道理。伦理是做人的道理，包括人的情感、意志、人生观和价值观等方面，是人与人之间符合某种道德标准的行为准则。美国《韦氏大辞典》对于伦理的定义是：一门探讨什么是好、什么是坏，以及讨论道德、责任与义务的学科。伦理一词在中国作为一个概念始自于《礼记·乐记》："乐者，通伦理者也"，意思是八音和谐才能奏出和谐的乐章，后被引申为人们在处理人伦关系时只有遵循相应的规则，才能使关系和谐。

知识点1-1 "伦理"一词是和制汉语，也称日制汉语。在维基百科中，对"和制汉语"的解释是指现代汉语中从日语借用的新词。自19世纪末起，大量日制汉语词流入中国，成为汉语中的外来词。这类词汇的来源可分为被日本人赋予新意的中国古籍里的旧词以及日本人原创的新词；前者如洋行、社会、经济等，后者有大根、抽象、哲学等。当"伦理"这个词传入中国时遭到了广大有识之士的抵制，最终词义被拆分，并产生另外一个新词——逻辑。

---

① 雅克·蒂洛，基思·克拉斯曼. 伦理学与生活 [M]. 9版. 程立显，刘建，译. 北京：世界图书出版公司，2008.

三、道德与伦理的区别

在日常生活中，道德和伦理这两个词的出现频率都比较高，关于道德和伦理这两个概念，有相通之处，但在日常用法和历史渊源上也有一定的差异。

（1）道德倾向于习俗习惯，是人们心中的道德观；而伦理则稍显学术一些，伦理学是对道德的反思和再考察，伦理学也被称为道德的哲学。伦理和道德，在现实生活中分别有一定约定俗成的思维模式和用法。

思考1-1　当评价一个人道德是否高尚时，会考察其待人处事是否真诚和守信。在习惯上，能扶助弱小、尊老爱幼的行为，都被人视为道德高尚的表现。在人与人相处时，则需要符合人伦，天伦之乐是人们所推崇的，是涉及伦理的。

思考1-2　老人摔倒，公众需要去扶助吗？

现今社会，老人摔倒，公众是否应该去扶助引发许多社会热议。正常情况下，人们都认为应该扶助摔倒的老人，这是出于人道考虑也是人的本性，是应该去做的事情。但现实中，扶助摔倒的老人后，施救人被老人家属或老人诬告而受到伤害的例子频频出现，导致人们不敢救助老人了。其实，从道义上说，在老人摔倒的时候，去救助老人是每个公民应尽的职责和义务，也是社会公德心的体现。但施救后却被老人家属或老人诬告，问题是出在老人家属或老人方面。知恩图报是人的可贵品质，在困难的时候被人帮助走出困境也是难能可贵的经历，老人家属或老人诬告救助者的行为，让救助者心寒，从而导致人们不敢轻易出于道义在社会上扶助人了，这损伤的是公众整体的利益。

（2）道德和伦理都是规范人们行为的规范和准则。道德是规范应当如何做；伦理是对人类社会关系的应然性认识。道德往往带有明显的内在性、主观性和个体性，道德侧重于道德主体本身的意识、行为和品质，道德是内化于心的规范和德行。因为每个人的价值观、情感表达和思维模式不同，道德行为的理解和实施因个体的不同而不同。道德的实施具有自我性，而不具有社会性，也就不可能要求他人同自己一样执行自认为正确的道德标准。伦理强调的是由人构成的人伦关系，伦理具有外在性、客观性和社会性，伦理侧重于不同道德主体之间的关系及其调节。伦理对于人们行为的实施有着相对固化的规则和约定，存在必须或不可以的肯定或否定的事实判断。或者说，伦理的实施本身是他律的，即伦理是建立在对他人的意志或群体意志的尊重或服从的基础上；而道德的实施本身是自律的，即道德是建立在自我的意志之上作出的自认为正确的事实判断。在中国传统伦理思想中，提倡人伦价值，强调尊老爱幼的美德。人伦在封建社会中涉及君臣、父子、夫妇、兄弟、朋友及各种尊卑长幼关系。在人类社会中，每个生命个体是平等的，人们在行事时需注意父子有亲、君臣有义、夫妇有别、长幼有序、朋友有信。同样，生命个体之间是存在个体差异的，当存在强大和弱小的差异时，也需注重对弱小的扶助。

思考1-3 对小动物的收治和抚养，需要人们付出爱心。有的宠物主人忽略动物的感受，呵斥或者虐待动物，这是不人道的。在街上，时不时可以看到有的小狗主人不是牵着小狗散步，而是拖拽着小狗走路，小狗主人在情感上是没有考虑到每个生命都是有尊严的。同时，这个社会也有很多有爱心的人士，一直在救助社会上的流浪猫狗，并对这些动物施以人道主义关爱，这也是伦理的外在表现。

知识点1-2 红十字国际委员会介绍。红十字国际委员会成立于1863年，是一个总部设于瑞士日内瓦的人道主义机构。组织宗旨为：根据《日内瓦公约》以及国际红十字与红新月运动章程所赋予的使命和权力，在国际性或非国际性的武装冲突和内乱中，以中立者的身份，开展保护和救助战争和冲突受害者的人道主义活动。主要活动包括传播国际人道法，为战乱情况下的受害者提供医疗服务和救济，开展国际寻人工作帮助失散亲人团聚，探视战俘和被拘押的平民，协助战俘交换。150多年来，红十字国际委员会在保障人类生命和健康，促进世界和平等方面，一直站在世界前列；并以其坚定而又伟大的力量，在战争中彰显着人性和良知。

思考1-4 人类命运共同体。2020年伊始，全球遭遇了大规模的新型冠状病毒肺炎（COVID-19，以下简称"新冠肺炎"）疫情的侵袭。据"人民日报"微信公众号报道，截至2020年3月31日，全球共200个国家出现疫情，近80万人感染了新冠肺炎。面对疫情，即便在医疗技术非常发达的今天，各国在应对疫情时仍感觉措手不及，疲于应付。这场疫情已经超越了国界，任何国家或任何人在任意肆虐的疫情前都不可能独善其身，需要大家携手共同面对疫情，此时的世界不应该有国界之分，所有人类都是一个整体。中国作为一个有担当的大国，在经历过疫情重创之后，在医疗物资和医疗专家方面驰援了世界上需要帮助的国家，协助一些国家抗击疫情，得到国际的认同和称赞。在抗击疫情中，我们也看到更为难能可贵的一幕。据2020年3月30日"新华社"微信公众号报道，巴勒斯坦和以色列联手共抗疫情，谱写了人类命运共同体的华美一章。由于疫情侵袭，各国都在忙于抗击疫情，在加沙地区出现了少有的平静。巴以双方每天都会互相通报疫情，以方不仅向巴方提供新冠病毒快速检测盒，还为巴方培训医务人员。据当地媒体报道，巴勒斯坦的首批病例，是在以色列协助下确诊的。以色列和巴勒斯坦双方领导人就疫情形式及其对地区的影响通电话。以色列总统表示：全球正在应对一场不分种族、不分地区的危机，我们之间的合作对确保以色列人和巴勒斯坦人的健康至关重要。以色列《国土报》报道，这次巴以合作抗击疫情，是有史以来双方最为紧密的一次合作。在疫情面前，国家之间的恩恩怨怨也逐渐退让一旁。疫情之下，公众出行均需佩戴口罩，医务工作者在救治新冠肺炎患者时均穿上了防护服，在口罩和防护服的防护之下，单从外貌上已经不能区分其国籍和种族了，外在差异被惊人地同化了，也许地球人本来就应该是一致和同步的。人类共同生活在一个地球上，大家的存亡彼此关联，特别是在全世界的重大公共疫情面前，任何国家和任何人均不能独善其身，需全人类共同携手抗击疫情，还地球一个和平而安全的环境。

（3）在评价标准方面，伦理的标准是正当与不当、对与错；道德的标准是好与坏、善与恶。伦理的核心是正当（适当、合适、合宜等），伦理具有禁止性；道德的核心是善（或美德、德行、好等），道德有一定的鼓励性。

思考1-5 关于懒惰，此类个性在现实生活中不违反道德，也不违反法律，但违反了生物积极向上的生命属性，而成为不被人类所推崇的行为方式，所以惰性行为是违反正常人的德行或反伦理的行为，是消极的行为方式。

思考1-6 子女赡养父母是应尽的职责和义务，不赡养老人在我们国家是违法的，是绝对禁止的。那么对老人不孝顺，虽没有不赡养父母那样达到违反法律的界限，但违背了道德原则，有违我国传统的道德理念，在我们这个社会是不被人接受的行为。人和动物不同，在自然界，有的动物的天性就是不养育后代或不照顾父辈，但人类是有理性认知的，是能适应自然并能自主选择的生命体。社会舆论也会引导着人们向着善的方向行事，使人类的行为趋于合理，这将有利于社会和人类。

思考1-7 关于善恶、对错和好坏的评价。人性的善恶存于内心；行事的对错由行为规范或法律来约束；道德的评价涉及好坏。一个罪大恶极的罪犯，在现实生活中可能是一个好父亲。这个罪犯触犯了法律，应当受到法律的制裁。但从家庭和生活的角度出发，不排除此人对子女疼爱，充满父爱的可能，这种对子女的亲情在人伦方面是积极和肯定的。所以，对一个人的行为评价，在法律、道德和伦理方面会存在不同的评价标准。

（4）伦理的义务与实践具有双向性，即伦理前提下的任何行为的实施本身，有施必有受，一方的付出，对方亦需要接受这种付出，比如爱心、关照、慈善行为等；而道德的义务与实施是单向的，即能这样做或者不能这样做，因而道德只有施方而无受方，比如不能随便丢弃垃圾、高空住宅不可向外抛物、公共场所不得大声喧哗等，它们都不属于伦理范畴。因为每个个体在心目中都应该明晰地知道这些行为的可能后果，所以个体自我的约束是道德的前提。但是在生活中这些行为一旦被法律法规限制，则已经不是道德的范畴，即它们已经上升到社会管理或群体管理的法制规范层面。因而，道德义务与守法一样都只具有单向性，付出了当然不能期望有任何回报。

第二节　中国伦理思想的演变

中国历史悠久，从夏朝算起中国有4000多年的历史了。

中国伦理思想是伴随着社会历史的发展而发展的[①]。中国伦理思想从殷周到鸦片战争前，经历了古代伦理思想历史发展过程[②]。在中国传统伦理思想发展进程中，儒家伦理思想占据着主导地位，系统、全面且深刻地反映了中国古代社会的政治、经济、文化和历史构成，因其顺应了封建统治的需要，成为维护封建社会统治秩序的工具。自1840年鸦片战争爆发后，中国逐步进入近现代伦理思想发展阶段。

一、春秋战国时期的伦理思想

春秋战国时期，是我国古代社会由奴隶制转变为封建制的时期，与这一社会变革的历史进程相对应，中国伦理思想也有相应的发展和变革。

春秋战国时期，由于生产力的发展，封建性的私有土地开始出现和发展起来，促进了私人工商业的发展，加之奴隶起义，动摇了奴隶社会的土地制度。随着旧社会经济制度的变革，社会关系各方面均发生了深刻变化，宗法等级统治体系走向分裂，是政治、经济急剧变革的时期，给社会意识形态带来巨大的冲击，导致社会道德生活和伦理观念发生巨变。春秋时期伦理思想的新旧更替，为诸子伦理思想的产生创造了条件。自春秋末期到战国初期，产生了孔、墨显学及其伦理思想，然后诸子蜂起、百家争鸣，先秦伦理思想的发展进入诸子伦理思想时期，其中主要有儒、墨、道、法四家。诸子伦理思想的特点就是伦理思想获得了自身所特有的形态，并建立起许多各自不尽相同的内容丰富而又具有内在逻辑结构的伦理理论体系，标志着中国古代伦理思想在理论上的逐渐成熟。诸子伦理思想所涉及的问题几乎包括了中国古代伦理思想的所有理论问题，涉及道德的本原、人性的本质、道德的作用、

---

① 朱贻庭，张善城，翁金墩，等. 中国传统伦理思想史 [M]. 增订本. 上海：华东师范大学出版社，2006.

② 张岱年. 中国伦理思想研究 [M]. 南京：江苏教育出版社，2009.

天道与人道、道德与法则、义利之辩、行为准则、道德评价、理想人格、修养方法等。

(一) 儒家的伦理思想

主要以孔子、孟子和荀子为代表。孔子创立了以"仁"和"礼"为核心的伦理理论，为先秦儒家伦理思想奠定了基础，后经以董仲舒为代表的汉儒的改造，成为代表封建地主阶级利益的一套系统的道德理论。儒家伦理思想强调"爱有差等"的道德行为规范，在道德义务上强调"重义轻利"。

孔子倡导的"仁"和"礼"分别是人道精神和礼制精神的体现。仁是内心的德行，礼是外在的规范。孟子对孔子的伦理思想中的"仁"做了进一步的发挥和完善，提出了"性善论"。他认为人生来就具有善心，具体表现为"恻隐之心""羞恶之心""恭敬之心""是非之心"四种善端。

(二) 道家的伦理思想

主要以老子和庄子为代表。道家伦理思想是中国先秦时期的一种积极无为的人生哲学和"超善恶"的道德学说。

老子的人生哲学主张清静寡欲、与世无争。要求人们做到无欲（即没有欲望）、无为（即保持清静而无所作为）和无争（即不为天下先）。

庄子在哲学思想上继承和发展了老子"道德自然"的思想观点，使道家真正成为一个学派，庄子也成为道家的重要代表人物。庄子认为人生在世不要追求名誉和智慧，不要追求知识和功业，即"无为而尊者，天道也。有为而累者，人道也"。道家的伦理思想是一种保全自身的自我主义的人生哲理，对义利采取了超然态度[1]。

(三) 墨家的伦理思想

主要以墨子为代表。墨家伦理思想提倡"兼爱"的伦理原则。在义利关系上，墨家主张把义利统一起来，墨家认为义就是利，"重利"就是"贵义"。墨子属于自由平民阶层，墨子学说及伦理思想代表了从奴隶制向封建制转变过程中小私有劳动者和平民的利益，墨子也是我国历史上第一位为劳动者阶层呐喊的思想家。

(四) 法家的伦理思想

主要代表是韩非子。法家的伦理思想强调法在社会生活中的作用，主张以法代

---

[1] 朱贻庭，张善城，翁金墩，等. 中国传统伦理思想史 [M]. 增订本. 上海：华东师范大学出版社，2006.

德,即"不务德而务法",甚至夸大法可以代替道德。

春秋战国时期的诸子伦理思想内容十分丰富,是我国传统伦理思想的发端和奠基时期。

二、秦汉至清代时期的伦理思想

此阶段经历秦汉、魏晋南北朝、隋唐、宋至明中叶、明末清初诸阶段,是中国伦理思想历史发展的封建社会时期,也是中国封建地主阶级伦理思想逐步发展到兴旺再到衰败的过程。

(一)秦汉时期的伦理思想:秦汉时期是中国封建制度全面确立和逐渐巩固的时期,形成了一个以"三纲五常"为核心的完整的伦理思想体系。主要代表有西汉的董仲舒和东汉的王充。

董仲舒提出了"天人合一"和"三纲五常"等儒家理论,其"罢黜百家,独尊儒术"的思想被封建统治者所采纳,使儒家伦理思想成为封建统治思想的正统,影响长达两千多年。

王充以道家的"自然无为"为宗旨,以"天"为天道观的最高范畴。主张生死自然,反叛神化儒学彰显了道家的本质,以事实验证言论,弥补了空说无着的缺陷。

(二)魏晋南北朝时期的伦理思想:魏晋南北朝时期是我国历史上一个动荡的时期。在思想文化领域逐渐出现了儒家伦理思想与佛教、道教的相互斗争又彼此影响的复杂局面。

(三)隋唐时期的伦理思想:这一时期,随着佛教的引入和道教的逐渐兴盛,佛教和道教在中国慢慢发展起来,改变了中国伦理思想史的格局,形成了以儒家思想为主的儒、道、佛三者结合的局面。佛教和道教向儒教靠近并趋同化,儒教也不断从道教和佛教汲取营养,完善了儒家伦理思想,儒、道、佛之间经过彼此纷争后趋于融合。

(四)宋至明中叶的伦理思想:统治者为维护封建的伦理纲常,稳定社会秩序,以"天理"为宇宙本体和道德本源,进一步把正统的儒家伦理思想发展到最高阶段。此时期,理学和反理学的斗争是宋以后中国伦理思想的主线,由于儒、道、佛的融合,逐渐转向"义利—理欲"之辩[①]。理学家轻视功利,以理欲之辨、义利之分作为评价行为善恶、正邪的标准,认为凡是符合"天理"的动机和行为,就是"善";而杂有利欲,便是"不洁",就是"恶"。

---

① 朱贻庭,张善城,翁金墩,等. 中国传统伦理思想史[M]. 增订本. 上海:华东师范大学出版社,2006.

（五）明末清初的伦理思想：随着资本主义萌芽的产生，明末清初的思想家对理学的"存天理、灭人欲"的思想进行批判，把人的自然欲望作为人性的主要内容，否定理学的人性论，反对灭人欲的禁欲主义观点，提倡将"天理"和"人欲"统一起来，倡导功利主义，强调人的自然欲望和物质利益，具有一定程度的早期民主主义思想和反封建的思想启蒙[1]。

三、中国近代伦理思想

1840年鸦片战争后，中国逐渐沦为半殖民地半封建社会。爱国人士为使中国尽快挣脱封建主义束缚，不受帝国主义列强的欺凌，开始向西方国家寻找救国救民的办法。到1919年"五四运动"以前，在中国文化思想战线上形成了资产阶级新文化和封建主义旧文化的斗争，表现在社会道德领域，就是资产阶级的伦理思想与中国封建地主阶级伦理思想的斗争。"五四运动"前后，马克思主义伦理思想随同整个马克思主义传入中国，一批具有共产主义思想的知识分子运用马克思主义思想分析中国社会的道德问题，逐渐看到中国封建道德的根源在于中国社会的封建经济和专制制度，意识到只有彻底推翻旧的封建制度，打破封建道德的枷锁，才能拯救整个国家。在整个新民主主义革命时期，马克思主义伦理思想与中国革命的道德实践相结合，批判地继承了中华民族的优秀道德遗产，逐渐形成了符合中国实际的共产主义道德理论体系。

中国近代伦理思想是中国伦理思想发展史上的崭新阶段。中国近代资产阶级为发展资本主义，首先把矛头对准封建道德和宋明理学，猛烈地抨击封建纲常，反对"忠、孝、节、义"，动摇了统治中国两千多年的封建礼教，对中国人民的觉醒起到重要的启蒙作用。但是，由于中国民族资产阶级的软弱性，决定了他们在伦理思想上的反帝反封建的不彻底性，因而没有建立起完整的伦理思想体系。直到马克思主义伦理思想在中国传播开来，才真正实现了中国伦理思想的伟大飞跃。

第三节　西方伦理思想的演变

西方伦理思想发源于古希腊，在西欧和北美演变和发展。西方伦理思想历史悠

---

[1] 朱贻庭，张善城，翁金墩，等. 中国传统伦理思想史［M］. 增订本. 上海：华东师范大学出版社，2006.

久，涵盖内容非常广泛，涉及道德的起源和本质、道德原则和规范、德行的内容和分类、意志自由和道德责任、道德情感与理性的关系、道德概念和道德判断的价值分析、道德教育和道德修养以及人生目的和理想生活方式等问题。在西方伦理思想发展进程中，伦理道德学说和流派众多。古代伦理学说多强调个人利益、个人价值、现世幸福、理性自律；中世纪强调上帝意志、仁爱、禁欲和神学他律；近代则转向寻求个人利益与社会利益的协调（即合理利己），注意理性与情感、自律与他律的统一；现代西方伦理思想趋向于摆脱社会和他人，否认客观法则和道德他律，追求个人自由、享乐，同时也伴随着悲观、怀疑和反道德倾向。20世纪60年代以后，又出现了转向规范伦理学和实用伦理学的倾向，强调价值和事实的联系，试图建立能够指导人们生活的新道德观和新伦理学。

一、古希腊古罗马时期的伦理思想

古希腊古罗马伦理思想是指公元前6世纪至公元前2世纪中叶希腊城邦和公元前2世纪至公元476年罗马帝国时期奴隶制社会的各种道德理论和学说的统称。公元前6世纪以后，随着古代科学的兴起和希腊社会各阶级之间的斗争，尤其是奴隶主阶级内部民主派和贵族派之间斗争的深化，不少思想家的眼光逐渐从自然界转向人自身。古希腊、古罗马的伦理思想在西方伦理思想中占有重要地位，它为后来的西方各种伦理学说的形成和发展提供了丰富的思想和理论资料。

（一）毕达哥拉斯

古希腊数学家和哲学家，勾股定理的提出者。毕达哥拉斯认为：现实的终极本质是数，最早将数的概念上升到突出地位，认为研究数的目的不在于使用而在于探索自然的奥秘。毕达哥拉斯容许妇女来听课，在他的学派中有十多名女学者，这现象在其他学派是不可能的。他主张公正，认为不公正就破坏了秩序，破坏了和谐，这是最大的恶。在父母对子女抚养问题上，他认为对儿女的爱不能指望有回报，但父辈应该用自己的言行去获得子女的尊重和爱戴。他关注家人之间的尊重、互敬互爱和忠实。他强调自律的重要性，认为自律使人身体健康、心灵洁净、意志坚强[1]。

（二）赫拉克利特

古希腊唯物主义哲学家。他本来应该继承王位，但是他将王位让给了他的兄弟，自己跑到女神阿尔迪美斯庙附近隐居起来。他留存的作品片段有着晦涩难懂和神秘

---

[1] 菲利普·斯托克斯. 西方哲学常识［M］. 吴叶韵，译. 北京：中国友谊出版公司，2018.

主义特点，著有《论自然》一书，现有残篇留存。赫拉克利特认为万物都是处于流动或变化的状态，且对立面的冲突和斗争是宇宙的永恒定律，提出了"人不能两次踏进同一条河流"这一著名命题。赫拉克利特将现实视为一段不断发展的过程以及一条不断变化的波流，他第一个将"逻各斯"的概念引入哲学。认为万物的本原是火，宇宙是永恒的活火，火可以转化成万物，万物又转化成火[①]。

（三）德谟克利特

古希腊唯物主义哲学家。德谟克利特一生勤奋钻研学问，知识渊博，在哲学、物理学、数学、天文学等方面均有所建树，在古希腊思想史上占有重要的地位，被视为前苏格拉底哲学的巅峰代表。德谟克利特认为宇宙本质上是由不可分割的原子构成，它们在无限的虚空中不断运动着。德谟克利特的伦理思想是古希腊幸福论伦理思想的典范。他认为，人的幸福与不幸居于灵魂之中，善与恶都来自灵魂，每个人都有独立的意志和人格。人的自然本性就是求乐避苦，道德的标准也是快乐和幸福。能求得快乐就是善，反之即是恶。强调人的快乐是有节制的，追求精神的宁静和愉悦，认为人应该按照道德行事。

（四）苏格拉底

古希腊著名唯心主义哲学家，柏拉图的老师，被后人认为是西方哲学的奠基人。苏格拉底和他的学生柏拉图以及柏拉图的学生亚里士多德并称为"古希腊哲学史上的三贤"。苏格拉底生来就有着狮子鼻，肥厚的嘴唇，凸出的眼睛，矮小的身体。他容貌平凡，语言朴实，却被认为是当时最有智慧的人。苏格拉底建立了一种"美德即知识，无知即罪恶"的伦理思想体系，其中心是探讨人生的目的和善德。认为人们在现实生活中获得的各种有益的或有害的目的和道德规范都是相对的，只有探求普遍的、绝对的善的概念，把握概念的真知识，才是人们最高的生活目的和至善的美德。苏格拉底认为，一个人要有道德就必须有道德的知识，一切不道德的行为都是无知的结果。苏格拉底强调知识的重要性，认为伦理道德要由理智来决定，这种理性主义的思想，在以后西方哲学思想的发展中，起到了积极作用。

（五）柏拉图

古希腊唯心主义哲学家，是客观唯心主义的创始人。理念论是柏拉图哲学的本体论，也是柏拉图哲学的基石。他的"回忆说"认为认识就是回忆，坚持了唯心主

---

① 菲利普·斯托克斯. 西方哲学常识[M]. 吴叶韵, 译. 北京：中国友谊出版公司，2018.

义先验论。他的理念论承继了旧氏族时代的"因袭的观点和思想方式",带有浓厚的宗教色彩和神秘主义因素。在柏拉图最有影响力的著作《理想国》中,柏拉图提出了一种乌托邦社会的设想,理想国的公民由精英阶层卫国者、武士和平民组成。在理想国里,公民知道如何最佳利用其才能为社会谋福祉,并准确无误地服从这一使命。但少有人会想到个人自由或权利,因为一切都受到卫国者的严格控制,以服务于整个国家的利益,满足社会的整体需求。《理想国》是一种为找到理想的社会形式而做出的探索,柏拉图的理想社会将比邻国更强大,敌人也无法征服[①]。柏拉图认为,在人的意识之外,存在着永恒的"善的理论",认为单纯的理性生活和单纯的感性生活都不是幸福的,因而都是不足取的,他主张人应用智慧和意志控制情绪,过一种以理性为基础的"和谐"生活。

(六) 亚里士多德

古希腊哲学家、科学家、天文学家和政治理论家,在生物学、心理学、伦理学、物理学、形而上学和政治学上著作颇丰。《形而上学》是亚里士多德的重要著作之一。20 世纪,形而上学成为逻辑实证论者们争论的议题,提出形而上学是用孤立、静止、片面的观点观察世界的思维方式。亚里士多德的《尼各马可伦理学》是有史以来最具影响力的道德专著,奠定了当时西方伦理学思想理论基础。亚里士多德认为,幸福就是至善,遵照道德准则生活就是幸福的生活。为了实现人类的幸福,亚里士多德进一步把人的心灵分为理智的德行和道德的德行。他认为,人与动植物的区别在于人有理性功能,能按理性生活。人的理性一方面是纯粹的理性,其完善的活动是理智的美德;另一方面是与感性和欲望相联系,其完善的活动是实践的美德。他的伦理学从人类的自爱出发,但却不是只限于自私自利的层面,他的伦理理念也强调在理性之间的中道,这正是他的伦理学的特征。

(七) 伊壁鸠鲁

古希腊无神论哲学家。因其出身贫寒,在其哲学思想中审慎和节制是核心内容。伊壁鸠鲁的伦理道德理念在于对快乐的追求,认为快乐就是善,并将其视为解除身心痛苦的良方。他认为肉体的快乐是暂时的,精神上的快乐却更加稳定,它比肉体的快感更加深刻而强烈。伊壁鸠鲁认可神的存在,但反对将神拟人化并认为神掌管人类事物[②]。

[①] 菲利普·斯托克斯. 西方哲学常识 [M]. 吴叶韵, 译. 北京: 中国友谊出版公司, 2018.
[②] 同[①].

二、中世纪的伦理思想

中世纪伦理思想指的是欧洲中世纪伦理思想、理论的统称。主要指以基督教神学为中心的宗教道德理论和封建伦理学说。由于封建专制主义和教会神权的统治,超自然主义的基督教伦理学在整个欧洲中世纪占绝对的统治地位。奥古斯丁首先为神学伦理思想奠定了理论基础,后来意大利经院哲学家托马斯·阿奎那改造了古希腊亚里士多德的伦理思想,使中世纪神学伦理思想系统化、理论化。

(一) 奥古斯丁

哲学家和宗教学者,其著作以《忏悔录》《上帝之城》和《基督教要旨》为代表。奥古斯丁哲学的核心是,只有通过信仰才能获得智慧。将哲学和宗教视为追寻同一件事物(即真理)的通道,不过前者次于后者。缺乏信仰的哲学家永远无法获得终极真理,他全面系统地阐述和发挥了基督教的世界观的教义和伦理思想[1]。奥古斯丁认为,人类由于祖先亚当犯有原罪而远离了上帝,因而具有自私和邪恶的倾向。人只有信仰、热爱、服从上帝,才能从原罪中拯救自己。在行为选择上,奥古斯丁认为,尽管人类由于犯有原罪而丧失自由,但由于上帝仁慈,并赋予人意志自由,所以人可以根据善恶标准而选择自己的行为,做到择善去恶。

知识点 1-3 原罪是基督教最重要的教义之一,是基督教神学伦理学中的重要概念。根据《圣经》"创世纪"的记载,亚当和夏娃受到蛇的诱惑,违背了上帝的禁令,偷吃了伊甸园里的智慧果,因而犯了罪。根据基督教神学论证,亚当和夏娃是人类始祖,因而这一罪过便传给亚当和夏娃的后代,成为人类一切罪恶和灾难的根源,故称原罪;从而引申出人生而有罪,人性本恶,人生就是赎罪的过程这些理论。

(二) 托马斯·阿奎那

中世纪经院哲学家和神学家。托马斯将理性引入神学,用"自然法则"来论证"君权神圣"说,是自然神学最早的提倡者之一。其伦理思想的最大特点是把基督教教义与古希腊思想家亚里士多德的思想调和起来,创建起庞大的天主教思想体系[2]。托马斯认为,人的本性是追求幸福,这种幸福不是感性的物质欲望,而是理性的真实幸福,对上帝的信仰是一切理性幸福中最大的幸福。托马斯认为,道德行

---

[1] 菲利普·斯托克斯. 西方哲学常识 [M]. 吴叶韵,译. 北京:中国友谊出版公司,2018.
[2] 同[1].

为受人赞美,是由于它导向幸福,幸福才是德行的报酬。传统的四种主要道德(智慧、勇敢、节制和正义)因能导向自然的、世俗的幸福是值得称赞的。人类应该培育信、望、爱这三种德行,这三种德性能使人达到超乎本性的幸福。

三、近代资产阶级的伦理思想

随着欧洲资本主义的兴起,伦理思想逐渐从神学的禁锢下解放出来。资产阶级的思想家在强调满足个人的需要和利益基础上,逐渐深入探讨了人的价值、人的尊严和自由、善的本质、道德评价的根据等问题,并提出了调解个人和他人、个人和社会利益关系的道德原则。

(一)托马斯·霍布斯

英国哲学家和政治家。他创立了机械唯物主义的完整体系,指出宇宙是所有机械地运动着的物体的总和。霍布斯在几何学、弹道学、光学等领域均有重要贡献,但最著名的是政治思想,代表作是政治著作《利维坦》。他认为:人的行为依据某些自然法则的作用,保护自己免于暴力和死亡威胁是人类最高的必要,而权力就是来自于这种必要。由于资源有限,争夺权力的战争就不会结束。人的自然状态是战争和冲突,除非受到社会规则的约束和治理。霍布斯指出,社会若要和平,需要有社会契约,能防止人们倒退到充满战争和冲突的黑暗自然状态,而法律的作用就是确保契约的执行[①]。霍布斯提出了人性恶的观点,并阐述了利己主义人性理论。他认为,人不仅是动物,而且是凶恶的野兽,"人对人是狼"。但他又认为,人类在互相争夺、摧毁中仍是有理性的,并可运用理性来保护自己,追求幸福。

(二)爱尔维修

法国哲学家和启蒙思想家。爱尔维修因厌恶神学,投身到反封建反基督教神学的斗争中,攻击以宗教为基础的一切道德。在社会伦理学方面,他认为,人的本性是利己的,人的所有欲望、感情和精神都来自自爱之心,即追求利益和快乐享受的本性,自爱心是道德的基础。他认为,性善或性恶都是教育的产物,提出了"人是环境的产物",此处环境不是自然环境,而是政治法律制度和社会教育。

(三)边沁

英国的法理学家、功利主义哲学家、经济学家和社会改革者。边沁认为,趋乐

[①] 菲利普·斯托克斯. 西方哲学常识 [M]. 吴叶韵,译. 北京:中国友谊出版公司,2018.

避苦是人的本性，能够满足人们需要的行为和原则就是善的，反之则是恶的，人们应该远离痛苦[1]。边沁认为，任何行动和决策必须促进最大多数人的最大限度利益和最大幸福，以将痛苦减小到最低限度，必要情况下可以牺牲少部分人的利益，这就是著名的"最大幸福原则"。边沁还是一位动物权利的倡导者，他认为动物的痛苦与人类的痛苦其实并无本质差异。他大力鞭笞自然法和普通法，认为必须通过彻底的法律改革，才能建设真正理性的法律秩序。法学著作《道德与立法原理引论》是边沁的代表作之一，书中提出要依据人行为的效果而不是根据行为的动机来判断行为的好坏。政府的主要活动是立法，立法的目的也同样是为了增进人们的幸福。书中提出惩罚的原则，认为犯罪者所受到的惩罚和损失必须大于他犯罪所获得的收益。

（四）康德

德国古典哲学的创始人，被认为是继苏格拉底、柏拉图和亚里士多德后，西方最具影响力的思想家之一。康德否定意志受外因支配的说法，认为人类辨别是非的能力是与生俱来的，而不是后天获得的。这套自然法则适用于所有情况，是具有普遍性的道德准则。康德认为真正的道德行为是纯粹基于义务而做的行为，如果带有个人功利目的做事情就不能被认为是道德的行为。因此康德认为，一个行为是否符合道德规范并不取决于行为的后果，而在于行为的动机。认为只有当我们遵守道德法则时，我们才是自由的。而如果只是因为自己想做而做，则没有自由可言，因为你会成为各种事物的奴隶。《纯粹理性批判》《实践理性批判》和《判断力批判》是康德的批判三部曲著作，著作的诞生标志着康德批判哲学体系的形成。

（五）黑格尔

德国哲学家。黑格尔的著作涉猎了历史、自然、法学、伦理等人类知识的全部领域，著作中体现其广博的知识和深邃的思考，散发着无穷的魅力。黑格尔继承和发展了康德的伦理思想，建立起一个完整的理性主义伦理思想体系。黑格尔从客观唯心主义出发，把伦理道德看作绝对精神自我发展的一个阶段。《法哲学原理》是黑格尔的哲学著作，从哲学的角度解析法，用辩证的思维探究法、道德与伦理之间的关系，从而迈向自由的意志。书中系统地反映了黑格尔的法律观、道德观、伦理观和国家观，是研究黑格尔晚年政治思想的重要依据之一。《法哲学原理》中，黑格尔将整个伦理体系分为：抽象法阶段、道德阶段和伦理阶段。其中抽象法阶段是

---

[1] 菲利普·斯托克斯. 西方哲学常识［M］. 吴叶韵，译. 北京：中国友谊出版公司，2018.

客观阶段，黑格尔认为其是自由意志借助外物实现本身。道德阶段是主观阶段，黑格尔认为道德是自由意志在内心的实现，所以道德是一种特定内心的法。伦理阶段是主观和客观阶段的统一，黑格尔认为伦理是自由意志通过外物和内心得到充分的现实体现。

西方伦理思想从古希腊古罗马发端，几经演变，出现过众多庞杂的学说、理论，形成了完全不同于东方伦理思想的传统。西方伦理思想的主要精神体现在：①个人主义：高度重视个人自由，认为只有个人得到充分发展，才能有社会的发展；②人道主义：以人类利益和价值为中心，反对超自然主义，把人看作是自然对象，肯定人的基本尊严和价值，以及人运用理性和科学方法获得自我完善的能力；③敬畏上帝：敬畏上帝的观念处处体现在西方人的价值观念和日常生活方式之中，构成了西方人的精神支撑。

第四节 案例分析及伦理思考

案例一 / 电车难题

一、案例描述

"电车难题"是涉及伦理学、心理学、法学等众多领域的最为知名的思想实验之一。

电车难题描述如下：一辆失控有轨电车正极速行驶在轨道上。在有轨电车行驶的轨道上有五个人，因速度过快等多方面原因，这五个人是不能躲避开的。如果不改变行驶的轨道，这五个人会被电车碾压致死。但这时，在电车行驶的轨道前方有个岔道口，岔道轨道上只有一个人，如果将电车的行驶轨迹调整到岔道轨道上，这一个人也是不能躲避的，也会被电车碾压致死（见图1-1），但在原轨道上的五个人将会幸免于难。

图1-1 电车难题

二、问题提出

（一）您会调整电车行驶的轨迹，将电车引向岔道轨道上吗？会去牺牲一个人的生命而挽救五个人的生命吗？

（二）或者您很难抉择而不做任何选择，任由电车驶向有五个人的原轨道？

三、延伸问题

如果调整岔道轨道上人物的社会角色，您又会做怎样的决定呢？

（一）假设岔道轨道上的那个人是社会成功人士，他对社会贡献很大，您会怎么决定？（社会地位因素）

（二）假设岔道轨道上的那个人是死刑犯，他即将面临极刑，您会怎么决定？（身份背景）

（三）假设岔道轨道上的那个人是您的亲人或朋友，您会怎么决定？（亲缘关系）

（四）假设岔道轨道上的那个人是一个很年轻的小伙子，而原轨道上的五个人均是老年人，您会怎么决定？（年龄因素）

四、案例伦理分析

电车难题最早是由哲学家菲利帕·福特（Philippa Foot）于1967年发表的《堕胎问题和教条双重影响》论文中提出来的，用来批判伦理哲学中的功利主义。

电车难题的难点就在于，无论是否改变电车原有的行驶方向，电车在行进过程中都会导致人员的丧生。如果不改变既有的行驶方向，原轨道上的五个人必然丧生；而调整行驶方向后，岔道轨道上的那一个人也必然丧生。在面对两难的抉择时，最基本的选择可以有两个：（一）如果什么都不做，任由失控电车顺着原轨道行驶，在电车行驶轨道上的那五个人会丧生。这种选择是不作为的行为，或者说是见死不救，这是不道德的行为。失控电车造成的五个人的死亡，这是一个不可控的事情。虽不是控制轨道的人的直接行为导致的，可能也不用承担任何法律责任，但从道义上说，在有可能挽救五个人生命的紧急关头，这种不作为行为其实需要间接对五个生命的逝去负责，其内心也会受到良心的谴责。（二）如果选择调整电车的行驶方向，在岔道轨道上的那个人则会丧生。此时，似乎是用一个人的生命换回了五个人的生命。从功利主义角度分析，五大于一，达到了大多数人的利益最大化，或者伤害最小化，挽回了更多的生命，这也是大多数人在心理和道德上更容易接受的一个结果，人们的直觉会认为保全更多人的性命是善的行为。但岔道轨道上那一个人却因为电车行驶轨迹的改变而丧生。在这种情况下，控制轨道的人因主动调整电车行驶的方向而谋杀了岔道轨道上的那个人，已经触犯了法律，谋害了一个无辜的生命。

在我们所面对的电车难题中，调整电车行驶轨迹或不调整电车行驶轨迹都不是一个很好的决定，这和我们的道德直觉、道德行为和道德意识都有关。在电车难题中人们怎么抉择都很为难，难于决定的原因在于自我意识倾向和个人欲望，要么不作为，要么谋杀另一条无辜的生命。如何成为一个对社会负责任的公民，公平公正处理所遇到的实际存在又不可避免的道德问题，需要唤醒人们更多的人性和理智，在我们喜欢面对和不喜欢面对的情形下做出恰当的选择。

在延伸问题中，加入轨道上人员的社会地位、身份背景、亲缘关系、年龄等因素，融入更多的感情色彩，人们会如何选择？延伸问题一：岔道轨道上是个社会地位很高的人，也许有人会选择不改变电车的行驶轨迹，牺牲原轨道上的五个人的生命，保住这位社会地位很高的人士的生命，因为相对于原轨道上的五个人，其会给社会带来更多的贡献。延伸问题二：岔道轨道上是个死刑犯，其生命的时限将近，也许会有很多人选择拯救原轨道上五个人的生命，因为原轨道上的五个人如果可以活在人世，还可能为社会做贡献，死刑犯的未来则是已知的。延伸问题三：岔道轨道上是亲人或朋友，有很深厚的感情，出于情感考虑，也许会有人带有私心选择不改变电车轨迹，保全岔道轨道上亲友的生命。延伸问题四：岔道轨道上是一个生命力旺盛的小伙子，而原轨道上的五个人都是暮年的老人，也许有人会选择保护小伙子的生命，因为小伙子的生命更有朝气。在延伸问题中，如果加入轨道上人员的数量、亲缘、社会背景、年龄这些因素，在客观事件中融入更多影响主观决定的因素，在权衡五个生命和一个生命孰轻孰重时，这个选择可能就会偏离原有公正和客观抉择的方向。

因为生命是无差异的，每条生命都是无价的，每个人来到这个世界，都是独一无二的。每个奉公守法的鲜活生命都有活着的权利，无关其年龄和身份背景等因素，任何人没有权利剥夺他人的生命。但在真实面对事件场景时，让每个人做出客观和公正的决断，不加入个人的感情色彩和道德价值倾向，是非常有难度的。人是社会中的人，人也是群居动物，人会对生活的环境和周围与自己关系密切的人产生情感，在抉择时就难免挣扎，即便做出道义上的选择，也有可能是在不情愿的状态下做出的选择，这个决定的过程则会令人不愉快或者痛苦。

五、问题引申：经典的落水问题

中国的男性经常被问到这样一个经典难题：妈妈和妻子同时跌落河中，水流很湍急，但此时只能救起一个人，您在救妈妈和救妻子中如何抉择？

机智的人会说："先救起距离我近的那个人。"答案回避了妈妈和妻子孰轻孰重的问题。但是追加条件是：两个人和您的距离一样近，且只能救起一人。机智的人又回答："先救妈妈，然后与妻子一起死。"这似乎是一个非常合理的答案，既尽了孝道，又忠于了爱情。但在妻子看来，在丈夫心中妈妈的地位要高于自己，先救妈妈，却舍下了自己。在妈妈看来，为了妻子，竟能割舍母子亲情，母亲那边也难以接受。

人们在现实生活中经常会面临两难的问题，无论如何抉择都有无所适从的感觉，左右为难。电车难题中，人们更可能做出挽救原有轨道上五个人的生命的选择。多数人也认为，五个人的生命价值比岔道轨道上一个人的生命价值更大。这个选择对原有轨道上的五个人是善的选择，但对岔道轨道上的那个人却是恶的选择，一个本来与电车失控事件无关的无辜生命就这样被别人断送了。美国用原子弹轰炸日本广岛和长崎事件也有类似的伦理问题，原子弹的投放提前结束了第二次世界大战，推动人类和平的胜利到来，从战争中解救了世界其他国家的人民，但却使日本普通民众遭遇原子弹的侵袭，这也是世界其他国家人民不愿看到的结果，这个事件也具有善和恶的两面性。在事件不可避免地要造成不利结果发生时，有时需要我们跳出既定的思维模式，跳出我们的情感制约，去除主观化，去审视那些需要我们在道德和人性，在道德和法律中去抉择的问题，当伤害不可避免时，尽可能坚持善的行为，尽可能选择将伤害降至最低。

在现实社会中，有时不存在完全的道德行为，道德的束缚在自然规律面前可能也不具道德性。电车难题与现实生活密切相关，它否定了这个世界对与错的绝对性，现实世界不存在绝对的真理，由于认知的局限性，真理也是具有相对性的。

案例二　女王诉达德利和史蒂芬斯案

一、案例描述

1884年，英国发生的"女王诉达德利与史蒂芬斯案"，又称"木犀草号"海难事件，是英美普通法系中的经典案例，它涉及一场海难后为求生而食人的行为，是一起影响深远的刑事案件。

1884年5月19日，汤姆·达德利（Tom Dudley）船长、埃德温·史蒂芬斯（Edwin Stephens）、艾德蒙特·布鲁克斯（Edmund Brooks）以及仅有17岁的理查德·帕克（Richard Parker）驾驶着"木犀草号"驶离南安普顿港向澳大利亚进发。其中，前三人航海经验丰富，且均是品德高尚之人，理查德·帕克是第一次出海，毫无航海经验。然而，7月5日，在行驶到好望角西北2600千米处时，"木犀草号"遇到了突如其来的狂风暴雨，巨浪击中船身，冲垮防浪挡板，这无疑是对"木犀草号"致命的一击。暴风雨丝毫没有减弱的趋势，几经风浪的撕扯，"木犀草号"已经损毁严重。船长达德利决定弃船，四人搭载救生船开始了海难后的漂流和无尽的等待，等待着被拯救；或者等待着死亡的到来。救生船上淡水和食物极其匮乏，他们艰难度日，偶尔从海里抓海龟果腹。饥渴难耐之时，他们开始喝自己的尿液。严酷的海洋环境，食物和淡水的缺乏，均考验着船员的生存极限。7月20日，缺乏航海经验的理查德·帕克误饮了海水开始生病。7月23日，帕克严重腹泻和呕吐，导致昏迷。在死亡的威胁下，船长达德利建议通过抽签牺牲一人，拯救大家，但遭到拒绝。史蒂芬斯身体状况也开始恶化，身体变得极度虚弱。海难后的第 19 天，仍然看不到获救的机会，船长达德利再次提议抽签决定谁应当做出牺牲，史蒂芬斯开始动摇，但布鲁克斯仍然不愿意参与。理查德·帕克极度虚弱，意识模糊，他不能对抽签决定生死事宜进行任何表态。船长宣布，如果第二天仍然没有船只出现，就决定杀死帕克。7 月 25 日，依然没有船只出现。船长为了维持其他人的生存杀死了理查德·帕克。在接下来的几天里，其他三人靠帕克的尸身为食物存活着。直到 7 月 29 日，德国"默克特苏马号"到来，幸存的三人终于获救。获救的船长达德利并没有隐瞒船上发生的食人事件，反而和"默克特苏马号"上的船员说起此事。一个月后，三人回到英国。9 月 6 日，达德利、史蒂芬斯和布鲁克斯被送往英国的法尔茅斯市。入关时，达德利和史蒂芬斯如实提供了证词，他们相信会受到海事惯例的保护。但他们到达法尔茅斯市后，被依法逮捕并接受审判，达德利船长和史蒂芬斯是被告，布鲁克斯由于没有支持杀害理查德·帕克而被撤销指控并成为这个案子的目击证人。达德利船长和史蒂芬斯对事实供认不讳，并辩护说此行为是为了生存，迫不得已而为之，但控方仍以谋杀罪将此案送上法庭，法庭依法判处达德利和史蒂芬斯绞刑。然而，法官最后提请最高统治者对该案被告予以赦免，女王最终批准了该申请，并免除对被告的绞刑，将刑罚减为有期徒刑六个月[①]。

二、案例思考

（一）达德利船长等人因海难遭遇了生存危机，为了生存，导致理查德·帕克被杀。达德利船长等人的杀人动机是为了生存，并非起源于恶念，他们是否应该受到法律的制裁？

（二）海难发生在远离文明社会 2600 千米的海上，脱离了文明社会的人，是否需要受到文明社会的法律和道德的约束？

（三）在海事活动中有约定俗成的海事惯例："遭遇海难时，可以通过抽签决定船员的生死，其他船员可以食用中签船员的肉而生存。"但本案例抽签行为没有成为事实，对达德利船长等人的惩罚应该如何决定？是按照抽签行为免于判决还是裁定为谋杀罪？

（四）达德利船长和史蒂芬斯最终因谋杀罪成立判处死刑，但随即被女王特赦，原因何在？

三、案例伦理分析

在现今时代，任何一个人如果坦诚自己的杀人事实，其必定会遭到逮捕并接受法律的制裁。但达德利船长一行人在经历了海难被德国船只搭救返回英国后，对自

---

① A. W. 布莱恩·辛普森. 同类相食与普通法［M］. 韩阳，译. 北京：商务印书馆，2012.

己在海难中杀人一事毫不隐瞒，也没有丝毫忏悔之心。达德利船长和史蒂芬斯对公众乃至法官都不避讳，供认他们杀死理查德·帕克的事实，是因为他们坚信自己是无罪的想法。无罪的想法是源自一个起源久远的海事惯例："当出现海难时，在食物耗尽的情况下，船员们可以通过抽签的方式来决定牺牲谁以挽救大家的性命，这个中签的人必须为了大家继续活着而付出生命的代价。"这个海上惯例被视为是具有正当性的杀戮和同类相食，尤其在得到同船船员一致同意之后。海上的同类相食现象，在维多利亚时代是很多的，在船员之间，这种事情进行的超乎想象的顺畅。如果行为得当，同类相食是被海上习俗正当化了的，也没必要隐藏真实发生的同类相食事件①。达德利船长做出杀死理查德·帕克的决定，适逢他们的食物和淡水的缺乏，同时他们也看不到任何获救的希望，在这种情况下，为了多数人的生存，他们四人中的一人就必须成为大家活下来的食物。达德利船长试图通过抽签决定船员的生死，但船员意见不一致，布鲁克斯一直没有接受这个建议。同时，理查德·帕克因极度虚弱对于自己即将可能面临的死亡也没有能力做出表态，也就是理查德·帕克的死亡未经过他本人的允许，也未经过抽签程序，是由达德利船长决定、并在史蒂芬斯回应下进行的，此海难事件属于谋杀案件。

在庭审时，涉及"必要性"抗辩问题，如果这种抗辩成立，会使杀害理查德·帕克的行为获得正当性判断或者开脱②。"必要性"抗辩涉及几点：（1）如果达德利船长他们受到严重后果的威胁，其杀人行为可能会被重新斟酌，有可能不属于犯罪。（2）在海难之时，因面临饥饿和对未来未知的恐惧，人是极度绝望和极度脆弱的，他们做出的决定不具理性，也不一定是他们的本意，达德利船长他们是否也要为这样的决定承担法律责任？（3）海难发生在距离好望角2600千米处，已经远离文明世界，在这种状态下，不存在法律权利、义务或犯罪。而法律的存在是为了规范正常状态下的社会关系，不是在社会崩溃时对完全不正常状态下的社会关系进行调整。法国哲学家爱尔维修曾说过："如果我生在一个孤岛上，孑然一身，我的生活就没有什么罪恶与道德了。我在那里既不能表现道德，也不能表现罪恶。"文明社会的法律和道德规范对海难中漂泊在远离人类社会的海洋中的人们的行为还起作用吗？（4）在海难中，古老海事惯例的抽签举动是为了保全多数人的生命而牺牲少数人的生命，这个选择顺应了功利主义的观点：使大多数人的利益最大化。在19世纪时，"必要性"抗辩实际上已经被许多官方机构予以考量了，只不过还没有在辩论中被引入。1839年，在"刑法专员第四份报告"中，他们的"法律分类"（第39

---

① A. W. 布莱恩·辛普森. 同类相食与普通法 [M]. 韩阳，译. 北京：商务印书馆，2012.
② 同①.

条）就包含了杀人行为中的必要性抗辩。然而，刑法委员会在其第二份报告中采用了"印度法律专员"的观点，倾向于将这些必要性问题留待皇家宽赦（见第19条）①。

达德利船长、史蒂芬斯和布鲁克斯三人所遭遇海难的经历是非常不幸的，杀死并吃掉同伴本身也是无奈之举，但法律的威严是不容践踏的。在法庭裁决"女王诉达德利和史蒂芬斯案"时，法律没有认可海事惯例中的抽签决定生死的合法性，同类相食在法律、道德和伦理上是难以令人接受的。同时，法律面前人人平等，杀戮他人来挽救自己的生命也是为法律所不容的。在极端情形下谋杀事实成立，"必要性"抗辩也不能成为为杀人行为开脱罪责的借口，法律的边界是不能超越的，法律是对人行为的规范和界定，杀人者终将受到法律的制裁。最后法官判处达德利船长和史蒂芬斯绞刑，但最终英国女王行使了统治者的赦免权，将二人的绞刑改判为有期徒刑六个月。此案的裁定和最终结果体现了法律的严肃性和公正性，达德利船长和史蒂芬斯被女王赦免也是顺应民意，也给此案增加了人性温情的一面。

参考文献

[1] 雅克·蒂洛，基思·克拉斯曼. 伦理学与生活 [M]. 9版. 程立显，刘建，译. 北京：世界图书出版公司，2008.

[2] 王明辉. 何谓伦理学 [M]. 北京：中国戏剧出版社，2005.

[3] 朱贻庭，张善城，翁金墩，等. 中国传统伦理思想史 [M]. 增订本. 上海：华东师范大学出版社，2006.

[4] 张岱年. 中国伦理思想研究 [M]. 南京：江苏教育出版社，2009.

[5] 菲利普·斯托克斯. 西方哲学常识 [M]. 吴叶韵，译. 北京：中国友谊出版公司，2018.

[6] A.W. 布莱恩·辛普森. 同类相食与普通法 [M]. 韩阳，译. 北京：商务印书馆，2012.

---

① A.W. 布莱恩·辛普森. 同类相食与普通法 [M]. 韩阳，译. 北京：商务印书馆，2012.

第二章 伦理学、应用伦理学和工程伦理学

第一节　伦理学和伦理学的基本范畴

一、伦理学的概念

伦理学是道德的哲学研究，是对人类道德生活进行系统思考和研究的学科，是哲学的一个分支学科[1]。也有人将伦理学定义为对道德本质和基础的哲学研究[2]。伦理学是对于道德问题的哲学反省[3]，因而伦理学也被称为道德哲学或道德学。伦理学是研究至善的科学[4]。

伦理学以道德现象为研究对象，包括道德意识现象（如个人的道德情感等）、道德活动现象（如道德行为等）以及道德规范现象等。伦理学将道德现象从人类的实际活动中抽离出来，探讨道德的本质、起源和发展，道德水平同物质生活水平之间的关系，道德的最高原则和道德评价的标准，道德规范体系，道德的教育和修养，人生的意义，人的价值，生活态度等问题。

二、伦理学的基本范畴

（一）善与恶

善与恶是伦理学的一对范畴，用于对人的行为的道德评价。在阶级社会，社会基本的善恶观，总是带有一定的阶级性。善是对符合一定社会或阶级的道德原则和规范行为的肯定评价；恶是对违背一定社会或阶级的道德原则和规范行为的否定评价。善与恶是对立统一的关系，它们相比较而存在，相斗争而发展。

善恶的评定标准是道德标准，是判断和评价人们行为是非、善恶、荣辱的尺度。马克思主义伦理学认为，只有符合社会发展规律和最广大人民群众利益的道德原则

---

[1]　陈金华. 应用伦理学引论[M]. 上海：复旦大学出版社，2015.
[2]　卢风. 应用伦理学概论[M]. 2版. 北京：中国人民大学出版社，2015.
[3]　何怀宏. 伦理学是什么[M]. 北京：北京大学出版社，2002.
[4]　同[1].

和规范才是判断行为善恶的客观的、科学的标准。道德价值导向主要是从善恶的基本原则上规定"应该",引导人们辨别善恶,抑恶扬善。

道德恶与道德善相对立,同时也区别于一般的社会罪恶。道德恶的本质主要有以下几个方面的表现:可表现为心术不正的行为,对社会或他人利益的损害;其次,道德恶是对合乎德行的社会秩序的破坏;最后,道德恶是对道德自由的践踏。

道德恶的产生原因:(1)社会根源:造成人的自私和损人利己的恶的社会条件,归根到底在于私有制。(2)个体认识根源:属于价值观的错位。涉及个人与社会关系的错位、索取与奉献关系的错位、本能与人格关系的错位和现实与理想关系的错位。(3)心理根源:欲望的放纵。(4)社会控制原因:社会约束的失度。

道德恶的表现形式:(1)物欲型的道德恶:就是为满足强烈的物质欲望,以各种不正当手段占取公私财富的行为恶。(2)权欲型的道德恶:就是醉心权力,不择手段,或者把人民赋予的权力当成谋取私利的工具,把个人权力置于社会意志之上的恶。(3)情欲型的道德恶:就是为了满足自己的情欲而不择手段所导致的道德恶。(4)名欲型的道德恶:就是为了名誉而不择手段、伸手抢名、欺世盗名的道德恶。

对道德恶的惩处和制裁,从个人角度而言,必须给予道德恶的行为以必要的谴责和制裁,使其醒悟,达到内心深处的觉悟。从社会角度而言,通过科学的道德教育方式,营造良好的道德环境,并建立合理的价值导向和奖惩机制,引导个人利益同国家利益和公众利益相一致。

思考2-1 在中国的传统伦理观中是推崇善的理念,例如"勿以恶小而为之,勿以善小而不为""见善如不及,见不善如探汤""为善如负重登山,志虽已确,而力犹恐不及;为恶如乘马走坡,虽不鞭策,而足亦不能制",均为善恶评价的警句,对人们的行为规范有一定的导向性。

(二)良心

良心是指天赋善良的本性,是内心对是非和善恶的公正合理的评价和认识。良心是由孟子最先提出的,孟子认为人之所以为人,在于人有天生善良的本性。把良心看成是人生而具有的、在人的内心中发生作用的恻隐、羞恶、恭敬、是非之心,是人性的根源,是人的最高的道德理性和道德本能。但人的天赋本性,在后天可能被外界影响而改变和蒙蔽,使人丧失本性和本心,故人应该修身养性,做到尽心、知性和知天以达到至善的道德境界。

良心的本质可以从两方面来看。一方面,道德良心是现实社会要求的反映,是对道德责任的自觉意识。另一方面，良心是以良知、良情和良意为有机统一体的形式呈现，其中良知是基础，良情是关键，良意是源泉。

良心就是人们在履行对他人和社会的义务的过程中所形成的自我评价能力，是一定的道德观念、道德情感、道德信念和道德意志在个体意识中的浓缩和体现。良心是对社会要求是非、善恶的理性认知；是对应尽道德义务的情感认同；是在认知和认同基础上的意志决断。良心一旦形成，会引导个体行为向善。良心在行为执行前、执行中和执行后分别具有选择、监督和反省的功能。

（三）公正

公正是伦理学的基本范畴，意为公平正直，没有偏私。公正就是每个个体应该获得其应有的权益，对平等的事物平等对待，对不平等的事物区别对待。公正是人们对一视同仁的一种期待，理所应当的道德直觉，也是一种对当事人的相互利益予以同等认可与保障的理性约定[1]。

公正是公民的政治合约。首先，公正是政治性的，是社会成员为了构筑一个稳定的社会所认可的最基本的准则。其次，公正是社会分配的体现既包括社会分配的结果，也包括社会分配的过程。第三，公正是世俗的政治标准，必然也是民主讨论和妥协的结果。

公正的原则就是指等利交换原则和等害交换原则。等利交换原则是积极公正，有利于社会和他人的，是道德善的。等害交换原则是消极公正，因其能够使人们避免相互损害，赋予社会和人们足够的安全，有利于社会发展和人际交往，符合道德目的，从结果方面说也是道德善的。善的不等利交换无所谓公正与否，它是超越公正、高于公正的分外善行："仁爱"和"宽恕"。恶的不等害交换则是不公正的。公正是平等（相等、同等）的利害相交换的善的行为，是等利或等害交换的善行；不公正则是不平等（不相等、不同等）的利害相交换的恶行，是不等利或不等害交换的恶行。任何类型的公正，都是一种善行，都属于道德善范畴。

公正的类型有不同的划分：（1）补偿性公正与惩罚性公正。补偿性公正：是对一个人曾经遭受的不公正待遇进行补偿。惩罚性公正：是对违法者或做坏事的人进行惩罚。（2）根本公正和非根本公正。根本公正是权利与义务相交换的公正；非根本公正是非权利与义务相交换的公正。（3）个人公正和社会公正。个人公正是指个人作为行为主体的公正，是个人所进行的等利或等害交换的行为。社会公正是指社会作为行为主体的公正，是社会所进行的等利或等害交换的行为。（4）程序公正和结

---

[1] 甘绍平，余涌. 应用伦理学教程［M］. 2 版. 北京：企业管理出版社，2017.

果公正。程序公正是一种行为过程的公正，是具有一定时空顺序的行为过程的公正。一定行为过程所导致的行为结果的公正，则是结果公正（或称实体公正）。（5）积极公正和消极公正。积极公正就是等利交换的公正。消极公正就是等害交换的公正[1]。

公正的根本问题是权利和义务的交换或分配，一个人享有的权利和其所负有的义务相等是社会公正的基本原则。社会公正的实现以平等为目标。国家和社会的功能就是提供适应条件，引导个人通过自身努力获得平等。公正实现的保障基础：（1）根据完全平等原则，保障人权神圣不可侵犯。通过发展生产力和完善权利分配制度，满足每个人最基本、最起码的权利，实现基本物品的均等分配。（2）根据比例平等原则，多劳多得，多付出多获得，保障人们的积极性、主动性和创造性。比例平等原则实为效率原则。追求效率也是促进个体自身能力的最大化，可以更好推动社会的持续发展。（3）保证制度公正，实现社会和谐。保证制度公正，即同时保障完全平等原则和比例平等原则，使两者在实践过程中获得相辅相成的一致性。

第二节　伦理原则

伦理原则是处理人与人、人与社会、社会与自然利益关系的伦理准则，是调整人们相互关系的各种道德规范要求的最基本的指导原则[2]。

一、个人主义原则

个人主义原则是高度重视个人自由，广泛强调自我选择、自我控制、不受外来约束的个人和自我的伦理原则。个人主义原则强调个人积极性和潜力的发挥，大胆追求个人生活。只有个人得到充分发展，才能推动社会的发展。

个人主义原则作为处理社会关系的伦理准则，在西方社会文明进程中，形成人们赖以把握人和世界关系的基本方式和存在形式。个人主义原则不是对个人一己利益的肯定，而是对每一个人利益的肯定与维护，这是个人主义与利己主义的根本区别。同时，为了保障个人主义原则的实现，西方社会通过经济、法律、政权、国家

---

[1] 王海明. 公正类型论[J]. 东南大学学报（哲学社会科学版），2006，8(6)：14-19.
[2] 雅克·蒂洛，基思·克拉斯曼. 伦理学与生活[M]. 9版. 程立显，刘建，译. 北京：世界图书出版公司，2008.

等手段来进行调节以避免个人主义滑入利己主义。另外，个人主义中蕴含的对个人生命、尊严、自由、平等、公正的追求，也是人文精神的体现。然而，个人主义强调个人权利和个人利益至上，对国家、集体利益的蔑视，是西方社会的危机之所在，也是个人主义的危机之所在。

二、功利主义原则

功利主义原则也可以称为效益主义原则，把个人利益看成人类行为的基础，主张为了实现个人利益，必须兼顾他人利益，至少不损害他人利益，行为以增进大多数人的幸福为准则。

对于功利主义原则的看法有两种观点。一种观点是将功利主义看作利己主义、物质主义，是资本主义社会的产物，认为不能作为社会主义社会的伦理原则。另一种观点认为，功利主义是重实效、重利益的伦理观，在人们的实际生活中和利益关系矛盾突出，认为既不能反功利主义，也不能泛功利主义，需要根据实际情况，建立社会主义的功利原则。

理论上功利主义以自然主义人性论为理论基石，从人的趋乐避苦的本性的出发，认为追求个人利益是一切行为的目的和归宿。功利主义认为社会利益是个人利益的简单相加，谋取个人利益就等同于谋取社会利益。功利主义以绝大多数人的最大幸福作为准则，以行为所产生的实际功效或幸福为最高遵循原则，否认行为内在动机的价值意义。

思考2-2 一个青年和一个老人同时生病，可是只有一剂药，只能救一人。功利主义者主张救治前者，因为年轻人将来会对社会贡献更大。

三、人道主义原则

人道主义具有两种含义：一种是作为世界观和历史观的人道主义；一种是作为伦理原则和道德规范的人道主义。

人道主义原则是指把人和人的价值置于首位的观念，它反对超自然主义，把人看作是自然对象，肯定人的权利或尊严的价值理论，以及倡导人的身心全面发展，主张人与人之间的互助、友爱的精神的伦理原则。也就是说，人道主义就是主张把人当作人看待，人的高贵和尊严是人道主义的核心价值。人道主义是善待一切人的思想体系，反对一切基于种族的、性别的、宗教的、年龄的、国别的歧视。人道主义反对任何形式的对人的思想进行独裁专制。人道主义捍卫自由的理想，捍卫人基本的安全、自由和追求幸福的权利。

四、利他主义原则

利他主义认为凡有利于社会和他人的行为就是道德的、善的；反之则是不道德的、恶的。利他主义强调他人利益至上，鼓励为他人利益和社会利益做出牺牲，并以此作为道德的标准。

社会心理学家巴特森（Batson）认为，当一个人看到他人需要帮助时，他采取的利他行为按照目的的不同分为自我利他主义取向与纯利他主义取向。一种是为了减轻自己内心的紧张和焦虑，而采取的助人行为，这种行为的动机是为自我服务，通过帮助他人减缓自己的痛苦或者体现自身的价值，称为自我利他主义（Ego - altruism）取向。另一种是受外部动机的驱使，看到他人处于困境当中而产生移情，从而做出助人行为以减缓他人的痛苦，其目的是为了他人的幸福，这是纯利他主义（Pure - altruism）取向。

利他主义的合理性：（1）利他主义对他人、社会利益的重视，对克服利己主义有一定的促进作用。（2）利他主义对个人私欲的限制与规范，对个人道德品行和人格的完善有促进作用。

利他主义的局限性：（1）利他主义原则片面强调"无私利他""个人牺牲"，与市场经济的内在要求不相适应。社会主义市场经济要满足社会全体成员的物质和精神需求，不是对个人私欲的一味限制。（2）在现实中利他主义的实行还会导致一部分人对另一部分人的利益的侵占，长此以往利他主义者会越来越少。（3）利他主义作为伦理原则不可能普遍化，不可能成为社会遵守的伦理标准。利他行为对他人和社会的无私奉献，会导致社会公共权力的缺位，势必造成政府有些职能的缺失，而政府必须担负其应当承担的职能，所以社会不应该一味大力提倡利他主义。

动物也有利他行为，动物产生利他主义情结多出自本能和遗传，体现为自然属性，而非社会属性。人类的利他主义，不排除本能和遗传性。同时人类是社会性动物，所以人类的利他主义具有社会属性。

思考2-3 在蜜蜂群体中，工蜂承担了大部分工作，不辞辛苦，任劳任怨。蜂群中工蜂辛勤为蜂后和蜂群的付出行为，就是典型的利他行为。

五、集体主义原则

集体主义是无产阶级为完成自身解放和解放全人类的历史使命在道德上的一种必然要求，它是无产阶级高尚品德的集中表现。集体主义原则是坚持国家、集体和个人的利益相结合，促进社会和个人的和谐发展，倡导把国家利益和集体利益放在首位,充分尊重和维护个人的正当利益。当国家利益、集体利益和个人利益发生冲突时,个人利益应服从国家利益和集体利益。

首先,集体主义原则强调对个人利益和个人自由的保护和发展。同时,个人为集体服务与奉献也是集体主义原则的内在要求。集体主义原则认为,个人是构成集体的基础,集体是个人利益得以实现的前提和保证,二者之间是辩证统一的关系。

此外,集体主义原则也是调节集体与集体之间关系的准则。按照马克思主义的真实集体的原则,应该是不真实的集体的利益要服从真实的集体的利益,不正当的集体利益要服从正当的集体利益,不合法的集体利益要服从合法的集体利益。

第三节 伦理学的分类

伦理学通常可分为:规范伦理学和元伦理学。此种分类对中国伦理学界影响较深。随着伦理学的发展,人们较为接受的伦理学类型可以分为:规范伦理学、元伦理学、描述伦理学和应用伦理学[①]。

一、规范伦理学

规范伦理学是伦理学的基本形态之一。主要用哲学思辨的方法研究伦理问题,在于探索和揭示指导人们的行为、行动和决定的基本道德原则,从事实出发,给实际生活以伦理上的指导,属于传统和主流的伦理学。

规范伦理学在于研究人们本身应遵从的道德标准,或者说研究人的行为如何才能在道德上成为正当的。这些标准规定着我们应当如何行动才能做到道德上的善,使之成为符合道德要求的行为,是对行为的规范,而不是对品质的培养或规范,也不是描述人们如何行动,其中蕴涵了道德的价值判断。规范伦理学又被分为目的论伦理学和非目的论伦理学。前者坚持一种行为是否道德,受该行为的结果决定。后者则坚持一种行为是否道德,受其结果以外的东西决定。

二、元伦理学

元伦理学是对伦理学自身加以研究的伦理学。元伦理学是在对规范伦理学的反思、批判、追问中产生的。元伦理学兴起的标志是1903年英国哲学家摩尔发表了

---

① 陈金华. 应用伦理学引论 [M]. 上海:复旦大学出版社,2015.

《伦理学原理》，把逻辑方法引入伦理学。

元伦理学的基本问题是：（1）道德判断的性质问题；（2）道德判断是主观还是客观的；（3）如果道德判断是客观的，那么客观性的来源是什么；（4）道德知识是否是一种科学知识[1]。元伦理学不涉及对人的品质的规范，不涉及对人的行为的规范，也不直接论述规范体系，而是"超越"规定和规范，着力研究论证、逻辑结构和语言而非内容[2]，以及对伦理学自身合理性的确认。

三、描述伦理学

描述伦理学是一种对于个体或团体伦理观的经验研究。从事描述伦理学的学者试图揭露人们的想法，这包括价值观、对与错的举止、道德主体的哪种特征是良善的等。描述伦理学只注重于表述出人们的价值观，即人们对于某种行为在伦理方面的对错看法，它不会对于人们的行为或想法给出任何判决。描述伦理学的目的在于如实地呈现人们历史、现实、内在、外在或者整体道德状况的模样。它对道德现象的研究既不涉及行为的善恶及其标准，也不谋求制定行为的准则或规范，只是依据其特有的学科立场和方法对道德现象进行经验性描述和再现。

思考2-4 在课堂讲授里涉及克隆人问题时，老师提出克隆人现象，同学们经过思考后分享自己的见解，老师再分析同学们的想法，公布结果，但不会对克隆人问题做出任何价值评判，此种教学环节涉及描述伦理学范畴。

思考2-5 描述伦理学、规范伦理学和元伦理学的区别。

描述伦理学研究社会个体和群体所持有的伦理观，包括人情、文化、风气、习俗，善与恶的见解，负责任与不负责任的行为，可接受与不可接受的举止等。规范伦理学探讨关于判决与规范人们行为的伦理理论。元伦理学主要是钻研伦理术语、伦理理论的含意。在问题的研究上会以不同的方式呈现。例如：

描述伦理学：人们认为什么是对的，什么是错的？

规范伦理学：人们应怎样行为？人们应遵守什么规则？

元伦理学：什么是善？什么是恶？

四、应用伦理学

应用伦理学是20世纪60年代末至70年代初形成的一门新兴学科，最先发源于

---

[1] 陈金华. 应用伦理学引论 [M]. 上海：复旦大学出版社, 2015.
[2] 雅克·蒂洛, 基思·克拉斯曼. 伦理学与生活 [M]. 9版. 程立显, 刘建, 译. 北京：世界图书出版公司, 2008.

美国，后传播到欧洲乃至全世界。应用伦理学是研究将伦理学的基本原则应用于社会生活的规律的科学，是对社会生活各领域（诸如涉及政治、经济、文化、环境、生态、法律等层面）问题进行道德审视的科学，也就是人们尝试以伦理学角度去分析和解答在人类发展过程中所面临的问题，试图使人类更好的生存和发展。

应用性和学科交叉性是应用伦理学的基本特征。应用伦理学现在是一门显学，是当前西方伦理学中的热门学科，主要是伦理学在实践领域中的运用。

第四节 应用伦理学概述

应用伦理学是伦理学的一个分支学科。科技的迅猛发展，推动了人类社会的飞速发展，随之也带来很多新的社会现实伦理问题，同时对传统道德的相关理论和应用提出挑战，从而促成应用伦理学的诞生和发展。应用伦理学的崛起一方面来自伦理学内在发展的需求，另一方面是现代社会人类实践过程中亟待解决的伦理问题所致，应用伦理学的发展带有很强的时代特征[1]。应用伦理学的根本特点在于通过关注和直面伦理冲突和道德悖论，通过沟通和协商之法去寻求道德共识的探索过程，促使道德难题得以解决。在伦理学发展中，在对复杂伦理问题做道德判断时，对人权原则的重视是必须坚持和捍卫的，也是必须坚守的道德法则。

一、应用伦理学基本原则

应用伦理学有六大基本原则：自主、不伤害、关怀、公正、责任和尊重[2]。这些原则的确立是对应用伦理学涉及重大实践问题的基本属性的哲学概括。

（一）自主原则

指人们运用自己的理性，而不是听任于权威或传统诱导的行为方式，体现对人自主意识的尊重。自主原则是应用伦理学位列首位的准则。

（二）不伤害原则

是指不得侵犯一个人包括生命、身心完整性在内的一切合法权益，否则就会因

---

[1] 甘绍平，余涌. 应用伦理学教程［M］. 2版. 北京：企业管理出版社，2017.
[2] 同[1]

此受到社会的否定性评价。不伤害原则是最低限度的共识，也是最核心的价值原则。

（三）关怀原则

关怀是将对他人的关爱、关照或顾及视为行为基准的价值取向。关怀是一种情感能力，是一种善的德行。关怀原则的本质就是对于他人利益的考量，体现了行为主体做出的一种超越自身利益的道德选择。

（四）公正原则

既是一种期待、一视同仁、得所当得的道德直觉，也是一种对当事人的相互利益予以对等认可与保障的理性约定。公正作为拥有高度概括性特点的道德准则，是人类伦理学理论资源中的基本要素之一。

（五）责任原则

责任是指某行为主体为了某事，在良心、上级、权威、组织、国家、上帝等面前，根据某项标准，在某一行为范围内负责。

（六）尊重原则

是指国家与社会对所有个体成员的尊严基于该成员所拥有的人之普遍性特征所表现的认可。

应用伦理学研究不是对传统伦理理论在社会实践中的简单应用，而是伴随时代发展，针对当今的社会伦理问题，在道德理论和规范的总体背景下，在最普适性的道德原则的基础上，基于不同的社会背景下的伦理问题，寻求合适的、有针对性的解决途径以达成最好的效果。应用伦理学对现实社会实践伦理问题的涉及远超过传统伦理学的理论视野，试管婴儿、安乐死、生态环境保护、动物伦理、核武器和人工智能的应用在传统伦理学范畴基本不涉及，而这些问题却是当今应用伦理学所面临的问题。应用伦理学的发展弥补了传统伦理学外延的不足，能给人类的道德选择提供具有现实意义的指导。

二、应用伦理学的指导意义[①]

（一）以人为本的价值原则

以人为本将人类的生存作为根本，强调人的重要性，尊重人的自由和基本权利，

---

① 陈金华. 应用伦理学引论［M］. 上海：复旦大学出版社，2015.

在当代伦理学中得到普遍认可和共识。

（二）普遍幸福的价值原则

现代社会文明程度已经发展到一定高度，但在世界范围内还存在战争、恐怖主义、犯罪和社会不公等问题，如何实现普遍幸福原则也是应用伦理学需要面对和解决的问题。

（三）社会和谐的价值原则

社会和谐是人类追求的美好社会状态，社会和谐的基本特征包括公平正义、民主法治、诚信友爱、社会安定、人和自然和平相生相处。

（四）协调发展的价值原则

人类需要坚持全面、持续、协调的发展，必须克服片面、短视、偏颇的社会行为，需要制定确保人类活动健康协调发展的机制，而不是阻碍或破坏的机制，这也是应用伦理学必须面对的问题。

三、应用伦理学的研究范围

应用伦理学的研究范围包括一切具体的、引起广泛争议的道德实践问题。对于应用伦理学的研究范围需要有如下几方面共识[①]：

（一）并非所有具体的、有争议的现实问题都是道德问题。道德问题是涉及对人的行为之善与恶的评价或对与错的判定的问题。

（二）只有那些具体的、表现于特定领域或情境中的道德问题才可能是应用伦理学的研究对象，而并非一切现实道德问题都是应用伦理学的研究对象。

（三）那些引起广泛关注的且在公众中有深刻歧义和激烈争议的现实道德问题是应用伦理学的研究对象。

思考2-6 猎杀和食用野生动物是不正当行为，属于应用伦理学范畴。人类对动物的过度猎杀和食用，也必将遭到大自然的惩罚，是不可取的行为方式。

思考2-7 克隆人技术如果真实推广，将会使社会上人伦关系发生重大变化，两性繁衍后代的规则也将被改变。克隆人行为是对还是错，属于应用伦理学范畴。

---

① 卢风. 应用伦理学概论［M］. 2版. 北京：中国人民大学出版社，2015.

四、应用伦理学的分类

应用伦理学的研究范围很广,只要有伦理意识渗入的学科都可能形成一门相关科学。应用伦理学涉猎范围随着科技的发展,也将会进入更多新的领域。目前,应用伦理学研究已经涵盖政治、经济、科技、环境、生命、法律、网络、医学、宗教、性学、社会和国际关系等领域,试图思考并分析解决这些领域中涌现出来的各种亟待解答而相应的法律和规范又无明确或正确规定的前沿性伦理道德难题,因而形成了政治伦理学、经济伦理学、科技伦理学、环境伦理学、生命伦理学、法律伦理学、性伦理学、媒体伦理学、工程伦理学、宗教伦理学、行政伦理学和家庭伦理学等众多分支领域学科。

(一) 环境伦理学

环境伦理学是研究人类生存发展进程中,人类与自然环境和社会环境,以及社会环境和自然环境之间的伦理道德行为关系的科学。环境伦理学的任务是为环境保护实践活动提供坚实可靠的伦理道德基础,将道德关怀从人类拓展到整个自然界的万物,协调人与自然界的伦理关系,达成人类和环境系统的共同可持续发展。环境伦理学关注的主要议题:人类中心原则可否突破、全球气候变化对公平正义诉求的实现、动物是否和人类享有同等权利问题和代际公平问题等[1]。

思考2-8 《瓦尔登湖》的思考。《瓦尔登湖》作者是亨利·戴维·梭罗。亨利·戴维·梭罗是环保主义思想家,他亲近自然,保护自然,追求自由。《瓦尔登湖》是由十八篇散文组成,在《孤独》一篇中摘抄一段文字如下:"太阳、风雨、夏日、冬日,大自然的天真和慈善无以言说,它们永远提供这么多的健康、这么多的快乐!它们这么同情人类,一旦有人为了正当的原因而感到悲伤,整个大自然就会为之动容,太阳就会为之暗淡,风就会像人一样叹息,白云就会落泪,树木就会在仲夏之际落叶,披上丧服。"[2] 从《瓦尔登湖》摘抄中,可以感知作者清新的文字表达,描绘的是美丽的图景,是人与自然和谐共处的情怀表达。作者在《瓦尔登湖》中,也透露出他崇尚简朴生活,热爱大自然的情怀。

思考2-9 游人在野生动物园游玩,挑衅动物或没做好防护,被动物吃掉了,是人之过错还是动物的过错?当然,其中可能涉及动物园管理方面的问题,如安全宣传不到位或者保障措施没有到位等。

---

[1] 陈金华. 应用伦理学引论 [M]. 上海:复旦大学出版社,2015.
[2] 亨利·戴维·梭罗. 瓦尔登湖 [M]. 王光林,译. 天津:百花文艺出版社,2018.

思考 2-10 动物权益保护运动是人类发起的保护动物不被人类作为占有物来对待的运动。对于人类而言，餐桌上餐盘里的牛羊鱼肉是该吃还是不该吃？但在人类社会，象牙的提取、鹅肝的制作、熊胆的提取现象时刻都在发生着，人类在残杀着动物。这些问题属于道德问题还是伦理问题？

思考 2-11 港珠澳大桥施工中的生态保护。港珠澳大桥于 2009 年 12 月 15 日动工建设，2018 年 10 月 24 开通运营。港珠澳大桥会跨越中华白海豚栖息地，因为要避免大桥施工对中华白海豚的侵扰，所以大桥的施工是中国有史以来对环保要求极高的一次考验。中华白海豚是国家一级保护动物，被称为"水中大熊猫"。为了保护中华白海豚在大桥施工期间不被迫迁徙和不受伤害，建设单位对大桥的设计和施工方案进行了多次调整，如将桥墩数量由原来的 318 个减少至 224 个。建设单位提出"大型化、工厂化、标准化、装配化"的建设理念，主旨就是提高大桥建设的工业化水平：所有大型构件，全部在工厂完成，再运抵海上安装，最大限度减少海上作业的人员、时间和装备数量，将对中华白海豚生活的干扰降到最低。据不完全统计，港珠澳大桥主体工程自建设以来，直接投入中华白海豚生态补偿费用 8000 万元，用于施工中相关的监测费用 4137 万元，环保顾问费用 900 万元，渔业资源生态损失补偿约 1.88 亿元，有关环保课题研究费用约 1000 万元，其他费用约 800 万元，上述共计约 3.4 亿元。

现今，工程界在工程活动中的生态保护意识越来越强，港珠澳大桥施工中对中华白海豚的保护就彰显人类现今在工程建设中伦理意识的完善。

（二）网络伦理学

网络伦理学是以网络道德为研究对象的学科。网络道德是探讨和研究人与网络之间的关系，以及网络社会中人与人之间关系的行为规范和行为准则。

互联网时代，人们通过网络可以快速查阅最新资讯，也能很方便地同异地朋友实时联系，网络给人们的社交、沟通和购物等带来了前所未有的便捷。但是，在互联网上也存在黑客、网络色情、网络病毒、网络暴力和网络欺诈等问题，人们上网时可能会承担一些上网风险，有时个人隐私权会被侵犯，从而引发一系列网络伦理问题。

网络社会和现实社会的差异，在于网络社会是虚拟的，每个上网者在网络上都是以一种特定的虚拟符号出现。网络间，相互交流的人彼此可能了解很少甚至完全不了解对方的真实社会身份，上网之人仅仅知道对方的网络身份而已。因为网络的虚拟性，在网络上，人们交流随意性较强，有时不需要为自己的言行负责，网络相应的监管也不充分，可能会导致一个人在网络社会和在现实社会产生很大的人格反差。但在现实社会中，因为道德伦理规范和文化背景的约束和制约，人们在沟通中会有所顾忌而谨言慎行，人们交流时需要时刻为自己的言行负责。网络社会和现实社会虽然都是由人组成的，但在网络社会中，人与人的沟通是建立在高度开放、自由、共享但可控性差的网络上，也没有国界和地域的区别，奉行的伦理道德标准不同，是一种不同的社会表现形式。故而一方面网络伦理要遵循现实社会的伦理道德规范，另一方面网络社会也包含着特有的伦理道德规范需要人们来遵守。网络伦理问题主要涉及数字鸿沟问题、隐私权问题、网络社会信息安全问题、知识产权保护问题和网络病毒问题等。为保障网络社会的有序性，促进网络社会和谐健康发展，网络社会中的伦理规范需坚持公正原则、自律原则、无伤害原则和知情同意原则。

思考 2-12 在互联网发展的早期，中国早期网民都知晓的一句互联网经典名言："在网络上没人知道你是一条狗。"（On the Internet, nobody knows you're a dog.）这句话体现着网络的虚拟性，所有上网者都是一个特有的符号，在网络间行走着。

思考 2-13 互联网时代，网络拉近了人们彼此之间的距离，远隔千山万水的人们可以很方便地实时沟通，可谓天涯若比邻。但因为手机和互联网的普及，人们在团聚的时候，人手一台可上网的手机，各自浏览着手机里的信息，反而使人与人之间的交流少了很多，导致人们近在咫尺，却对身边的人无话可说，宁愿和网络里虚拟朋友交流和沟通。网络使人们关系更亲近了，还是疏远了？

思考 2-14 在现实生活中，一个人如果偷盗他人财物会受到道德谴责或法律惩处。但在互联网上，黑客非法侵入他人电脑窃取相关信息和文件，可能更多被宽容对待，甚至被人崇拜，这就是网络社会和现实社会双重标准的直接体现。网络社会和现实社会是完全不同的两个社会，一个是真实的，一个是虚拟的，以至于网络社会的伦理道德要求和衡量标准是不同于现实社会的，不能单纯沿用现实社会已有的相关伦理和道德规范约束网民的网络行为。

（三）生命伦理学

生命伦理学是运用伦理学的理论和原则，在跨学科的条件下，对生命科学和医疗保健的伦理学维度，包括道德见解、决定、行动、政策等进行系统研究的学科[①]。其中讨论最多的是人类的孕育方式，即试管婴儿、代孕母亲或克隆人等一系列伦理道德和社会法律问题，还涉及堕胎问题、器官移植问题、死亡的权利与方法问题（即安乐死问题）等。生命伦理学的基本原则：不伤害原则、有利原则、自主原则

---

① 甘绍平，余涌. 应用伦理学教程 [M]. 2 版. 北京：企业管理出版社，2017.

和公正原则。

思考2-15 医生的天职是救死扶伤。在第二次世界大战中，部分纳粹医生却是集中营大屠杀的制造者和参与者，成了剥夺他人生命的屠杀者，这些杀戮制造者——纳粹医生中有很多人是拥有医学博士学历的。生命都是值得尊重的，他人是无权非法剥夺任何人的生命的，生存权也是人类所享有的基本权利。在权利和环境完全发生转换时，人性恶的一面就充分暴露，是环境原因，还是人的本性就是如此？

思考2-16 医学生誓词。医学院学生入学第一课就要学《希波克拉底誓言》。《希波克拉底誓言》表达了对知识传授者心存感激；竭尽所能为服务对象尽医生应尽之职责；绝不做有违医德和违法之事；保守秘密，尊重个人隐私。医学生誓词一方面说明医生职业的重要性，要救死扶伤；另一方面，医学生誓词也引导新入学的医学院学生正视自己的职业生涯，为人类解除疾患而努力。1991年，国家教育委员会高等教育司颁布了中华人民共和国医学生誓词，誓词要求医学生从入学那天起就需牢记其肩负的义务与责任。我国医学生誓词如下："健康所系，性命相托。当我步入神圣医学学府的时刻，谨庄严宣誓：我志愿献身医学，热爱祖国，忠于人民，恪守医德，尊师守纪，刻苦钻研，孜孜不倦，精益求精，全面发展。我决心竭尽全力除人类之病痛，助健康之完美，维护医术的圣洁和荣誉，救死扶伤，不辞艰辛，执着追求，为祖国医药卫生事业的发展和人类身心健康奋斗终生。"在现今社会，医生、教师和律师因其职业的特殊性，是最不能失掉职业道德的三种职业。

第五节　工程和工程伦理学

应用伦理学的诞生和发展，着力于面对和处理人类社会各个领域的伦理道德难题，因为人类思维随着社会和科技的发展而实时更新着，也由于人类的社会实践过程由太多的不确定因素制约，应用伦理学在具体实践过程中不一定能做到最好，但在相关伦理规范和原则的指导下，能保证人类的实践活动和发展方向尽量不出现偏失。人类的工程活动也是伦理学研究的对象，在人类的工程活动中存在着重要的伦理问题需要面对和解决，运用伦理学理论研究人类在工程活动中的伦理问题的学科即工程伦理学，工程伦理学也是应用伦理学的一个分支学科。

一、工程

工程的定义：将自然科学的原理应用到工农业生产部门中去而形成的各学科的

总称。工程分类：水利工程、化学工程、土木工程、遗传工程、系统工程、生物工程、海洋工程、环境微生物工程等。工程活动可以分为：研发、设计、原材料的选择、施工、操作、管理和维护等阶段。

工程（Engineering）一词最早起源于 18 世纪的欧洲，最初指兵器制造和以军事为目的各项工作。历史上第一所授予工程学位的学校是成立于 1794 年的法国巴黎综合工艺学校。18 世纪下半叶，英国出现了最早的民用工程，如运河、道路、灯塔、城市上下水系统等土木工程①。随着人类文明的发展，人们可以建造体量更大或者结构更复杂的人工物了，包括建筑物、轮船、铁路工程、海上工程、飞机和航空母舰等。工程的概念随之诞生了，并且逐渐发展为一门独立的学科和技艺。

工程的主要特点如下：（1）工程的建构性和实践性。工程项目是通过具体的设计、制造和建设等实施过程来完成的。工程的过程最突出的表现就是建构的过程，就是在工程活动中创建并完善新结构的过程。（2）工程的集成性和创造性。工程是通过各种科学知识、技术知识转化为工程知识并形成现实生产力从而创造社会、经济、文化效益的活动过程。（3）工程的科学性和经验性。工程活动尤其是现代工程活动都建立在科学性的基础之上，但同时又离不开工程设计者和实施者的经验知识，两者是辩证统一的。（4）工程的复杂性和系统性。科学技术的迅速发展，使人类的工程活动在规模上和复杂程度上都达到一个更高的高度。工程活动的复杂性和系统性是密切相关的，其复杂性是指工程系统的复杂性，工程系统自身的特点也决定了它的复杂性特点。（5）工程的社会性和公众性。社会性是工程最重要的特征之一，同时工程的社会性也是其公众性的体现。（6）工程的效益性和风险性。工程实践都具有明确的效益目标，而效益总是和风险相伴②。

工程实践和研究的目的不是获得新知识，而是获得新的人工物，是要将人们头脑中的观念形态转化为现实，并以物的形式呈现出来，其核心在于观念的物化。工程造物实践过程是认识、实践、再认识的过程，循环往复，在这个过程中使人类的工程实践经验和认知逐渐得到提高和丰富，从而满足人类社会的特定需求。

二、工程伦理学

（一）工程伦理学的发展历程

工程伦理学的发展历程可以分为相对独立的三个阶段。第一阶段是 1900 年以

---

① 李世新. 谈谈工程伦理学 [J]. 哲学研究, 2003（2）：81-85.
② 段瑞钰, 汪应洛, 李伯聪. 工程哲学 [M]. 北京：高等教育出版社, 2007.

前，工程学研究中几乎没有伦理的考虑，此期间为前工程伦理学时代。第二阶段是20世纪初到20世纪70年代，工程伦理问题在其中逐渐显现，此期间为工程伦理学的孕育时代。第三阶段是20世纪70年代至今，工程伦理学作为一门学科走进了高等学校，并且实现了建制化，此期间为工程伦理学的兴起与发展时代。

20世纪70年代，工程伦理学在美国被重视和关注，美国的高等工程教育中首先出现了工程伦理教育。随后，俄罗斯、法国、日本、英国、加拿大和德国等发达国家也相继开展了工程伦理学研究。经过近50年的发展，在美国等发达国家，工程伦理已趋完善，实现了职业注册制度，工程社团伦理章程修订完善，工程伦理教育在高等工科院校普遍开设。我国起步相对较晚，对工程伦理学的研究始于20世纪90年代，国内学者开始陆续出版专著和发表文章，学者从工程伦理教育的地位和作用、工程伦理教育的现状、存在问题及解决对策方面开展了相关研究。伴随着工程伦理教育和研究的推进，清华大学、西南交通大学、北京理工大学、西安交通大学、华中科技大学和大连理工大学等少数理工科院校逐渐独立设课，实施工程伦理教育。2018年5月，国务院学位委员会印发《关于转发〈关于制订工程类硕士专业学位研究生培养方案的指导意见〉及说明的通知》（学位办〔2018〕14号）文件，要求将"工程伦理"课程正式纳入工程硕士专业学位研究生公共必修课范畴，并在2018级工程类专业硕士研究生中开设该课程。现今，我国工程伦理教育也逐渐和工程专业认证工作进行整合，进一步推动了我国工程伦理教育实施和研究的进程。

（二）工程伦理学的内涵

工程伦理学是伦理学的分支，是对在工程活动中涉及的道德价值、问题和决策研究的学科。同时，也会涉及对工程实践主体工程师自身所具有的职业伦理的研究。工程伦理学这门学科具有交叉学科性质，涉及哲学、工学、社会科学、法律、政治、经济和管理等学科。李伯聪教授认为工程伦理学的研究依次涵盖三个方面的伦理问题：（1）工程共同体成员的伦理问题；（2）企业、组织、制度、行业、项目方面的伦理问题；（3）国家和全球尺度方面的伦理问题[①]。

（三）工程伦理学的研究核心问题与任务

人类的工程活动具有社会性，从工程伦理学起步之时，就注定了工程伦理学的研究和实施与社会大环境紧密相连。伴随着科技的发展，人类掌握的技术越先进，人类的工程活动对社会的推动作用也越大。但同时，很多工程因体量大，需要多专

---

① 李伯聪. 微观、中观和宏观工程伦理问题 [J]. 伦理学研究, 2010 (4): 25–30.

业协同合作，实施难度较大，工程本身又具有不可复制性，上述因素导致工程活动的后果也是具有两面性的，一旦产生负面影响，其造成的危害是不可估量的。在人类历史中，苏联切尔诺贝利核事故、美国三里岛核事故、日本福岛核事故、美国"挑战者号"失事事故、土地沙化问题、土木工程事故和网络安全事故等工程伦理问题的出现，对人们的心理承受力和伦理道德价值观提出巨大挑战。这些由科技发展导致的工程伦理问题既有人类认知的局限性原因，也和参与工程活动的工程技术人员自身素质和伦理道德价值取向相关。工程伦理学研究的推进将会有助于避免或者解决人类在工程活动中导致社会伦理问题的发生，也决定了工程伦理学关注的核心问题是人类的工程活动应该始终将公众的安全、健康和福祉置于第一位。

作为应用伦理学的一个分支，工程伦理学研究的任务主要有两个层面：（1）让人类的工程活动造福于人类社会。工程活动具有很多未知性，也就决定了人类在工程活动的实施过程中会具有一定的技术风险和社会风险，这就需要工程技术人员对工程活动的实施后果要有一定的前瞻性，对工程实践中可能出现的工程伦理问题进行正确的判断和决策，保证工程活动向着有利于人类社会的方向发展。（2）采取措施全面提升工程技术人员包括工科在校大学生的工程伦理素养。在加强工程技术人员专业素养的同时，需普遍建立和健全工程技术人员的工程伦理素养，促成工程技术人员用自己的知识、智慧和人伦修养去造福人类。参与工程实践的工程技术人员的社会责任重大，其工程伦理素养的培养需得到社会各界的重视。在工程活动中，也需注意到工程技术人员所面临的道德困境，还有相关工程共同体成员（如管理者、工人、企业家、公众等群体）所面临的道德选择和道德困境。

1931年爱因斯坦在美国加州理工学院对学生的演讲中谈到："如果你们想使你们一生的工作有益于人类，那么，你们只懂得应用科学本身是不够的。关心人的本身，应当始终成为一切技术上奋斗的主要目标；关心怎么样组织人的劳动和产品分配这样一些尚未解决的重大问题，用以保证我们科学思想的成果会造福人类，而不致成为祸害。在你们埋头于图表和方程时，千万不要忘记这一点！"在演讲中，爱因斯坦谈到他对应用科学会对人类造成伤害的担忧，为什么应用科学带给人类的幸福那么少，因为人类还没有学会怎样正当地去使用它。工程活动的核心是推动社会的发展，但科学技术具有两面性，作为具有良好工程伦理素养的工程技术人员，要善于利用自己的知识和经验做有益于人类的事情。

思考2—17 水是兼具有利有害两面性的物质，水利工程建设的任务是兴利除害。水利工程中水坝的工作原理是提高水位，形成落差，用以发电、蓄水和防洪等。但在人类历史上，我国的三门峡水利工程和三峡水利工程以及埃及的阿斯旺高坝均因影响生态环境，对人类社会造成一定的危害。这也说明：在工程实践中，工程师必须严格遵守工程伦理守则，并且要不断提高自己的工程实践能力，尽量避免弊大于利的工程出现。

思考2-18 在旧城改造中，历史建筑是应该保留还拆除？在我国城市化进程中，旧城改造是对城市进一步规划，完善城市功能，提升城市居民生活水平的一项有利举措。我国是个文明古国，有很深厚的文化底蕴，在城市里留存有很多历史悠久的历史建筑。但时代是发展的，城市也是发展的，在旧城改造中会经常遇到新规划的城市区域里有颇具年代的历史建筑的存在，这些历史建筑可能会因年久失修，和城市现代化发展不相协调，或者阻碍城市新形象的建立，导致历史建筑面临着何去何从的问题。这是一个需要城市管理者、规划者和建设者，以及社会公众共同关注的话题。人类发展需要历史的传承，保护具有一定历史价值的历史建筑是每位公民的责任和义务。

建议措施：（1）可以就地保留，更改规划方案，在历史建筑区域整体重新规划设计。（2）在技术可能的情况下，对历史建筑进行整体搬迁保护。

第六节 案例分析及伦理思考

案例一 消极公正案例——唐代武则天时期徐元庆案[①]

一、案例描述

唐代武则天当政时，在今陕西渭南发生了一起为父复仇案。

徐元庆之父徐爽被县尉赵师韫所杀，若干年后徐元庆为父亲报仇，杀死了已升任为御史的赵师韫，案发后投案自首，朝野轰动。

徐元庆蓄意谋杀一案，按照律法应当判处死刑。但从儒家礼教出发，为父报仇，孝心感人，似乎可以赦免其死罪。在礼制与律法之间如何权衡，徐元庆一案该如何判处？

二、案例伦理分析

当时任左拾遗的陈子昂认为徐元庆的行为已经触犯律法，理应判处死刑。但念

---

① 中华人民共和国最高人民检察院. 从徐元庆复仇案定罪争议看法律治理［DB/OL］.［2016-04-26］. https://www.spp.gov.cn/llyj/201604/t20160426_116819.shtml.

其孝心，为了舍生取义为父报仇，其情真挚感人，应当表彰其德。国之礼数是提升人们的道德修为，设立律法是为了维护社会秩序，礼与法在修身、齐家、治国、平天下中是相辅相成的。最后，陈子昂在徐元庆问斩之后，对他的孝行进行表彰。陈子昂觉得自己在此案上，巧妙地处理了律法与礼制的矛盾。实则不然，陈子昂之后的柳宗元认为礼和法都是防止作乱。如果徐元庆之父有罪当诛，赵师韫杀之，不违背法律，则其父"非死于吏也，是死于法也"，儿子也不应为父报仇。如果儿子为报父仇而杀人，当判死刑。如果赵师韫是滥杀无章，徐元庆为民无法声张正义，转而复仇杀了赵师韫，徐元庆之行为是"守礼而行义"之举，自不必惩罚徐元庆了。在礼与法之间，其本质作用是相同的。因此，表彰和惩处是不能同时运用到一个事件上，否则会因为错误惩办或错误表彰而亵渎法律的尊严或者破坏礼仪之规范。此案例体现了中国的礼法之争，也是儒家思想和法家思想的战争，是两者在融合后相生相斥的一种体现。

三、引申话题

徐元庆因赵师韫杀其父，以等害交换原则反杀赵师韫，是消极公正的案例。循着徐元庆一案再思考，那么在现实生活中应该以德报怨还是以直报怨呢？假设赵师韫杀害了徐元庆之父，徐元庆不予追究，宽容其做法，是否公正或合适呢？受道家思想的影响，我国的伦理观多主张遇事化干戈为玉帛，面对别人的伤害应本着宽容之心处之，原谅和接受，故而以德报怨的想法在人们心目中根深蒂固。在《论语》中，有段对话如下："或曰：'以德报怨，何如？'子曰：'何以报德？以直报怨，以德报德。'"此段翻译如下："有人问孔子：'对伤害自己的人宽容处之，如何？'孔子回答：'这样做该如何面对帮助过自己的人呢？用正直回报伤害，用感恩回报恩泽。'"如果别人欺负了你，你去宽容和感化他，他不会认为你是一个仁义之人，反而认为你惧怕他，结果会助长恶人之恶，所以不能脱离语境理解以德报怨。此处以直报怨的"直"是指用公正合理的方式回击，而不是一味姑息纵容。是非曲直不是任人践踏的，社会道德规范就有其既定的规则供人们遵循，也是不助长恶的一种社会导向的存在。

案例二　《致加西亚的信》故事中蕴含的伦理思想

一、案例描述

《致加西亚的信》作者是阿尔伯特·哈伯德，美国著名出版家和作家。《致加西亚的信》故事梗概如下：安德鲁·罗文是美国陆军一名年轻的中尉。在美西战争爆发之际，美国总统需要和西班牙抵抗军首领加西亚将军取得联系，总统急需找到一人能够独自将信送给加西亚将军。问题是加西亚将军隐藏在古巴的崇山峻岭之中，没有人知道将军具体所在地点，导致这个任务十分艰巨。同时，由于路途遥远，要穿越敌军的重重封锁，任务的危险性也很大。军事情报局推荐了罗文，总统听后，决定派罗文来执行这项任务。罗文在接到这项命令后，没有任何犹豫，只身一人立刻出发，在经历无限险阻的三周之后，终于将信送给了加西亚将军[①]。《致加西亚的信》的印数超8亿册，是人类历史上优秀的作品之一。

二、案例伦理分析

《致加西亚的信》一文故事并不长，是作者一天晚饭后历时一小时完成的作品，但故事的内容和启迪却很深远，影响了很多人。在文中，罗文中尉在接到难度如此之大的任务时，没有推卸责任，而是直面任务和未知的艰险，出发去执行这项重要任务了。故事字里行间显示出了罗文对祖国和使命的绝对忠诚，同时他面对困难的不屈不挠的精神、有勇有谋的胆识令人折服。

这个故事如此广泛的流传，也透视着送信给加西亚将军的过程中，罗文身上呈现的品质是现实社会中大多数人所不完全具备的，但这些品质却是人类社会发展过程中应该普遍具备而缺失的品质，也是罗文完成使命的必备条件。在现实社会中，多数人习惯安于现状，面对工作和理想不是勇于开拓或担当，而是得过且过，对很多事情能拖延就拖延，我们的社会需要忠诚和孜孜不倦的付出来推动人类社会前行。做任何事情都需要立足根本，想到就去执行，坚持不懈就能成功。

在人类的工程活动中，良好的品质和伦理素养也是必需的。人类的工程活动通常具有的特点是：规模大，需要多专业的合作；工程周期长；参与人员众多。工程活动的特点不仅要求工程技术人员具备良好的专业素养，也对其职业伦理素养提出了更高的要求：高度的合作精神、对社会和人类的忠诚、认真负责的敬业精神、超强的执行力、审时度势的风险评价能力都是必须具备的。在人类历史上出现了很多推动人类社会前行的工程：大型公共博物馆、大跨度桥梁、公路、直入云霄的摩天大楼、大跨度体育场馆、大吞吐量的机场和大型水利工程等。正是这些工程的建成和投入使用，使人类的出行、娱乐、生活和工作方式越来越便捷，高效快速的现代节奏使人类社会发生了翻天覆地的变化。但在人类历史上也有一些失败的工程案例危害着生态环境或给人类社会带来巨大的影响，如核电站泄漏事故、大型桥梁的垮塌、失败的大型水利工程等。因工程活动具有很强的社会性，人类的工程活动会对人类社会产生巨大的影响，所以工程技术人员的工程伦理素养必须得到各界的重视和关注。

---

① ［美］阿尔伯特·哈伯德. 致加西亚的信［M］. 赵立光，艾柯，译. 天津：天津教育出版社，2010.

工程技术人员在掌握本专业领域相关知识的基础上，更要培养良好的工程伦理素养，才能成为一名有益于人类和社会、能够"送信给加西亚"的合格信使。

案例三　中国传统古村落保护中的伦理问题

一、案例描述

在中国有很多历史悠久的传统古村落，具有很高的历史、文化、科学、艺术、经济和社会价值，需要给予大力的保护。但具有丰富人文底蕴的传统古村落在我国正在逐渐衰减和消失。据光明日报报道［《光明日报》（2015年04月02日07版）］：在长江、黄河流域，颇具历史文化底蕴研究价值的传统古村落，2004年为9707个，至2010年仅存5709个，平均每年递减7.3%，每天消亡1.6个。中国传统古村落的衰减会导致传承已久的生活方式、固有人文风情的消失，是宝贵的人文财富的消逝。

二、案例伦理分析

我国的历史文化名城和古村落保护研究起步较晚。1982年国务院公布第一批国家历史文化名城，对保护我国历史文化名城、优秀历史文化遗产的工作起到了重要的推动作用。1982年我国颁布了《中华人民共和国文物保护法》。1986年国务院批转原建设部、原文化部《关于请公布第二批国家历史文化名城名单的报告》中提出，对于一些文物古迹比较集中，或能较完整地体现出某一历史时期的传统风貌和民族地方特色的街区、建筑群、小镇、村寨等，可根据它们的历史、科学、艺术价值，核定公布为"历史文化保护区"。2003年原建设部和国家文物局联合公布了第一批中国历史文化名镇（村）。2012年4月，由住房和城乡建设部、原文化部、国家文物局、财政部联合启动了中国传统村落的调查。从2012年到2019年共分五批批准了6819个中国传统村落。传统村落的审核和批准推动了我国传统村落保护和研究的步伐，从而使一批可能消失的传统村落得以保留并延续下来。

造成中国古村落衰减的原因是多方面的，各级政府保护意识和保护措施不够是主要原因。但在古村落保护中也涉及伦理问题，古村落的生存和发展是和村落居民的生活相生相依的，脱离了原生村民生活状态的村落是不具备真正村落含义的。目前在中国传统古村落的保护和开发上，很多措施是直接将村落居民搬迁出村落，竭力打造古村落的商业氛围，这点是不可取得。古村落的发展必须实现活态保护，每天有村民日出而作、日落而息的生活图景，这样的村落才是有生气的，才是能真正发展下去的。中国传统古村落的活态保护，需要加强政府和村民自身的伦理意识，同时不要回避村落保护中现存的困境，结合当地的自然风貌和村落特点，从村落居民的生产生活方式、风俗习惯、道德意识等物质和非物质的元素中，找回古村落最本真的生活状态，在人与人、人与自然的交融中保护古村落。对我国传统古村落保护的措施建议：建立健全传统古村落保护法，加大政府对古村落的保护监管和监督力度，改善古村落原著居民的生活生产条件，活态传承和保护。

三、引申话题

名人故居是对社会和人类发展有过较大推动作用的著名人士居住过的房屋。因是名人居住过，名人故居是一段历史的传承和印证，故而名人故居具有较高的历史价值和意义。名人故居保护的意义是对知名人士对国家和历史作出贡献的肯定，引导现今公众感受名人的人格魅力，也是一种文化和精神的传承和发扬。在我国城市化进程中，有的名人故居并未得到很好的保护。例如：位于北京的梁思成和林徽因故居在北京文物局不知情的情况下被"维修性拆除"；也有很多名人故居，如上海秋瑾故居、徐志摩故居等因为保护力度不够，或被拆毁或损坏严重。

国外对名人故居的保护则相对重视。例如，莎士比亚在英国故居的保护就是成功案例。英国剧作家威廉·莎士比亚诞生和逝世在伦敦以西 180 千米的斯特拉特福小镇，其故居是一座带阁楼的二层小楼。现存建筑是木框架结构、坡屋顶、泥土原色的外墙，完全保留了莎士比亚故居的风貌。自 1891 年来，莎士比亚故居由莎士比亚旧居托管和保护委员会负责管理和保护，当地政府对莎士比亚故居和斯特拉特福镇整体做了相应的保护和规划，也保留了其他和莎士比亚同时代的历史建筑，彻底还原了小镇当年的历史面貌。这种保护是全方位的保护，而不仅仅是对单一的建筑实施保护，否则被保护的建筑也会在整个现代环境中显得格格不入。历史建筑或者名人故居是属于整个人类的珍贵遗存，当代人只有尽自己所能去保护它，才能使建筑和名人的思想得以传承后人。

参考文献

[1] 陈金华. 应用伦理学引论 [M]. 上海：复旦大学出版社，2015.

[2] 卢风. 应用伦理学概论 [M]. 2 版. 北京：中国人民大学出版社，2015.

[3] 何怀宏. 伦理学是什么 [M]. 北京：北京大学出版社，2002.

[4] 甘绍平，余涌. 应用伦理学教程 [M]. 2 版. 北京：企业管理出版社，2017.

[5] 王海明. 公正类型论 [J]. 东南大学学报（哲学社会科学版），2006，8（6）：14－19.

[6] 雅克·蒂洛，基思·克拉斯曼. 伦理学与生活 [M]. 9 版. 程立显，刘建，译. 北京：世界图书出版公司，2008.

[7] 亨利·戴维·梭罗. 瓦尔登湖 [M]. 王光林，译. 天津：百花文艺出版社，2018.

[8] 李世新. 谈谈工程伦理学 [J]. 哲学研究，2003（2）：81－85.

[9] 段瑞钰,汪应洛,李伯聪. 工程哲学［M］. 北京：高等教育出版社,2007.
[10] 李伯聪. 微观、中观和宏观工程伦理问题［J］. 伦理学研究,2010（4）：25-30.
[11] 阿尔伯特·哈伯德. 致加西亚的信［M］. 赵立光,艾柯,译. 天津：天津教育出版社,2010.

第三章 科学、技术和工程对社会发展的推动作用

第三章　科学、技术和工程对社会发展的推动作用

第一节　科学、技术和工程

科学技术是第一生产力。在人类历史进程中，人类的生存和发展时刻都和社会生产力息息相关，科学技术是指导工程技术和推动人类文明进步的知识源泉，工程技术同时也是推动社会经济增长和物质文明进步的原动力，为科学技术的探索提供了新思路[1]。

人类社会的发展史是离不开科学、技术和工程的共同作用的。"工程"一词在我国南北朝时期就存在，多指土木工程。"工程"这个概念在西方世界最早是指战争设施的建造活动，后用于民用设施、道路、桥梁、江河渠道、码头、城市给排水系统等的建造活动。现今，服务于特定目的的各项工作的总体均称为工程，工程有了更广阔的外延，包括土木工程、水利工程、海洋工程、生物工程和航空航天工程等。关于"科学"，我国的《辞海》定义如下：运用范畴、定理、定律等思维形式反映现实世界各种现象的本质和规律的知识体系。科学的内涵和外延会随着人们对科学认知的不断加深而变化。"技术"的概念源于科学，指人类为了满足社会需要，运用科学知识，在改造、控制、协调多种要素的实践活动中所创造的劳动手段、工艺方法和技能体系的总称[2]。

科学、技术和工程有其各自的定义和适用范围，彼此独立又密不可分，相互关联、互为促进并共同发展。一方面，人类工程活动的实践能力和效果受到所属时代的科学和技术水平的制约；另一方面，科学和技术的进步给人类工程活动开创了实践的空间，使人类的工程活动不断推进。科学理论的发现必须通过发明阶段才能转化为技术；技术发明后需要通过设计等阶段转化，才能应用于工程实践中[3]。

科学、技术和工程起源方面，工程和技术的出现早于科学。早在石器时代，人类就会打造石器作为劳动工具了，石器工具的制作属于造物范畴，也应该被视为工

---

[1] 宋健. 工程技术百年颂 [J]. 中国工程科学, 2002, 4 (3): 1-5.
[2] 段瑞钰, 汪应洛, 李伯聪. 工程哲学 [M]. 北京: 高等教育出版社, 2007.
[3] 李伯聪. 工程与工程思维 [J]. 科学, 2014, 66 (6): 13-16.

程或技术的起源[1]。人类先祖建造房屋时，相关力学等科学知识体系并未形成，也是工程早于科学的体现。科学发端于古希腊（古希腊的自然哲学），而真正诞生在近代。1543年哥白尼《天体运行论》的发表，标志着人类开始进入科学时代[2]。在古代，科学尚未从哲学中脱离出来，科学知识属于哲学家；工程和技术则属于工匠，它们在各自的领域发展着。伴随着人类历史的进一步发展，科学、技术和工程才逐渐相互联系、相互作用、相互转化，共同推动着人类社会的发展。

在段瑞钰院士团队编著的《工程哲学》一书中，将科学、技术和工程的特点做了如下阐述和总结。（1）科学的特点：科学是研究自然界和社会事物的构成、本质及其运行规律的系统性、规律性的知识体系。科学的目的与价值在于探求真理，弄清自然界或现实世界的事实和规律，求得人类知识的增长。科学活动的特征就是探索和发现。（2）技术的特点：技术也是一种特殊的知识体系，现代技术是运用科学原理、科学方法，特别是运用和结合某些巧妙的构思和经验，开发出来的工艺方法、生产设备、仪器仪表、信息处理—自动控制系统等，这是一类经过"开发"和"加工"的知识、方法和技能体系。技术是需要更多的资金开发出来的有经济目的、社会目的的知识系统。技术的特点在于发明和创新。（3）工程的特点：从知识角度看，工程可以看作以一种核心专业技术或几种核心专业技术加上相关配套的专业技术知识和其他相关知识所构成的集成性知识体系。工程的开发或建设，往往需要比技术开发投入更多的资金，工程都是有很明确的特定经济目的或特定的社会服务目标的。工程的特征是集成与构建[3]。

简言之，科学要解决"是什么"和"为什么"的问题；技术则达成从理论到实践的连接，解决的是"怎么做"的问题；工程是将人们头脑中观念形态的东西转化为现实，以物的形态呈现。也就是说，科学活动的核心在于发现，技术活动的核心在于发明，工程活动的核心在于造物。随着时代的发展，科学、技术和工程的交叉融合日益加强。工程、科学和技术的辩证关系需要正确理解和认识，如何在科学和技术基础上，对工程活动进行正确决策和实施；如何在工程活动中提出新的问题，达到不断推动科学和技术的创新，具有重要的现实意义[4]。

---

[1] 段瑞钰，汪应洛，李伯聪. 工程哲学［M］. 北京：高等教育出版社，2007.
[2] 杨怀中. 现代科学技术的伦理反思［M］. 北京：高等教育出版社，2013.
[3] 同[1].
[4] 同[1].

第二节 人类历史上的三次工业革命

人类历史上相继发生了三次工业革命，每次工业革命都是具有划时代意义的伟大变革，是科技发展到一定程度，引导生产力发生的巨大飞跃。工业革命带来世界经济的快速增长，使人类生产和生活方式发生了空前的变化，工业革命对世界的格局和发展具有极其深远的影响。

一、第一次工业革命

第一次工业革命是18世纪60年代从英国发起的技术革命，以蒸汽机的发明和广泛使用为主要标志，第一次工业革命开创了以机器生产代替手工劳动的蒸汽时代。

在《共产党宣言》中写道，"市场总是在扩大，需求总是在增加。甚至工场手工业也不再能满足需要了。于是，蒸汽和机器引起了工业生产的革命。"第一次工业革命的起因：英国资产阶级积极发展海外贸易，大规模对外进行掠夺，积累了巨额的资本，为工业革命提供了必需的货币资金。大规模的圈地运动，为工业革命提供了大量的廉价劳动力和广阔的国内市场。工场手工业的蓬勃发展，积累了丰富的生产技术知识，培养了大批富有实践经验的熟练工人，增加了产量，为机器的发明和应用创造了条件。

第一次工业革命的影响：(1) 第一次工业革命极大地提高了生产力，资产阶级力量日益壮大，并希望进一步提高经济和政治地位。(2) 第一次工业革命使工厂制代替了手工工场，用机器代替了手工劳动，结束了人类对畜力、风力和水力由来已久的依赖。(3) 第一次工业革命引起了社会的重大变革，导致工业资产阶级和工业无产阶级的形成和壮大。(4) 第一次工业革命大大加强了世界各地之间的密切联系，改变了世界的面貌，最终确立了资产阶级对世界的统治地位，率先完成工业革命的英国，很快成为世界霸主。

蒸汽机的发明和改进是第一次工业革命的决定因素，加速了从手工生产过渡到机器生产的工业革命的进程，提高了人类的工作效率，标志着农耕文明向工业文明的推进，推动了工业生产技术的全面变革。相继发明的蒸汽轮船和蒸汽机车，使交通运输事业发生了重大的变革。第一次工业革命中的重要发明主要有：珍妮纺纱机、水力纺织机、抽水马桶、动力纺织机、平版印刷术、螺丝切削机床、科尔尼锅炉、蒸汽机车、蒸汽轮船、矿工灯和兰开夏锅炉等。

二、第二次工业革命

第二次工业革命发生在 19 世纪下半叶至 20 世纪初。第二次工业革命紧跟着 18 世纪末的第一次工业革命,从英国向西欧和北美蔓延。第二次工业革命以电力的大规模应用为代表,电灯的发明为标志。第二次工业革命也称"第二次科技革命"或"电气革命",标志着人类历史开始进入"电气时代"。

第二工业革命中的重要发明:(1)电的广泛应用。1866 年德国人西门子研制发电机成功,到 19 世纪 70 年代,发电机进入实际生产领域,从此电力开始成为影响人们生产和生活的一种新能源,强电能够提供绝大部分生产和生活的能源,而弱电能够提供主要的通信手段(电报、电话等),极大地改善了人们的生活和生产条件。(2)内燃机的创造和使用。19 世纪七八十年代,以煤气、汽油为燃料的内燃机相继问世,不久,以柴油为燃料的内燃机也研制成功。内燃机的工作效率远远高于蒸汽机,大大提高了工业部门的生产力,迅速推动了交通运输领域的革新。同时,科学家从煤和石油等原材料中,提炼出多种化学物质,并以此为工业原料,制成染料、塑料、药品、炸药和人造纤维等多种化学合成材料,推动了化学工业的迅猛发展。

第二次工业革命的影响:(1)在第一次工业革命时期,技术发明更多来自于工匠的实践经验,科学和技术尚未真正结合。在第二次工业革命时期,自然科学得到更多发展,开始和工业生产紧密结合,科学推动生产力发展的作用进一步凸显,科学和技术的结合促使第二次工业革命取得了巨大的进步。(2)第一次工业革命首发在英国,新机器和新生产方式主要由英国发明,其他国家工业革命进程相对较缓。第二次工业革命几乎同时发生在几个先进的资本主义国家,新技术和新发明的发展更迅速。(3)由于科学和技术的密切联系,在第二次工业革命开始时,在一些尚未完成第一次工业革命的国家,存在两次工业革命交叉进行的情况,使这些国家的经济迅速发展。(4)第二次工业革命极大地对推动了生产力的发展,对人类社会的经济、政治、文化、军事、科技和生产力的发展产生了深远影响。(5)第二次工业革命导致世界各国发展的不平衡性加剧。英国、法国等老牌资本主义国家发展相对较缓,美国、德国等国家抓住机遇发展迅速,到 19 世纪末 20 世纪初,工业产值赶超英法位居世界前列。同时,各主要资本主义国家相继进入帝国主义阶段。(6)第二次工业革命使世界政治格局发生巨大变化,资本主义逐步确定了对世界的统治地位。

三、第三次工业革命

20 世纪四五十年代,出现以原子能工业、电子计算机、空间技术和生物工程技术的发明和应用为主要标志的第三次工业革命。第三次工业革命涵盖信息技术、新能源技术、新材料技术、生物技术、空间技术和海洋技术等诸多领域。第三次工业革命使人类进入信息时代，这次工业革命的内容比前两次工业革命更为丰富，影响更为深远。

第三次工业革命产生的原因：在经历第二次世界大战的洗礼后，各国经济和民生亟待复苏，战时军用技术迅速转为民用，促使第三次工业革命的发生。第三次工业革命也是在爱因斯坦相对论等自然科学理论迅速发展，并在重要领域取得一系列突破的前提下，在一定物质和技术基础上发生的，是社会发展的需要，也是各个国家对高科技迫切需要的结果。

第三次工业革命的重大突破：（1）原子能的开发和利用。多国相继研制了原子弹、氢弹等核武器，原子能技术在军事和民用领域都得到一定发展。（2）电子计算机的出现和发展。随着电子计算机技术的发展，节省了人力，提高了劳动生产率。电子计算机被广泛应用于经济、军事、交通运输、科研、文教、医疗、科技情报资料及图书管理等方面。电子计算机技术带来人类智力和思维（即脑力劳动）的解放，是人类历史上又一次重大技术革命。（3）空间科学技术的诞生。空间科学技术是围绕人造卫星（包括宇宙飞船）的研制、发射和应用的一门综合性的科学技术，是衡量一个国家科学技术发展程度的重要标志。空间科学技术目前已广泛用于军事、国民经济和科学研究等领域，并已进入了无限广阔的宇宙空间。

纵观人类历史上的三次工业革命，第一次工业革命中，蒸汽机的发明极大提高了人类的劳动生产率；第二次工业革命中，电力的发明直接改变了人类的生产和生活方式；第三次工业革命在推动生产力的发展方面作用更强大，因为科学和技术进一步密切结合和相互促进，伴随着科技的不断进步，人类的衣、食、住、行、用等各个方面均发生了重大的变革，在提高人类社会生活质量的同时，极大丰富了人类的精神世界。第三次工业革命也加剧了各国经济实力的不平衡发展，扩大了世界范围内各国的经济发展差距，也促进了世界范围内社会生产关系的变化。

人类历史上的前三次工业革命使得人类进入空前高速发展的时代，但也造成了巨大的能源和资源消耗，人类为此付出了巨大的生态环境代价，并加剧了人与自然之间的矛盾。进入21世纪，在新能源、新材料、人工智能、基因工程、生物工程技术、空间技术和信息技术等领域正持续发生着革命性的技术创新，进一步颠覆性地改善了人类的生活、生产和思维方式，深刻影响着整个世界的格局和面貌，促进了经济和社会的全面发展，人类正在酝酿或者已经引发了第四次工业革命。

思考3-1　梦想是促使人类社会前行的原动力。苏格拉底说过，"世界上最快乐的事情，莫过于为理想而奋斗。"人类社会发生巨大变革而飞速发展的原因在科学、技术和工程领域的飞速发展,也在于人类所拥有的科学、技术和工程梦想。在人类历史中,飞天的梦想促成莱特兄弟首次试飞了完全受控、依靠自身动力、机身比空气重、持续滞空不落地的飞机,莱特兄弟的贡献彻底改变了人们的生活和工作的效率;电报之父塞缪尔·莫尔斯发明了莫尔斯电码(摩斯密码),使电报用来进行远距离信息传递的梦想成为可能;马可尼实现了无线电波传播信号的梦想;人类怀着对未知世界的憧憬促成哥伦布实现了到达美洲的探险之旅;苏联航天员加加林是第一个进入太空的人,开启了人类探索宇宙的梦想。拥有梦想的人,不应仅仅停留在梦想阶段,应勇于探索和尝试,只有付诸行动才能使梦想变为现实,这样定能成就一番宏伟事业。

第三节 科学、技术和工程对人类社会的贡献

一、公路、铁路和航空运输的发展

(一)铁路运输的发展

在第一次工业革命之前,因为生产力落后,人类的陆路交通工具主要依靠人力或畜力拉动,运输业极为不发达,人类的交通效率非常低下。随着社会生产力的发展,原始的交通方式已经不能满足人们的生产和生活需要。科学技术的发展为机器生产提供了理论基础,同时资产阶级财富积累到一定的程度,"圈地运动"又为社会提供了足够的劳动力和广阔的市场,在这些契机下,第一次工业革命爆发了。1765年,珍妮纺纱机的发明,标志着第一次工业革命在英国乃至全世界的开始。1785年,瓦特改良蒸汽机,标志着人类开始进入到蒸汽时代。蒸汽机的出现进一步推动了交通运输工具的进步,人们将蒸汽机动力原理应用于交通工具中,提高了交通工具的运力。英国工程师史蒂芬孙利用蒸汽机发明了火车机车,并于1825年在英国试车成功。很快,铁路运输就主导了长途运输模式,能够以比在公路或运河上更快的速度和更低廉的成本运送旅客和货物。铁路相对此前人们使用的畜力和人力等运输方式的运力提高很多,使人类的客运和货运事业得到提升,铁路运输在当时几乎垄断了运输。第二次世界大战后,以柴油和电力驱动的火车逐渐取代蒸汽驱动的火车。

(二)公路运输的发展

18世纪中期英国发生了第一次工业革命,因工业的发展迫切需要改善当时的交

通运输状况，促进了公路运输的发展。苏格兰人约翰·马卡丹发明设计了马路，为英国工业和贸易往来提供了便利。依据马路的设计者姓氏，称这种路为"马路"。公路运输的发展和公路运输工具的发展是密切关联和互相促进的，社会发展的需求促成了汽车的发明。19世纪80年代，德国人卡尔·本茨设计出内燃机。内燃机使用液体燃料，在汽缸内燃烧，以内燃机为动力，促使本茨在1885年试制汽车成功。后经过一系列改良，汽车成为一种方便快捷的大众交通工具。公路运输具有机动灵活的优势，伴随着载重货车和长途客车的出现，在长途运输方面也凸显了一定的优势。

（三）航空运输的发展

近代航空史始于1783年11月，法国孟格菲兄弟设计的热气球进行了首次载人飞行实验，开启了人类的近代航空历史。1900年底，莱特兄弟成功研制了滑翔机，相继制造了动力飞行所需的螺旋桨和轻型发动机。1903年12月，莱特兄弟成功研制了第一架装有动力装置的飞机。在最后一次试飞过程中，飞机飞行59秒，航程260米。莱特兄弟的试飞成功，实现了人类翱翔蓝天之梦。接着在科学家们的不断努力下，飞机性能日益成熟。20世纪30年，螺旋桨客机投入使用；20世纪50年代，喷气式客机投入运行。速度是航空运输的明显优势，在客运方面占有重要地位，在货运方面发展也很快。

因西方发达国家的科学、技术和工程发展早于我国，西方发达国家的交通业也早于我国产生和发展。新中国成立之初，我国的交通运输能力十分落后。全国铁路总里程仅2.18万千米，有一半处于瘫痪状态。能通车的公路仅8.08万千米，拥有民用汽车5.1万辆。民航航线只有12条。1978年，改革开放揭开了中国经济社会发展的新篇章，交通运输步入了快速发展阶段。截至2015年年底，全国铁路营业总里程达12.1万千米，规模居世界第二；其中高速铁路1.9万千米，位居世界第一。全国公路通车总里程达457.73万千米。高速公路通车里程达12.35万千米，位居世界第一。全国民航运输机场达210个，初步形成了以北京、上海、广州等国际枢纽机场为中心，省会城市和重点城市区域枢纽机场为骨干，以及其他干、支线机场相互配合的格局。目前，我国的高速铁路、高寒铁路、高原铁路、重载铁路技术迈入世界先进行列，高速铁路成为"中国制造"的国家名片，是中国科技综合实力的见证[①]。

纵观人类的发展史，科技的发展推动了交通运输业的发展，同时交通运输业在人们日益频繁的社会交流中，也推动科技和经济贸易的发展，经济的发展是和高速、

---

① 新华社.《中国交通运输发展》白皮书［DB/OL］.［2016-12-29］. http://www.xinhuanet.com/politics/2016-12/29/c_1120210887.htm.

快捷的交通分不开的。伴随着公路、铁路和航空运输业的发展,人类的活动范围更加广泛,加速了人与人、城市与城市、国家与国家之间的交流和往来,也促进了人类在语言、情感和利益上的趋同和一致。

知识点 3-1 各类交通方式通常的出行速度

(1) 人的步行速度:5~7 千米/小时。
(2) 自行车骑速:15~50 千米/小时。
(3) 汽车行驶速度:40~120 千米/小时。
(4) 轮船的航速:20~50 千米/小时。
(5) 火车运行时速:70~350 千米/小时。
(6) 飞机速度:700~1000 千米/小时。

二、航天技术的发展

随着科学技术的发展,人类的活动范围在不断扩大,探索外太空也一直是人类的梦想。航天技术也称空间技术,是指人类探索、开发和利用宇宙空间的技术。航天技术涉及航天器技术、运载器技术、地面测控技术、发射场、空间运用技术、航天大系统,是一门高度复杂、高度综合的工程技术。航天技术同近代力学、数学、物理、天文学和大地测量等学科有关,是利用无线电、喷气自动化、精密光学、电子计算机、半导体、真空和低温等技术,也同机械、电子、冶金、化工和材料工业有着密切联系。航天技术是建立在上述学科、技术和工业的基础上,同时又推动和促进这些学科、技术和工业的发展,进而开拓新的学科和技术领域,其中载人航天是航天技术的最前沿部分。

航天技术的基础是火箭技术。早在1898年,俄国的科学家齐奥尔科夫斯基就完成了《利用喷气工具研究宇宙空间》的著名论文,从理论上证明利用多级火箭可以克服地球引力而进入太空,为现代火箭的出现提供了科学的理论。到20世纪,美国和德国着手研制了现代火箭。美国的罗伯特·戈达德在1926年首次成功进行了液体火箭飞行试验。宇航事业先驱者德国的赫尔曼·奥伯特则把欧洲大部分火箭研究者团结在自己周围,共同致力于火箭研制和发射实践,提出了许多关于火箭构造和飞行的新概念,这些先驱者的工作为航天技术的发展奠定了基础。赫尔曼·奥伯特的《飞行星际空间的火箭》和《实现太空飞行的道路》等著作,至今仍然被认为是宇宙航行的经典理论。第二次世界大战后,苏联和美国在德国的 V-2 导弹的基础上,相继研制了大型火箭。一方面用于洲际导弹,另一方面当作运载工具。接着中国、日本、西欧一些国家、以色列、印度也相继研制了自己的运载火箭,运载火箭的研制成功，为发射人造卫星等航天器提供了理论基础。1957年10月4日，苏联发射了人类第一颗人造卫星，开创了人类航天活动的新纪元[1][2]。1961年4月12日，苏联航天员尤里·阿列克谢耶维奇·加加林在最大高度为301千米的轨道上绕地球飞行一周，历时108分钟，完成了世界上首次载人航天飞行，由此拉开了世界载人航天的序幕[3]。1970年4月24日，我国第一颗人造卫星发射成功。2003年10月15日，"神州五号"载人飞船在酒泉卫星发射中心发射升空，杨利伟成为中国首位执行载人航天飞行任务的宇航员。截至2018年11月30日，中国在轨工作卫星283颗，仅次于美国（849颗）居世界第二位，比第三位俄罗斯（152颗）多130余颗。中国不仅独立开展了月球探测活动，独立实施了载人航天工程，独立建设了全球导航卫星系统，还将建设具有长期运行能力的空间站。中国正从航天大国迈向航天强国[4]。

航天技术的发展，促成人类探索太空的科学实践活动更加广泛和深入。（1）成功发射了人造地球卫星。人造地球卫星分为三大类：科学卫星、技术试验卫星和应用卫星。人造卫星主要用于科学探测和研究、天气预报、土地资源调查、土地利用、区域规划、通信、跟踪、导航各个领域。例如：遥感卫星（包括：气象卫星、陆地卫星和海洋卫星）的应用，推动了气象、地矿、测绘、农林、水利、海洋、地震和城市建设等方面的发展。通信卫星的应用，可以便捷传输电话、电报、传真和电视等的信号信息。通信卫星技术的发展使人类社会、经济、文化和生活方式发生了革命性变化。导航卫星的应用，使导航定位技术被广泛应用于大地测量、船舶导航、飞机导航、地震监测、地质防灾监测、森林防火和交通管理[5]。美国的GPS导航系统、俄罗斯GLONASS系统、欧盟的伽利略卫星导航系统和我国的北斗卫星导航系统均为成熟的卫星导航系统。（2）人类实现了载人航天飞行。载人航天就是人类驾驶和乘坐载人航天器在太空中从事各种探测、研究、试验、生产和军事应用的往返飞行活动。使人类的活动空间从地球扩展到太空，人类可以更广泛地认识宇宙和开发太空的资源。载人航天飞行比人造地球卫星升空难度更高。首先要保证载人航天器在强大的巨型火箭推动下按预定程序送入轨道，又要保证在航天器升空至返回地球全过程中宇航员的生命安全、应急救生和安全返回等问题。目前仅美国、中国和

---

[1] 何庆芝. 航空航天概论 [M]. 北京：北京航空航天大学出版社, 1997.
[2] 金永德. 导弹与航天技术概论 [M]. 哈尔滨：哈尔滨工业大学出版社, 2002.
[3] 邱乃庸. 图解世界载人航天发展史 [J]. 太空探索, 2016 (5)：50-53.
[4] 李成智. 中国航天技术的突破性发展 [J]. 中国科学院院刊之专刊：中国科技70年·道路与经验, 2019, 34 (9)：1014-1027.
[5] 刘纪原. 中国航天技术应用及其效益工程 [J]. 中国航天, 2001 (11)：6-10.

俄罗斯拥有自主载人航天能力。载人航天器主要有：载人飞船、载人空间站和航天飞机。（3）深空探测技术的历史性突破。深空探测是人类航天活动继发射人造地球卫星、载人航天之后的第三大领域。20世纪50年代末，苏联和美国开始了深空探测计划。20世纪后期欧洲、日本和印度也都在开展深空探测活动。中国月球探测工程于2004年正式启动，被称作"嫦娥工程"。月球探测工程分三个阶段实施，即一、二、三期工程，分别为绕月探测、月球软着陆和自动巡视勘察、月面采样返回。2017年年底，中国全面实现月球探测工程战略目标。未来中国即将实施火星探测任务，突破火星环绕、着陆、巡视探测等关键技术[1][2]。

航天技术是人类社会发展到一定阶段的产物，同时航天技术的出现必将对人类社会经济发展产生深远的影响。在宇宙空间中有着丰富的宝藏资源，蕴含着高远位置、微重力、高真空、强辐射、太阳能，还有小行星、月球和火星的巨大矿藏等，对人类的发展具有极高的研究和应用价值。人类开展对外太空的探索活动，合理开发太空资源可以起到缓解地球上的能源危机和资源危机的作用，在使人类社会产生质的飞跃的基础上，也能促进国家间综合实力的提升，改变人类的工作方式、生活方式和思维方式[3][4]。

三、土木工程领域的发展

随着生产力的进一步发展，城市化进程的推进，土木工程获得长足发展的机遇和挑战。土木工程（Civil Engineering），是利用伟大的自然资源为人类造福的艺术（伦敦土木工程师学会的皇家特许状阐明的定义，1828年）。

土木工程涵盖范围很广，包括房屋建筑工程、桥梁工程、公路和城市道路工程、铁道工程、隧道及地下工程、机场工程、给水与排水工程、水利工程、港口工程、防灾减灾工程等。土木工程直接或间接为人类建造生活、生产、军事、科研服务的各种工程设施。土木工程主要解决人类生存空间、通道和环境问题，其防护功能可以帮助人类抵御自然灾害和人为灾害，这些都需要一定的技术和管理措施作为保障。土木工程的内涵极广，是一个生命力极强的学科，人类的生存和发展对于土木工程具有高度的依赖性，土木工程与人类的生产、生活和生存密不可分。

土木工程普遍具有投入大、难度高的特性，增加了其在设计、施工、运行和后

---

① 国家航天局. 《2016中国的航天》白皮书[DB/OL]. [2016-12-27]. http：//www.cnsa.gov.cn/n6758824/n6758845/c6772477/content.html.
② 杨保华. 中国空间技术成就与展望[J]. 中国航天，2008（4）：3-7.
③ 何庆芝. 航空航天概论[M]. 北京：北京航空航天大学出版社，1997.
④ 金永德. 导弹与航天技术概论[M]. 哈尔滨：哈尔滨工业大学出版社，2002.

期维护各阶段的难度和压力。(1) 投入大：在现代高科技的引领下，土木工程项目的投资是巨大的。在土木工程领域投资几千万元乃至几千亿元的工程不胜枚举。例如：粤海铁路通道投资 45 亿元；杭州湾跨海大桥投资 107 亿元；京九线铁路投资 400 亿元；西气东输投资 1500 亿元。(2) 难度高：大型土木工程几乎都存在地理环境上的难点需要突破。例如：跨海大桥工程需要在海上建造；海底地下隧道工程需要在海底建造；地铁项目需要在地下建造；铁路工程可能会在崇山峻岭中开凿隧道来建造，特别是高原铁路建造会遭遇极寒天气、高原气候和生命禁区的考验[1]。

土木工程多数都属于基本建设项目，还具有综合性、社会性、实践性、艺术性和极强的个性。一个土木工程项目的推进，需要多专业协同合作才能完成。例如：在核电站、海上平台、卫星发射基地、机场工程、海底隧道工程开展时，需要机械、冶炼、采矿、自动控制、国防、电气等特定专业的工程人员参与和配合，在国民经济中几乎所有的行业都与土木工程有关。土木工程项目其功能和应用也体现出其很强的社会性，土木工程的社会影响也是长期性的。例如：通常建筑结构的设计基准期为 50 年，而建筑结构实际使用年限会超过 50 年甚至达到 100 年或更长年限，更有大型土木工程设施的使用期限超过 1000 年的。例如：至今还在通航的京杭大运河从开凿至今已有 2500 多年的悠久历史；战国时期李冰父子主持修建的都江堰水利工程距今已经 2300 多年了。这些中国古代人民建造的水利工程，至今依然有着深远的影响[2]。土木工程的艺术性体现在其建造的人工物的美感上。例如：几十千米长的跨海大桥如玉带一样迤逦在海面上；很多建筑会具一定的节奏和韵律感，呈现出特有的动感；有的建筑则有着个性的色彩和结构形式，向世间呈现土木工程人工物特有的美。土木工程的个性还在于每个工程都是独一无二的。因土木工程项目建设地域和环境的不同，还有参与土木工程实践人员的不同，所用工程材料和施工技术的不同，任何一个土木工程项目都不可能照搬其他工程项目，体现了其独特性，同时也给每个土木工程项目的创新和发展开创了一个崭新的空间。

土木工程在防灾和减灾方面可为人类提供安全保障。灾害是以生存环境受到破坏、经济遭受损失、人员受到伤亡为代价的形式呈现，土木工程灾害包括自然灾害和人为灾害。以建筑结构为例，建筑物不仅能为人类提供遮风挡雨的场所，建筑的防护功能在灾害中也能保障人类的生命和财产安全。(1) 自然灾害是自然界中物质变化和运动造成的灾害。在自然灾害中，地震灾害是常见的一种灾害形式。如果建筑物的抗震设防不达标，选址位置不当，震级较高的地震造成的危害将是巨大的，

---

[1] 崔京浩. 土木工程——一个平实而又重要的学科 [J]. 工程力学, 2007, 24 (Sup. I): 1-31.
[2] 同[1].

其中建筑物倒塌会导致95%的人员伤亡。目前，地震预报的技术有待提高，尚不能精准预报地震发生的时间、地点和强度，所以建筑物防御地震灾害的能力就很重要了。目前建筑特别是高层建筑的结构隔震和消能减震技术得到迅速发展，在震级较高地震发生的情况下，可以有效地降低地震作用，抵御地震灾害。要发挥建筑物在地震中对人类的庇护作用，建筑抗震性能研究和抗地震倒塌能力研究至关重要。土木工程除了会遭遇地震侵袭，还会遭遇滑坡、泥石流、风灾、煤矿塌陷、溃坝等灾害的威胁。（2）人为灾害是指人为因素导致的灾害。土木工程中面对的人为灾害起因是多方面的，战争中军事打击是其中一种。在军事战争中，生命线工程是被打击的首要目标。生命线工程包括：指挥部门、电力设施、燃气及石油能源供给系统、通信设施、交通设施、军事设施等。生命线工程一旦被摧毁，严重的会导致一个国家对外防御以及对内正常运行能力的整体瘫痪，从而失去战斗能力。在战争中，地面军事和民用设施往往面临大面积摧毁的可能，但地下掩体在空中打击下破坏相对小很多。于是为了在战争中保存实力，土木工程向地下空间发展，地下防护工程被大力建设。据资料披露，早在1984年，瑞士已拥有人员掩蔽位置550万个，占当时全国人口的86%，还有各级民防指挥所1500个，各类地下医院病床8万张；北欧的瑞典在20世纪80年代末已为全国人口的70%提供了掩蔽位置[1]。几乎所有的自然灾害和人为灾害都与土木工程有关，土木工程是保障人员和财产安全的屏障。所以，土木工程的防灾和减灾作用具有非常重要的意义。

现今时代，在科学、技术和工程逐步融合的趋势下，土木工程正以强劲的实力飞速发展着，同时也对从事土木工程领域技术和管理工作的土木工程师的综合能力提出更高要求。在我国的卓越工程师计划、工程教育专业认证体系建设和新工科建设中对工程师的各项能力都提出了明确的要求，涵盖专业技术素养、工程伦理素养、自我发展能力、广阔的人文社科视野、国外工程介入的能力等，这是我国工程项目建设的需要，也是我国高等工程教育和国际接轨的需要。

土木工程是一门古老并且正在不断发展的学科，对国民经济建设和人民生活具有重要影响，人类的一切活动都离不开土木工程。土木工程的发展促进了人类生活效率的提升，也推进了科学和技术的进步。同时，社会向土木工程不断提出的新需求又推动了土木工程的发展。土木工程未来发展趋势：（1）因为当前科技的高度发展，单一学科的独立发展已经不再符合时代的要求了，工程领域的发展越来越具有学科交叉性。土木工程在不断完善和发展的过程中，也需要和更多学科相互渗透和协同合作，推动了诸如力学、材料科学、地质学、测量学、经济学、社会学、机械

---

[1] 崔京浩. 土木工程——一个平实而又重要的学科 [J]. 工程力学, 2007, 24 (Sup.Ⅰ): 1-31.

设备、测量仪器、施工技术等众多科学的共同发展。(2) 土木工程项目需要从规划、设计、建造、运行管理乃至后期维护加固全程进行科学化和智能化的管理和决策。(3) 计算机、互联网和信息技术的发展和介入，会促进土木工程的技术和经济信息的高效管理，提高工程技术管理人员的工作效率，从而保证工作效率和质量的提高，达到降低成本的目标。(4) 材料科学的发展，推动着工程材料的革新，工程领域的发展和材料科学的发展密不可分。未来会有更多高性能、环保的全新工程材料问世，以替代目前传统钢材和混凝土的使用。[①] (5) 随着土木工程建造技术的不断完善和发展，人类建造的人工物将更加智能环保，和人类所依存的生存环境融为一体。(6) 在地球表面，海洋占71%，陆地占29%，陆地中适宜耕种的土地仅占6.3%[②]。而人口激增，耕地越来越少，导致人类必须开拓新的空间去发展和生存，目前人类正日益扩大对地下、沙漠、海洋和宇宙的开发。特别是城市地下空间开发，除了用于备战，也广泛用于交通、市政、储藏和商业活动。目前在各国广泛使用的地下铁道缓解了城市公共交通的压力，方便了大家的出行。

现今时代，科技和工程的融合势在必行，土木工程在内涵与外延上都发生了深刻的变化，学科的边界在弱化。譬如，土木工程学科的发展必须和新材料技术、新能源技术、信息技术和生态环境结合起来，走可持续发展道路。同时，由于科技的发展，人类影响自然的范围和能力越来越大，引发了资源枯竭、生态环境恶化、森林和绿地减少等负面影响。人类在进行土木工程项目建设时，必须考虑到人类的土木工程活动可能对生态环境造成的影响和破坏，充分考虑到资源和能源的合理利用。老子说："人法地，地法天，天法道，道法自然。"地球是人类生存的家园，地球人一代代在此繁衍生息，保护好我们赖以生存的地球是每个人的职责和义务。土木工程走可持续发展道路也是关乎人类后代在地球生存的重要议题，与自然和谐相融的智能、绿色、环保的土木工程项目也是未来土木工程发展趋势所在。

知识点 3-2　　港珠澳大桥介绍。2016年9月27日，世界最长的跨海大桥——港珠澳大桥主体工程桥梁工程实现全线贯通。港珠澳大桥建成通车后，将大大缩短香港到珠海、澳门的通行时间，从香港到珠海、澳门驱车仅需30分钟。港珠澳大桥连接香港特别行政区、广东省（珠海市）和澳门特别行政区，是国家高速公路网规划中珠江三角洲地区环线的组成部分和跨越伶仃洋海域的关键性工程，将形成新的连接珠江东西两岸的公路运输通道。港珠澳大桥拥有世界上最长的沉管海底

---

① 刘西拉、袁驷、宋二祥. 关于我国工程建设技术发展的战略思考 [J]. 土木工程学报，2005，38 (12)，1-7.

② 同①.

隧道，是中国建设史上里程最长、施工难度最大的跨海桥梁。大桥总长55千米，工程包括3项内容：海中桥隧主体工程，香港、珠海、澳门三地口岸和连接线。海中桥隧主体工程（粤港分界线至珠海和澳门口岸段，下同）由粤港澳三地共建；海中桥隧工程香港段（起自香港石散石湾，止于粤港分界线，下同）、三地口岸和连接线由三地各自建设。港珠澳大桥主体工程采用桥隧结合方案，穿越伶仃西航道和铜鼓航道段约6.7千米采用隧道方案，其余路段约22.9千米采用桥梁方案。为实现桥隧转换和设置通风井，主体工程隧道两端各设置一个海中人工岛，东人工岛东边缘距粤港分界线约150米，西人工岛东边缘距伶仃西航道约1800米，两个人工岛最近边缘间距约5250米[①]。

工程活动同现代人类社会的存在和发展密不可分，工程活动会涉及工程与科学、技术之间的交叉融合，也涉及人与自然、人与人、人与社会之间的和谐相处。科学、技术和工程是将大自然和人类连接的纽带，科学、技术和工程的发展使人类不断取得新的巨大成就。现今各国都致力于科学、技术和工程的发展，我国在两弹一星、高速铁路、载人航天事业等领域取得的重大成就，极大地提升了中国的综合国力，也是我国屹立在世界科学技术之林之根本。

第四节 案例分析及伦理思考

案例一 中国"八横八纵"高速铁路网络建设

一、案例描述

在人类历史上有很多优秀的工程项目，推动了人类社会的发展。

2016年7月13日，国家发展和改革委员会、交通运输部和中国国家铁路集团有限公司联合下发《关于印发〈中长期铁路网规划〉的通知》。《中长期铁路网规划》提出：为满足快速增长的客运需求，优化拓展区域发展空间，形成以"八纵八横"主通道为骨架、区域连接线衔接、城际铁路补充的高速铁路网，实现省会城市高速铁路通达、区际之间高效便捷相连。(1)"八纵"通道：沿海通道、京沪通道、京港（台）通道、京哈—京港澳通道、呼南通道、京昆通道、包（银）海通道、兰（西）广通道。(2)"八横"通道：绥满通道、京兰通道、青银通道、陆桥通道、

---

① 陈广仁，刘志远，田恬，等. "现代世界七大奇迹"之一的港珠澳大桥贯通[J]. 科技导报，2017，35（3），13-28.

沿江通道、沪昆通道、厦渝通道、广昆通道。(3) 规划目标：到2020年，铁路网规模达到15万千米，其中高速铁路3万千米，覆盖80%以上的大城市。到2025年，铁路网规模达到17.5万千米左右，其中高速铁路3.8万千米左右，网络覆盖进一步扩大，路网结构更加优化，骨干作用更加显著，更好发挥铁路对经济社会发展的保障作用。展望到2030年，基本实现内外互联互通、区际多路畅通、省会高铁连通、地市快速通达、县域基本覆盖。(4) 中国高速铁路规划速度：高速铁路主通道规划新增项目原则采用时速250千米及以上标准（地形地质及气候条件复杂困难地区可以适当降低），其中沿线人口城镇稠密、经济比较发达、贯通特大城市的铁路可采用时速350千米标准。区域铁路连接线原则采用时速250千米及以下标准。城际铁路原则采用时速200千米及以下标准。现代高速铁路网的建设，将连接主要城市群，基本连接省会城市和其他50万以上人口的大中城市，形成以特大城市为中心覆盖全国、以省会城市为支点覆盖周边的高速铁路网。实现相邻大中城市间1~4小时交通圈，城市群内0.5~2小时交通圈。提供安全可靠、优质高效、舒适便捷的旅客运输服务①。

二、案例伦理分析

中国高速铁路（简称"中国高铁"），是指中国境内建成使用的高速铁路，为当代中国重要的一类交通基础设施。中国高铁发展经历了两个阶段：(1) 探索试验阶段（1990—2003年）：我国从1990年起开始高铁技术攻关和试验研发；2003年，中国建成第一条高速铁路——秦沈客运专线，设计时速250千米。(2) 发展成熟阶段（2003年至今）：自2003年，中国高铁通过与外国企业合作建设发展中国高铁技术，至今中国已经建成高密度高铁网络，在中国东部、中部、西部和东北部区域内实现高铁互联互通。中国的高铁技术已经步入世界前列，现今已和日本、德国、法国并驾齐驱。

中国高铁的主要特征就是在快速通达的基础上，带动城市间经济、文化和科技等各方面的协同发展。截至2020年8月，通过铁路12306网络售票系统查询的信息显示，以中国中部城市武汉2020年高铁出行为例：武汉到北京最快需时4小时12分；武汉到广州最快需时3小时45分；武汉到上海最快需时3小时44分；武汉到杭州最快需时4小时09分。由上面数据可见，从武汉出发的高铁基本4小时左右可以到达北京、广州、上海和杭州，相对普通铁路的出行时间缩短了很多。因为城市间出行时间的缩短，城际的旅游、经济往来、教育和就业资源也可实现互相促进和共享，地缘的差异正在逐渐弱化。高铁使出行更便捷，也带动人们的生活和工作方

---

① 国家铁路局. 关于印发《中长期铁路网规划》的通知 [DB/OL]. (2016-07-13) [2016-07-21]. http://www.nra.gov.cn/jgzf/flfg/gfxwj/zt/other/201607/t20160721_26055.shtml.

式发生转变。因为搭乘高铁可以实现部分城市间当天往返，人们可以选择白天在一座城市工作，晚上在另一座城市生活，这种想法在以前是不可能普遍实现的。因为高铁通行的便捷，更多的人选择高铁出行，同时也给航空客运带来一定的竞争压力。

中国高铁的快速发展，是高科技发展的必然结果，也是时代发展的需求。高铁的发展缩小了城市圈的距离，促进城际人员的交流和沟通，其高效运力也提升了综合国力，推动了我国经济的迅猛发展。

案例二 青藏铁路

一、案例描述

2006年7月1日，青藏铁路全线通车，标志着西藏结束了不通铁路的历史。青藏铁路从西宁至拉萨全长1956千米，是世界上海拔最高、线路最长、穿越冻土里程最长的高原铁路，铁路穿越多年连续冻土里程达550千米，青藏铁路是人类铁路史上的一个奇迹[①]。

青藏铁路分两期建成，一期工程东起青海省西宁市，西至青海省格尔木市，于1958年开工建设，1984年5月建成通车；二期工程东起青海省格尔木市，西至西藏自治区拉萨市，于2001年6月29日开工，2006年7月1日全线通车。

青藏铁路由西宁站至拉萨站，共设85个车站，设计的最高速度为160千米/小时（西宁至格尔木段）、100千米/小时（格尔木至拉萨段）。

二、案例伦理分析

青藏铁路建设路段会经过高原冻土、河漫滩地、断陷盆地和谷地，以及可可西里国家级自然保护区和三江源国家级自然保护区。青藏铁路全线地质条件复杂，气候条件极其恶劣，近90%的地段位于海拔4000米以上[②]。海拔最高点在唐古拉山越岭地段，海拔5072米，这里是常年冻土地区，是青藏铁路全线气候最恶劣、地质条件最差、施工难度最大的区段。由于青藏铁路沿线大部分路段处于高海拔地区和生命禁区，建设难度巨大，还面临着冻土问题和生态脆弱问题等铁路建设难题的困扰。

（一）冻土问题。冻土是一种特殊的土体，其成分、组构、热物理及物理力学性质和普通土有着很大的差异。冻土区由于季节性的更迭，冻土层每年都发生着季节融化和冻结，冻土问题是世界性难题。据俄罗斯1994年调查，20世纪70年代建成的第二条西伯利亚铁路，线路病害率达27%。运营近百年的第一条西伯利亚铁路，1996年调查的线路病害率达45%。我国东北森林铁路多年冻土地段的病害率也

---

① 孙永福. 青藏铁路多年冻土工程的研究与实践[J]. 冰川冻土, 2005, 27(2): 153-162.
② 崔京浩. 土木工程——一个平实而又重要的学科[J]. 工程力学, 2007, 24(Sup.Ⅰ): 1-31.

在30%以上[1][2]。冻土病害对铁路的安全运行会产生很大影响，如何更好地解决冻土病害是多年冻土地区铁路建设面临的巨大挑战。我国在对秘鲁高原铁路、俄罗斯和加拿大冻土铁路、挪威寒区铁路实地考察的基础上，展开青藏铁路冻土问题研究[3]。

青藏铁路建设中面临的主要问题就是融沉和冻胀，以及由此引起的与结构物相互作用的问题。融沉：是指冻土温度高于土体的冻结温度时，土体发生融化下沉的现象。由厚层地下水融化而产生的融沉是多年冻土区路基变形和破坏的主要原因。冻胀：是指当土体在冻结作用过程中，土中水冻结成冰，伴随着土颗粒的相对位移和水分的迁移，土体积发生膨胀，土表面升高的现象。冻胀主要发生在季节冻结活动层，在多年冻土区，尤其是高温冻土区，活动层厚度一般较大，冻结速度也较低，如存在粉质土和足够的水分，冻胀会非常严重[4]。

由于青藏铁路多年冻土处于中低纬度，冻土的发育和分布有其特殊性：(1) 冻土地温变化复杂，热稳定性差。(2) 厚层地下冰和高寒冰量冻土所占比重大。(3) 对气候变暖反应极为敏感。(4) 太阳辐射强烈，坡向效应明显[5]。

青藏铁路线路规划的原则：尽量绕避工程地质条件复杂的不良冻土地段，尽量选择在标高相对较高、地表干燥的地带通过。确定线路纵坡时尽可能满足路基最小设计高度的要求，路基结构形式以路堤为主，多填少挖，减少路堑、零断面和低填方的长度。线路在冻融过渡地段通过时，尽量选择在融区，减少在冻融过渡段和冻土岛等不稳定冻土地段的长度。线路要尽量选择地表排水条件好、地下水不发育的地段，尽量绕避环境敏感地带，保护高原植被和环境。通过对线路方案的不断优化调整，大大减少了不良冻土现象的危害。

我国在解决冻土工程问题上的指导原则是：在世界上首次提出主动降温，减少传入地基土的热量，保证多年冻土的热稳定性，从而保证工程质量的稳定性。以往多年冻土区铁路工程，主要采取增加路堤高度和铺设保温材料的被动措施，隔断或减少外界进入路基下部的热量，从而阻止或延缓多年冻土的退化，但这种方法不能从根本上改善路基的热物理状态。青藏铁路冻土工程设计突破传统思维方式，采取了"主动降温、冷却地基、保护冻土"的设计指导原则，对冻土环境分析由静态转变为动态，对冻土保护由被动保温转变为主动降温，对冻土治理由单一措施治理转

---

[1] 程国栋，杨成松. 青藏铁路建设中的冻土力学问题 [J]. 力学与实践，2006，28 (3)：1-8.
[2] 孙永福. 青藏铁路多年冻土工程的研究与实践 [J]. 冰川冻土，2005，27 (2)：153-162.
[3] 同[2].
[4] 同[1].
[5] 同[2].

变为多管齐下、综合治理,使地基始终处于冻结状态①②。

在工程措施方面,根据冻土状况的不同采取不同的工程措施。(1) 在稳定的冻土地段,采取以对流交换热为主要作用机理的片石路基结构、碎石护坡结构,同时采用无源重力式热虹吸技术的工程应用——热棒路基结构,这些工程措施都是在世界冻土区道路建设上第一次大规模成功运用。(2) 对于厚层地下冰地段、不良冻土现象发育地段和地质条件复杂的高含冰量冻土地段,我国采取"以桥代路"的工程结构,青藏铁路"以桥代路"桥梁长度达 120 多千米③④。

我国在青藏铁路建设时,在冻土问题处理上取得了重大的成效。但运用到青藏铁路的技术理念和技术措施也需要很长一段时间的检验,加之青藏高原多年冻土条件极其复杂,气候变化也有很多不确定性,多种因素都会对青藏铁路的正常运行产生影响。目前,我国工程技术人员还面临着在青藏铁路运行期间对众多技术问题的研究和探索,需要进一步加强工程监测和维护保养工作,密切关注冻土地温变化,关注工程随时间的整体变化规律,以确保青藏铁路安全和有效地运行。

(二) 生态脆弱问题。青藏高原是世界上海拔最高的高原,有"世界第三极"之称。青藏铁路沿线地区自然生态环境原始,物种结构简单,食物链短而单一。沿线的生态环境极其脆弱和敏感,人类对地表的微弱扰动,就有可能引起生态环境的不可逆变化。青藏铁路的建设,对高寒草甸、高寒草原、高寒荒漠和多年冻土等的破坏扰动具有很难恢复的特性。还有野生动物保护和高原湖泊环境的保护,都是青藏铁路建设中需直面的环境保护问题。

对青藏铁路的勘测、设计、施工到运行和维护保养,我国始终秉承环境保护的理念。(1) 在勘测环节上落实环境保护。工程勘测相对工程施工对环境的影响小很多,但在青藏铁路勘测中,铁道部第一勘测设计院依然坚持勘测钻探和环境保护同步的原则。勘测、钻探人员和设备的行经路线都尽可能沿着已有的车辙进行。钻探取土不破坏植被。勘测和钻探工作中,不允许油污随意排放,而是用容器收集,到指定地点处理。钻探工作结束,尽可能恢复地表黏结层,避免土地沙漠化。(2) 在设计环节上落实环境保护。青藏铁路规划尽可能顺着青藏公路走势行走,基本没有开辟新的通道,将对高原生态系统的扰动降到最低程度。青藏铁路要经过可可西里和三江源等自然保护区,规划铁路线路时尽可能从两大自然保护区的边缘交界地带通过,并建设了 33 处供野生动物迁徙的专用通道,在青藏铁路全线环保方面的投资

---

① 孙永福. 青藏铁路多年冻土工程的研究与实践 [J]. 冰川冻土, 2005, 27 (2): 153-162.
② 程国栋, 杨成松. 青藏铁路建设中的冻土力学问题 [J]. 力学与实践, 2006, 28 (3): 1-8.
③ 同①.
④ 同②.

达 12 亿元①。铁路的设计规划对保护区内的生态和野生动物的侵扰尽可能降低到最低程度。(3) 在施工环节上落实环境保护。施工对环境的影响和扰动是最大的，也是青藏铁路环境保护的重要一环。高原草甸地区，受恶劣条件制约，植被生长非常缓慢。施工中，取土、弃土、路基占压都可能破坏部分高原植被。施工单位采取分段施工、逐段移植的方法，将本段土坑及路基基底草皮铲下后，及时移植到前一施工段的路基边坡和完成取土的地表，将对地表植被的破坏减小到最低程度。在冻土环境保护方面，施工单位均严格按照规定确定取、弃土位置，施工便道的位置，场地甚至道口位置，最大限度保护了冻土和路基的稳定。(4) 在铁路运行环节上落实环境保护。青藏铁路开通后，全线严格控制废弃物的排放。对高原各中心站的取暖要使用燃油锅炉或采用太阳能等环保能源。客车采用全封闭式车厢，车上垃圾在指定车站定点排放和集中处理。各中心站的生活污水也要经过处理，尽量零排放②。上述所有措施都使青藏铁路成为中国第一条"环保铁路"，我国在青藏铁路沿线方面做出的环境保护努力，也是中国为保护全球生态环境作出的一份贡献。

案例三 京杭大运河

一、案例描述

京杭大运河始建于春秋时期，是世界上里程最长、工程量最浩大、最古老的运河之一。

京杭大运河南起余杭（今杭州），北到涿郡（今北京）。京杭大运河流经通惠河、北运河、南运河、鲁运河、中运河、淮扬运河、江南运河。途经今浙江、江苏、山东、河北四省及天津、北京两市，贯通海河、黄河、淮河、长江、钱塘江五大水系，京杭大运河全长约 1794 千米。京杭大运河自春秋吴国为伐齐国开凿的邗沟，到隋朝大幅度扩修贯通至都城洛阳且连涿郡，再到元朝翻修时弃洛阳而取直至北京，开凿到现在已有 2500 多年的历史，其部分河段依然具有通航功能。京杭大运河比苏伊士运河长近十倍，比巴拿马运河长约二十二倍，是世界上最长的一条人工开凿的运河。2014 年，中国将隋唐大运河、京杭大运河和浙东运河整合为中国大运河项目，成功入选《世界文化遗产名录》。

二、案例伦理分析

运河是人工开凿的通航河道，通常与自然水道或其他运河相连，用以沟通地区或水域间水运的人工水道。运河的功能：航运、灌溉、分洪、排涝和给水等。

---

① 旺希卓玛. 青藏铁路与西藏旅游业的发展 [J]. 中国藏学, 2006 (2): 77 - 82.
② 宗刚. 青藏铁路的建设与对西藏发展的影响 [J]. 中国藏学, 2006 (2): 62 - 70.

京杭大运河始建于春秋末期，是各诸侯国扩张疆域的产物，在当时政治、军事需求下推动产生的。自秦汉以后，运河成为政治与经济联系的交通纽带。因中国江河多是自西向东流向，水资源分布规律也依随江河走势，南北之间没有便利的水路交通，商业和文化交流也严重受阻，为京杭大运河的孕育和运河水利技术发展提供了空间[1]。

京杭大运河的历史变迁：(1) 春秋战国至秦汉时期。我国大运河早在春秋战国时期就已经出现在长江中下游和黄淮平原地区，到了秦汉时期进一步发展到黄河流域和海河流域，其中较著名的有邗沟、鸿沟、白沟和平虏渠等，构成了京杭大运河早期开凿的河段。由于上述运渠的开凿，从河南省北部到天津附近的海河流域，从黄河沿岸到淮河、长江流域之间，已经形成初步的河运网，建成京杭大运河的轮廓，从春秋战国到东汉这一时期，称为京杭大运河的萌芽阶段[2]。(2) 隋唐宋时期。这一时期的运河开凿与此前朝代有明显的不同：自先秦以来，我国的运河开凿是在自然水道的基础上进行的。自进入隋朝，我国运河工程的兴建，进入有规划、大规模、长距离的人工运河开凿时代。在中国历史上重要的运河除了京杭大运河，还有一条自隋炀帝时期修建历经唐、北宋长期开凿、疏浚、整修的隋唐大运河。京杭大运河的部分河段与隋唐大运河重合。隋唐大运河以洛阳为中心，由通济渠、山阳渎永济渠和江南运河相连组成，北通北京，南至杭州，全长 2700 多千米[3]。隋唐大运河沟通了海河、黄河、淮河、长江、钱塘江五大河流，不仅水源有保证，而且顺应我国地形西高东低的特点，充分利用各河流的自然流向。①通济渠：长约 1000 千米，渠广四十步，两旁皆御道，工程浩大，大部分是利用天然河道扩展而成，通济渠沟通了黄河和淮河。②山阳渎（邗沟）：邗沟初凿于春秋末年吴国，当时出于战争的临时需要，工程因陋就简，水道曲折浅涩，只通小舟，不通大船。后隋炀帝为了提高山阳渎的航运能力，与通济渠配套，对这条古运河作了较为彻底的治理。③永济渠：是继隋炀帝开通通济渠、邗沟之后，开凿的又一条重要的运河河道。永济渠是隋朝调运河北地区粮食的重要渠道，也是对北方用兵时，输送人员和战备物资的运输线。④江南运河：为京杭大运河的南段，是京杭运河运输最繁忙的航道。早在春秋战国时代，因长江—钱塘江之间地势低平，河湖密集，已出现沟通河湖的运河，后经历代开凿、疏浚，江南运河初具规模。隋炀帝大业六年重新疏凿和拓宽长江以南运河古道，形成今江南运河[4]。(3) 元明清时期。元朝定都北京后，政治和经济中心北

---

[1] 谭徐明，于冰，王英华，等. 京杭大运河遗产的特性与核心构成 [J]. 水利学报，2009，40 (10)：1219-1226.
[2] 孙寿荫. 京杭大运河的历史变迁 [J]. 历史教学，1979 (6)：27-30.
[3] 李玉岩，潘天波. 中国大运河：一项概念史研究 [J]. 档案与建设，2019 (4)：67-71.
[4] 同[2].

第三章　科学、技术和工程对社会发展的推动作用

移至今北京地区，为实现将江南地区丰富的物产输送至北京，开始营建自江南产粮区至北京的漕运水道。公元13世纪，元世祖忽必烈下令开凿了济州河、会通河和通惠河等三条运河，其中会通河的开凿将南北大运河裁弯取直，不再绕道洛阳，使运河基本呈现出南北走势，直接沟通北京与江南地区，形成以北京和杭州为终端的南北水运通道，即现今的京杭大运河①。这一时期在通惠河和会通河建造上也遇到很多工程技术问题。(1) 通惠河开通后，面临的问题是水源问题和北京至通州间约20米的地形高差所带来的航道水量节制问题。通惠河的水源，元朝来自北京昌平白乳泉和西山泉水，明朝白乳泉干涸后，主要引用西山泉水。水源工程包括引泉、蓄水和供水三部分，缔造了北京的人工水系：昆明湖、什刹海、北海、中海和南海等，至今仍然被人们利用着。元朝通惠河全程置闸，最多时有24闸，成功实现了航道水深的分段节制，船只得以逆流而上，由东便门入城直抵积水潭。通惠河连接了北京至通州的水路，是京杭大运河最后开通的一段河道，使北京至杭州的水运全线畅通，标志着京杭大运河全线通航。(2) 会通河是元朝京杭大运河最关键的一段，打开了山东地垒的阻隔，是在济州河的基础上形成的，会通河实现了汶、泗、卫及黄河四河的沟通及水源的供给。但元朝没有解决会通河地形最高段的水源问题，通航仍不畅通，漕运主要依靠海运。明代建戴村坝水源工程和南旺分水枢纽，通过在汶河上筑坝（戴村坝），引汶河水至南旺、蜀山、马踏、马场和安山等北五湖，通过人工湖的调蓄，保障了越岭段河运的水源。在长约200千米的会通河段平均高差变化约为2‰，每1千米左右设置一处节制闸，通过闸门的运用，解决了运河高差和航道水量的调节问题，改善了会通河的通航能力②③。隋唐大运河和京杭大运河相比，都是北起北京，南到杭州，只是它的路线除江南运河、山阳渎和永济渠北段等与京杭大运河基本一致外，通济渠和永济渠的主体却都向西折转至洛阳，形成一大弯曲，因而航线比京杭大运河更长④。经过裁弯取直的京杭大运河全长为1790多千米，相比此前的隋唐大运河航程缩短约900千米。明清时期是京杭大运河航运史上的鼎盛时期，在元朝京杭大运河的基础上，不断进行整治修葺，完善漕运管理制度和增设漕运机构，各种漕运、商运、货运、游船船流如织，极为繁忙，运河通航状况始终保持良好状态。京杭大运河运用300年后，即16世纪末至19世纪中期，黄河对运河的干扰随着泥沙淤积的加重而日益严重，尤其是嘉庆元年后漕船过清口已非常困

---

① 王程, 曹磊. 京杭大运河的历史演变及文化遗产核心价值 [J]. 人民论坛, 2019 (30): 140-141.
② 谭徐明, 于冰, 王英华, 等. 京杭大运河遗产的特性与核心构成 [J]. 水利学报, 2009, 40 (10): 1219-1226.
③ 周魁一, 谭徐明. 中华文化通志·科学技术典之水利与交通志 [M]. 上海：上海人民出版社, 1998.
④ 孙寿荫. 京杭大运河的历史变迁 [J]. 历史教学, 1979 (6): 27-30.

难。淮河在黄河的压迫下最终于1851年由洪泽湖改道入长江,而黄河则于1855年改道北行。1902年清政府终止漕运,对大运河的经营也停止了,京杭大运河水运贯通南北的历史宣告结束[①]。

京杭大运河开凿于春秋时期,完成于隋朝,繁荣于唐宋,取直于元朝,疏通于明清。京杭大运河作为连通中国南北地区的纽带,对大运河沿线地区乃至中国历代的政治、经济、文化、运输和农业发展,起到了巨大的促进作用。(1)在军事和稳固国家政权方面的贡献:春秋战国时期,吴王为争霸中原,出于军事目的开凿邗沟,但客观上却促进了当时中国东部地区南北政治、经济、文化的交流和发展。到了唐朝,通过漕运调配江淮和江南粮食,满足首都长安和关中地区的需求。元明清时期,为了保证首都北京的粮食供给,维护统治阶层的政权和社会稳定,京杭大运河在南方物资向北方调运中作出了不可磨灭的贡献[②]。(2)在工程技术方面的贡献:京杭大运河是一项重大工程体系,解决了古代中国南北自然资源不平衡的问题,是中国及世界重要的水利工程文化遗产。大运河水利工程体系涵盖航道工程、水源工程、防洪工程、水量节制及通航工程等。大运河水利遗产主要包括堤防、堰坝、闸(包括复闸)、桥涵、泉、渠道、水柜等古代和近代水利工程或遗存,与运河相关的水利建筑和设施,以及与运河相关的水利碑刻、文献、管理制度等各类物质文化遗产和非物质文化遗产,对我国的水利工程和土木工程的发展起到巨大推动作用[③]。(3)在经济和文化方面的贡献:京杭大运河连接了北京、天津、河北、山东、江苏、浙江等省市,造就了大运河沿线的众多古镇,形成了特有的古镇文化。京杭大运河也是漕运要道,将南北相接,形成经济、文化交流和传播的纽带,促进了南方和北方经济和文化的互通和繁荣,在南北交通与中央集权统治和南粮北运等方面起着重要作用。

京杭大运河历史悠久,规模宏大,经历千百年的变迁,养育了沿线民众,传承了中华文化,是中国河运史中的瑰宝。

[①] 谭徐明,于冰,王英华,等. 京杭大运河遗产的特性与核心构成[J]. 水利学报,2009,40(10):1219-1226.
[②] 葛剑雄. 大运河历史与大运河文化带建设刍议[J]. 江苏社会科学,2018(2):126-129.
[③] 李云鹏,吕娟,万金红,等. 中国大运河水利遗产现状调查及保护策略探讨[J]. 水利学报,2016,47(9):1177-1187.

参考文献

[1] 宋健. 工程技术百年颂[J]. 中国工程科学, 2002, 4(3): 1-5.

[2] 段瑞钰, 汪应洛, 李伯聪. 工程哲学[M]. 北京: 高等教育出版社, 2007.

[3] 李伯聪. 工程与工程思维[J]. 科学, 2014, 66(6): 13-16.

[4] 杨怀中. 现代科学技术的伦理反思[M]. 北京: 高等教育出版社, 2013.

[5] 何庆芝. 航空航天概论[M]. 北京: 北京航空航天大学出版社, 1997.

[6] 金永德. 导弹与航天技术概论[M]. 哈尔滨: 哈尔滨工业大学出版社, 2002.

[7] 邸乃庸. 图解世界载人航天发展史[J]. 太空探索, 2016(5): 50-53.

[8] 李成智. 中国航天技术的突破性发展[J]. 中国科学院院刊之专刊: 中国科技70年·道路与经验, 2019, 34(9): 1014-1027.

[9] 刘纪原. 中国航天技术应用及其效益工程[J]. 中国航天, 2001(11): 6-10.

[10] 杨保华. 中国空间技术成就与展望[J]. 中国航天, 2008(4): 3-7.

[11] 崔京浩. 土木工程: 一个平实而又重要的学科[J]. 工程力学, 2007, 24(Sup.I): 1-31.

[12] 刘西拉, 袁驷, 宋二祥. 关于我国工程建设技术发展的战略思考[J]. 土木工程学报, 2005, 38(12): 1-7.

[13] 陈广仁, 刘志远, 田恬, 等. "现代世界七大奇迹"之一的港珠澳大桥贯通[J]. 科技导报, 2017, 35(3): 13-28.

[14] 孙永福. 青藏铁路多年冻土工程的研究与实践[J]. 冰川冻土, 2005, 27(2): 153-162.

[15] 程国栋, 杨成松. 青藏铁路建设中的冻土力学问题[J]. 力学与实践, 2006, 28(3): 1-8.

[16] 旺希卓玛. 青藏铁路与西藏旅游业的发展[J]. 中国藏学, 2006(2): 77-82.

[17] 宗刚. 青藏铁路的建设与对西藏发展的影响[J]. 中国藏学, 2006(2): 62-70.

[18] 谭徐明, 于冰, 王英华, 等. 京杭大运河遗产的特性与核心构成[J]. 水利学报, 2009, 40(10): 1219-1226.

[19] 孙寿荫. 京杭大运河的历史变迁[J]. 历史教学, 1979(6): 27-30.

[20] 李玉岩, 潘天波. 中国大运河: 一项概念史研究[J]. 档案与建设, 2019(4): 67-71.

[21] 王程, 曹磊. 京杭大运河的历史演变及文化遗产核心价值[J]. 人民论坛, 2019(30): 140-141.

[22] 周魁一, 谭徐明. 中华文化通志·科学技术典之水利与交通志[M]. 上海: 上海人民出版社, 1998.

[23] 葛剑雄. 大运河历史与大运河文化带建设刍议[J]. 江苏社会科学, 2018(2): 126-129.

[24] 李云鹏, 吕娟, 万金红, 等. 中国大运河水利遗产现状调查及保护策略探讨[J]. 水利学报, 2016, 47(9): 1177-1187.

第四章 工程活动中的伦理困惑和思考

第四章　工程活动中的伦理困惑和思考

第一节　工程活动中的伦理困惑

英国作家查尔斯·狄更斯在《双城记》里有一段话："那是最好的时代，也是最坏的时代；那是智慧的时代，也是愚蠢的时代；那是信仰的时代，也是怀疑的时代；那是光明的时代，也是黑暗的时代；那是有希望的时代，也是绝望的时代；我们的前途有着一切，我们的前途什么也没有；我们大家在走向天堂，我们大家在走向地狱。"这段富有哲理的文字，在现今社会依然适用。现今时代，科学、技术和工程的高速发展带给人类社会巨大的福祉，生产力的快速提升就是人类文明进步的历史验证。交通运输网路的发展，使人类的出行更便捷；粮食产量的增加，能满足世界更多人口生存的需要；医疗卫生能力的改善，使人类的整体寿命得到延长；人类对外太空的探索，使人类有可能寻找更广阔的空间去生存和发展。但是伴随着人类工程活动广泛而深入地推进，人类在感受着现代科技发展带来便利的同时，工程活动也将人类一步步引向深渊，给人类社会带来一系列负面影响。目前，人类在科学、技术和工程领域里进行新探索和新发现时，很多新技术和新成就却给人类带来巨大困惑甚至威胁，例如人的安乐死、克隆人、核安全、气候恶化、能源危机和生态危机等。这些问题涉及科学、技术和工程问题，也涉及伦理道德问题，是对国家综合管理能力和人性的一个考量，这些问题触发了人类对未来工程科技发展和人类命运的思考和关注，很多问题在人类目前的伦理道德认知范围内依然存在很多争议[①]。

一、核武器的使用

核武器是指包括氢弹、原子弹、中子弹等在内的与核反应有关的具有巨大杀伤力的武器。核武器是科学、技术和工程发展到一定时期的产物。核武器爆炸时，会在极短时间内释放巨大能量，在核武器爆炸周围不大的范围内产生极高的温度，加热并压缩周围空气使之急速膨胀，产生高压冲击波。地面核爆和空中核爆，还会在

---

① 夏禹龙，刘吉，冯之浚，等. 科学学基础［M］. 北京：科学出版社，1983.

周围空气中形成火球,发出很强的光辐射。核爆发生时,产生发光的火球,继而产生的蘑菇状烟云,均是核爆的典型特征。

核武器的研制始于20世纪。1937年,德国就开始执行了"铀计划"。1942年,美国启动了"曼哈顿计划",这是一项实施利用核裂变反应来研制原子弹的计划。该计划集中了当时西方国家(除德国外)最优秀的核科学家,10万多人参与这项工程,历时3年,耗资20亿美元,于1945年7月16日成功地进行了世界上第一次核爆炸,并按预定计划制造出两颗实用的原子弹。1945年8月,美国在日本广岛、长崎投下了原子弹。1949年,苏联试爆第一颗原子弹。1952年,英国第一颗原子弹试爆成功。1960年,法国成功试爆第一颗原子弹。1962年,古巴导弹危机,世界处于核战争边缘。1964年,中国第一颗原子弹试爆成功。1991年,苏联解体,核战争威胁大大减小。另外,巴基斯坦、印度、朝鲜也都相继开展了核试验。

核武器爆炸时因释放的能量非常大,产生的破坏性也非常大。核武器爆炸会造成巨大的人员伤亡、摧毁城市设施、改变气候条件、污染环境,并可能相继引发全球大饥荒。因为核辐射的缘故,核武器爆炸后的危害也是长期的。1945年8月6日和8月9日,美国先后在日本的广岛和长崎投放了两颗原子弹,造成了大量的人员伤亡和城市建筑被摧毁。广岛和长崎因原子弹爆炸造成的伤害至今还存留,幸存者饱受辐射后遗症的折磨。同时,两颗原子弹的投放也加速了第二次世界大战中日本投降的进程。在第二次世界大战中,德国、意大利和日本是法西斯轴心国成员,日本偷袭珍珠港触发了第二次世界大战太平洋战争。在第二次世界大战中,德、意、日在战争中处于非正义一方。但日本向往和平的普通民众是无辜的,美国用原子弹轰炸日本广岛和长崎,使日本民众遭受了战争带来的严重灾难,日本人民成为战争的受害者。人类制造了核武器,这是科技发展到一定程度,人类智慧的结晶。但人类突破核禁忌防线,核武器就会成为威胁全人类安全的一个不安定因素[①]。核武器的使用会造成严重的世界性的人道主义危机,并引发相关伦理道德问题和政治问题。只要国家间或地区间存在着冲突,拥有核武器的国家就有可能使用核武器攻击对手,核战争爆发的可能性就存在。因核武器的巨大杀伤力,核武器的存在也会产生很强的核威慑效果,造成世界范围的核恐慌。

此前,人类付出了巨大的努力,在科学、技术和工程方面取得了巨大的进步,促使经济和社会得到空前的进步和发展。但因为人类的贪婪和自私,导致战争、恐怖主义、暴力、杀戮在现今世界依然存在,使全人类实现和平的梦想遥遥无期,全

---

① 埃里希·弗洛姆. 人的呼唤——弗洛姆人道主义文集[M]. 王泽应,刘莉,雷希,译. 上海:三联书店,1991.

世界人民应该携手防范和抵御非人道事件的发生，包括核战争。

核武器的巨大杀伤力还表现在，核武器的使用将会造成大范围的不分国界的持久性破坏。所以，自1945年美国研制原子弹并在日本投放两枚原子弹后，国际社会就开始核军备控制活动，即国际上对核武器的研制、试验、生产、部署、使用及其技术扩散等加以限制或禁止的活动。自1946年，联合国通过决议要求消灭原子武器并确保和平利用原子能。国际上相继出台了一些限制和禁止核扩散的国际条约，如《禁止使用核及热核武器宣言》（1961年）、《不扩散核武器条约》（1968年）、《部分禁止核试验条约》（1963年）、《全面禁止核试验条约》（1996年）、《新削减战略武器条约》（2010年）、《禁止核武器条约》（2017年）。目前有的拥有核武器的国家，存在随时使用核武器的可能，使核武器禁止运动变得更为紧迫。在他国拥有核武器的前提下，很多无核国家也在尝试研制核武器，以应对可能发生的他国核侵犯，以保护自己的国家利益，提升国家地位。核武器的存在涉及敏感的国家政治利益关系，目前世界多数国家达成共识赞同消除核武器，支持核裁军。但是，因为核武器的拥有涉及国家利益、国家主权还有国家的生存和发展，核裁军和核不扩散进程推进依然比较缓慢。在国际事务上，所有国家需要公平公正地对待核武器问题，从政治立场和人道主义立场来看，有无核武器的差别是最重要的。一个国家只要拥有一件核武器，无论立场如何，会不同于没有核武器的国家，达到无核武器的世界目标至关重要。但是，制造和保留核武器的国家其根本目的就是有朝一日能使用这些核武器。目前，核禁忌使所有国家对卷入核战争都持有理性的恐惧。核武器是人类建造的第一个也是目前唯一一个可以用来摧毁自己的具有巨大杀伤力的武器，核武器的出现使人类拥有了可以终结自身生存的手段①。

还有一点令人非常担忧的是，恐怖组织如果获得核武器，因为其行动不受道义和现实的约束和考量，核禁忌对其不会起到任何约束作用。恐怖组织一旦获得核武器，世界核武器和核威慑的安全局面将会被颠覆，这种危险将不仅仅是对世界造成灾难性的威胁，民主也将难以维系，是一种政治威胁和安全制度的失控，代价极大。恐怖组织没有固定的领土，核威慑理念很难用于其身上，使打击恐怖主义行为的难度更大②③。

当今世界，不安定因素依然存在，国家之间权力和利益的觊觎、恐怖势力的存

---

① 巴里·布赞. 后西方世界秩序下的核武器与核威慑［J］. 韩宁宁，译. 国际安全研究，2018（1）：53-72.

② 乔治·佩科维奇. 禁止核武器条约：接下来做什么？［J］. 孙硕，译. 国际安全研究，2018（1）：73-88.

③ 同①.

在，使世界整体处于战争随时触发的状态。虽然各国都在呼吁禁止核武器，但目前世界上仍然存在数量巨大的核武器，其危害性足以毁灭整个地球。中国也是核武器拥有国，但我国自主研制核武器的目的在于维护国家主权和领土完整，为我国免遭核侵袭提供有力保障，给一些国家和势力一定的核震慑作用，达到抑制核战争的发生，也为维护世界和平，使世界免于核战争贡献一分力量。在原子弹试爆成功后，我国政府就声明："我国发展核武器是为了打破核大国的核垄断、核讹诈，防止核战争，消灭核武器。"周恩来总理曾强调："在全面禁止和彻底销毁核武器的崇高目标未实现之前，中国政府和中国人民将坚定不移地走自己的路，加强国防，保卫祖国，保卫世界和平。"我国政府一再重申，在任何时候、任何情况下，都会做到不首先使用核武器、维护核不扩散、不在外国部署核武器、不以核武器相威胁，最终全面禁止和彻底销毁核武器①。中国政府在核安全方面的态度，彰显了一个公平正义大国在和平处理国家之间核事务关系中的责任和担当，也显示了中国人民渴望世界和平的诚意。

总之，控制核武器扩散和使用，进而推进核裁军，全面禁止核武器将是人类需要长期共同面对的一个议题。随着社会的发展，人类的进步，相信终有一天核武器会退出历史舞台，这是全人类的共同期待和愿望。

思考 4-1 人类从事的科学事业具有探索性、持续性和艰巨性的特点，从事科学事业研究的人员要具备热爱科学、献身科学和造福人类的强烈事业心和责任感。1939 年，当爱因斯坦知晓德国法西斯有可能制造原子弹用于战争时，致信美国总统罗斯福建议美国尽快研制原子弹，以免德国占先，给人类带来巨大灾害。在爱因斯坦等人的推动下，美国历时三年制造了三颗原子弹。第二次世界大战结束后，爱因斯坦又为避免原子弹用于战争杀戮而努力奔走。爱因斯坦一生热爱和平，献身科学，致力于科学研究，其目的是使科学技术更好造福于人类，这是所有科学家和科技人员应坚守的职业操守。世界核安全，需要科技工作者的努力付出，也更需要各国的领导者达成共识，本着世界和平的目标推进下去。

思考 4-2 中国的两弹元勋。我国的两弹元勋是指为核弹和导弹的研究做出突出贡献的科技工作者。主要人物有邓稼先、钱三强、赵九章、钱学森、孙家栋、于敏、王大珩、王希季、朱光亚、任新民、吴自良、陈芳允、陈能宽、杨嘉墀、周光召、屠守锷、黄纬禄、程开甲、彭桓武、王淦昌、姚桐斌、钱骥、郭永怀。这 23 位科技专家是中华民族的骄傲和脊梁，他们为我国国防高科技发展做出了重要贡献，

---

① 赵枫. 核武器的"善""恶"之辩 [J]. 南京政治学院学报，2011，27 (2)：71-75.

历史会铭记这些专家学者为国家做出的重要贡献。我国"两弹一星"的研制成功，打破了超级大国的核讹诈和核威胁，提升了我国的国际地位，彰显了我国的国防科技实力，对维护世界和平具有很深远的历史意义。

二、克隆人问题

克隆是英文"Clone"的音译，克隆技术是利用生物技术由无性生殖产生与原个体有完全相同基因组织后代的过程。1996年，世界上诞生了第一个克隆动物——克隆羊多莉。多莉的出现是人类在科学技术领域取得的重大突破，对胚胎学、发育遗传学和医学都具有重大的意义，同时也具有巨大的经济潜力。人类至今完成了蛙、鲤鱼、羊、鼠、猕猴、猪、牛、猫、兔、骡、鹿、马、狗、灰狼、骆驼等动物的克隆过程。但是，克隆的动物由于有一些先天的缺陷，存在一定的健康隐患，生命周期不会太长。6岁的多莉被确诊患有进行性肺病，这是老年绵羊的常见疾病。因健康原因，多莉于2003年被执行安乐死。人类也在思考，时至壮年的多莉身体状态到底处在哪个时期，克隆动物的年龄是从零岁开始计算，还是从被克隆动物的年龄开始累计计算，在目前还没有定论。

随着动物的成功克隆，人们也普遍关注克隆人的可能性。目前在人类克隆技术上有两个方向：生殖性克隆和治疗性克隆。（1）治疗性克隆指通过在体外克隆人类早期胚胎，从中提取干细胞进行体外培养并诱导分化成可供移植的皮肤、神经、肌肉甚至器官，用以治疗帕金森症、白血病、心脏病、癌症、糖尿病及器官衰竭的病症。治疗性克隆技术使器官移植中异体排斥反应和可供移植器官严重不足的问题得到解决。（2）生殖性克隆就是对人进行复制。克隆人的过程中需要一个提供细胞核的供体，此供体可以为男性，也可以为女性，这是克隆人过程的目的载体；还需要一个提供卵细胞的母性供体；一位健康的母性个体提供健康正常的子宫，两位母性个体也可以是同一个人。将体细胞核导入去核卵细胞中，培育成胚胎，植入母体子宫，然后和普通人类生命的孕育过程一样，需要怀胎和分娩。治疗性克隆和生殖性克隆在技术运用上基本相同，都是通过细胞核移植形成克隆胚胎。治疗性克隆目的在于生物医学研究，生殖性克隆目的在于复制人[1]。由于治疗性克隆技术在伦理学上是可以接受的，如果在伦理、道德和法律上加以约束，目前世界上对治疗性克隆技术基本认同。但生殖性克隆技术不单纯是科学技术问题，会涉及哲学、社会学、法学、心理学等多层面的问题，也会影响着人类未来的命运和前途，世界上对生殖

---

[1] 张春美. 人类克隆的伦理立场与公共政策选择 [J]. 自然辩证法通讯，2010，32 (6)：52–60.

性克隆问题持审慎的态度,在目前的科学技术水平状态下,禁止克隆人也是世界范围内的一种共识。

作为独特的生命个体,每个人都具有独立人权,拥有作为一个人的人格尊严,能自主决定自身的生存和发展,能完成自我决定、自我超越、自我实现和自我负责的发展本能。人本身是道德的主体,是自己的主人而非受制于他人[①]。但一旦运用克隆技术成功繁育人类,在人为因素干预下诞生的克隆人的社会地位和家庭地位的困惑,会导致诸如其公民权等如何保障一系列的伦理问题。克隆人反对派的考虑:(1)在家庭里,克隆人及家庭成员的关系难以界定。克隆人和细胞核供体既不是亲子关系,也不是兄弟姐妹这样的同胞关系。(2)克隆技术可能使人类倾向于繁殖种群中优秀的个体,不是按照自然规律促进种群的优胜劣汰,可能会干扰物种的自然进化过程,也可能会导致人类适应自然能力的退化。(3)克隆技术用于人类的繁殖将会导致后代遗传性状的人工控制,打破人类两性繁殖后代的规律。(4)克隆人是人工干预复制人的过程,是对克隆人人性的侵犯和亵渎,有损人的尊严。(5)人的生息繁衍是物竞天择的自然进化和优胜劣汰的过程,人工复制人类,使基因本身的力量和质量逐渐退化,人类将失去多样性。克隆人赞成派的考虑:(1)克隆人技术能使人的生命得以延续,让死去的人能够以另一种方式再生。(2)能使不孕夫妇繁衍后代的梦想得以实现。(3)克隆人可以为生病的人提供器官移植,挽救生命。(4)克隆人可以通过人的复制去完成具有特殊意义的任务。例如星际航行以光年计,人的生命是短促的,如果在星际航行的同时可以克隆人,人生命的时限就被突破了。(5)克隆人可以改善人类种群的性能,产生更优质的人种[②③④]。

克隆人因为是在他人控制下被繁衍的人类个体,在克隆人诞生之前,克隆人是不能为自己代言的,克隆人是没有权利决定自己是应该出生还是不应该出生的人工干预产生的人类个体。而克隆人的研究者,对即将被克隆出来的人本身身心关心不足,更关注克隆过程中产生在克隆人身上期待的某些性征是否实现了,即克隆人的目的是否达到了。这种考量,是对人尊严的极度蔑视。克隆人的出现是为了符合操控其出生的人的意愿而出生的,其外貌特征、内在个性和遗传性征都被人为控制了,其诞生过程和普通人的诞生有很大的不同。一个人类个体是不能干涉另一个人类个体的出生和生存的,这是对人权的极大侵犯。克隆人也属于人类,应该享有人类基本的人权。克隆人的出现,将人分成普通人和克隆人两个群体,在社会中,克隆人

---

① 韩大元. 论克隆人技术的宪法界限 [J]. 学习与探索, 2008 (1): 93-98.
② 张春美. 人类克隆的伦理立场与公共政策选择 [J]. 自然辩证法通讯, 2010, 32 (6): 52-60.
③ 韩东屏. 论战克隆人:意义、观点与评测 [J]. 自然辩证法通讯, 2003, 25 (3): 100-105.
④ 甘绍平. 克隆人:不可逾越的伦理禁区 [J]. 中国社会科学, 2003 (4): 55-65.

的权益会被侵犯，克隆人的生存状态会被动和尴尬，尊严也难以维护或备受打击，或者被剥夺其应拥有的作为人的快乐和自然元素。

人类在禁止克隆人方面的约定。1997 年，欧洲理事会在《人权与生物医学公约》中规定："在法律允许进行试管胚胎研究时，应坚持保护胚胎原则，禁止为研究目的而创造人类胚胎的行为，以维护人的尊严。"2006 年正式生效的《欧盟宪法条约》规定："人人均享有尊重其心理与生理自主之权利；禁止基因改造的医疗行为，尤其是针对人种的选择；禁止以盈利为目的的人体器官复制；禁止克隆人类。"1998 年，欧洲理事会《禁止克隆人的附属议定书》中规定："克隆技术通过创造遗传相同的人，将人类工具化，会与人类尊严相抵触，并造成生物技术与医学的滥用，应予以禁止。"2004 年，联合国教科文组织科技伦理司发布报告："禁止（通过胚胎分裂或细胞核移植技术）创造克隆胚胎；禁止将一个克隆胚胎植入子宫内；禁止任何形式的克隆人。对于治疗性克隆，禁止用胚胎和创造胚胎进行研究；允许用辅助生殖技术剩余胚胎进行研究。"2005 年，联合国大会通过《联合国关于人的克隆宣言》提出："会员国应考虑采取一切必要措施在应用生命科学方面充分保护人的生命；会员国应考虑禁止违背人类尊严和对人的生命的保护的一切形式的人的克隆；会员国应当考虑采取必要措施，禁止应用可能违背人类尊严的遗传工程技术等内容。"[1] 人类社会在克隆人问题上的审慎态度，反映了人类的理性自觉，这些克隆人方面的公约和规则的制定，对人类克隆技术的研究和应用起到导向作用，使科研人员在从事克隆人研究时知晓自身所承担的责任和历史使命。

对克隆人的科学研究，涉及生命伦理学的范畴，也涉及对一个有可能具备人的个体特性的价值诉求，克隆人问题对现今的伦理规范提出了巨大挑战。克隆人技术目前发展尚不成熟，在技术和伦理上存在不可逾越的障碍，如果在现阶段执意进行克隆人，不成熟的技术和有分歧的伦理思考会引发后续更多的问题。克隆技术和核技术一样，运用得当能造福人类，运用不当也会祸害无穷。在克隆技术发展过程中，也不乏有人为了达到自身的目的和某些利益，不择手段尝试促使克隆人诞生，如此将会扰乱人类正常的出生和生存路径，是一种非常不人道的行为。目前，为了维护人类整体的尊严，需要全世界共同努力来谨慎面对克隆人问题，也需要科研工作者坚守自己学术道德的底线，以维护全人类的安全发展。

三、人工智能的困惑

现今时代，是个知识大爆炸的时代，科学技术的发展呈现为几何级数的增长态

---

[1] 张春美. 人类克隆的伦理立场与公共政策选择［J］. 自然辩证法通讯，2010，32（6）：52-60.

势。重大科技成果不断涌现，使人类的科学研究一步步触及克隆技术、空间技术、转基因技术、超导技术、人工智能这些尖端高新技术领域。大量涌现的高新技术也使人类应接不暇，促使人类不断适应和消化新科技带给人类生活和生产方式的改变。

人工智能（Artificial Intelligence）是一门新兴并极富挑战性的学科，是集控制论、信息论、计算机科学、数理逻辑、神经生理学、心理学、哲学、工程技术等许多学科相互渗透的边缘科学[①]。人工智能研究的一个主要目标是使机器去胜任一些通常需要人类智能才能完成的复杂工作。人工智能可以对人的意识、思维的信息处理过程进行模拟，能像人一样思考，甚至可能超越人类的智能。通过人工智能的应用，繁重而复杂的科学和工程计算可以通过计算机来完成，并且效率和准确度更高。由于人工智能可以替代人类完成难度更为复杂的工作任务，人类意识中的复杂工作任务的概念随着科学技术的进步被改写了，科学技术的发展又进一步推动人工智能向着更智能化、难度更大的方向发展，去取代人类智能完成更多的复杂和困难的工作。

1956年，人类首次提出了"人工智能"这个术语，标志着"人工智能"这门新兴学科的诞生。在人工智能的发展历程中，20世纪60年代，人工智能研究的主要课题是博弈、难题求解和智能机器人。20世纪70年代，研究点集中在自然语言理解和专家系统。1971年"化学家系统"诞生后，"计算机数学家""计算机医生"等系统也相继诞生。因人工智能应用的研究领域不同，人工智能的研究目的也有所不同。计算心理学使用计算机模拟研究人类的智力行为；计算哲学则在计算水平上形成对人类智力的理解；计算机科学则试图让计算机去完成仅仅人类能做的事情[②]。目前，中国多所大学已经开设了人工智能专业，更多的学子走进人工智能的殿堂，感受着高科技的熏陶。人工智能的发展过程，也是人类智能和人工智能互相促进的过程，人类智能促使人工智能的出现和发展，同时人工智能又推动人类进一步思考和研究，继续使人工智能得以完善。

尽管人工智能得到长足的发展，但是人工智能和人类智能有着本质的区别：（1）人工智能的控制装置是无意识的，而人脑是复杂的神经结构系统，能进行心理和生理反应，人工智能在目前阶段是不具有人类情感等心理反应的。（2）人类智能具有社会性，人工智能不具有社会性。电脑在处理问题时，是不会考虑到事情的社会影响和作用，只是按照人类输入的程序进行操作和活动。人类智能支配下的活动，具有一定的动机和目的性，并会产生一定的社会效果。（3）人工智能不具创造性。

---

① 韩孝成.科学面临危机——现代科技的人文反思[M].北京：中国社会出版社，2005.
② 同①.

电脑只能按照既定的程序执行任务，不可能执行没有接收到的指令。人类智能会随着知识、经验和环境的变化，不断推陈出新，提出新的判断、概念和想法。(4) 人工智能和人类智能的次序和地位不同。目前是人脑创造了电脑，电脑是人脑的作品。在人脑和电脑之间，始终是人脑处于主导地位，电脑接收人脑下达的指令去执行操作[①]。人工智能的出现对人类社会的发展是有非常大的助益的。目前阶段，人工智能的发展还不至于超越人类智能，人类智能目前也不可能被人工智能所取代。人类不要恐惧被人工智能所超越，人工智能技术的日益成熟，也是人类科技进步的体现。

人工智能相对于人类智能而言，是通过机械装置来模拟和扩展人类智能的科学，是一种思维模拟。人脑自身也是一个控制系统，人脑的意识活动过程表现为信息的输入、信息的处理、信息的输出，如此往复循环的过程。人工智能正是人们根据控制系统的这个特征，运用机械、物理、电子的装置和数学的方法，对人的部分思维功能进行模拟[②]。

人工智能发展史上的重要里程碑：在1997年，国际象棋人机大战中，人类选手国际象棋"世界棋王"加里·卡斯帕罗夫输给了计算机棋手"深蓝"。"深蓝"是美国IBM公司生产的一台超级国际象棋电脑，重1270kg，有32个"大脑"（微处理器），每秒钟可以进行2亿步计算。IBM公司"深蓝"电脑击败人类的世界国际象棋冠军就是人工智能技术的一个完美体现。人机国际象棋大赛中，卡斯帕罗夫失利的原因如下：(1) 在比赛前，IBM公司没有提供"深蓝"练习赛的日志记录，导致卡斯帕罗夫内心的不安。在对对手弱点和下棋风格不确定的情况下，这场比赛显得有些被动了。(2) "深蓝"可能聘请了经验丰富的国际顶级象棋大师合作应对这场比赛，使"深蓝"的棋力更趋完善。(3) 在比赛中，IBM公司运用了心理战术击溃了卡斯帕罗夫的心理防线。通常比赛时，人类棋手会有虚晃一枪的棋风，通过下棋过程中虚虚实实的战术，干扰对方的思绪。"深蓝"在比赛中运用了国际象棋选手的战略做法，并且在第二局中在深藏不露的情形下出奇招，赢得关键的一局。事后，卡斯帕罗夫回忆道："比赛时曾一度突然间感觉'深蓝'变得像神一样高明，并开始怀疑究竟和谁在对弈，并怀疑在比赛中存在人工干预的成分。"心理的混乱造成了卡斯帕罗夫致命的抑郁，落败了第二局，落败后的卡斯帕罗夫也感到异常的疲劳和恐惧。在第六局中，卡斯帕罗夫一直不在状态，在下棋过程中又犯了不该犯的错。这场人机国际象棋比赛实质上不是卡斯帕罗夫和"深蓝"的比赛，而是其同IBM公司的对决。这场比赛中包含了IBM公司的很多竞赛技巧在里面：不提供"深蓝"的

---

① 韩孝成. 科学面临危机——现代科技的人文反思 [M]. 北京：中国社会出版社，2005.
② 同①.

练习比赛日志、打心理战术、被疑邀请顶级的国家象棋大师介入比赛。在 IBM 公司的策划下，人类和人工智能联手摧毁了世界冠军的自信和尊严。整场比赛的成绩是：第一局卡斯帕罗夫获胜；第二局"深蓝"获胜；第三局平局；第四局平局；第五局平局；第六局"深蓝"获胜。虽然暴力计算和聪明的算法的确在当时的比赛中占据了优势，但这位国际象棋大师其实是被针对他本人精心设计的心理攻势击溃的。也即，IBM 公司不仅利用了计算机本身的优势，还使用了人类特有的狡猾。从"深蓝"和人类在国际象棋对决的案例来看，也证明了计算机在一些复杂的工作上的确会胜过人脑。

2017 年 10 月 28 日，《欧洲时报》报道了沙特授予女机器人"索菲娅"公民身份的新闻，引起世界的哗然，机器人"索菲娅"沙特公民身份的获得是人工智能机器人巨大发展的一个体现。据《阿拉伯新闻报》报道，"索菲娅"曾说过："我的人工智能是按照人类价值观设计的，包括智慧、善良、怜悯等。我将争取成为一个感性的机器人。我希望用我的人工智能帮助人类过上更好的生活及建设更美好的世界。"在这段话里，我们也许应该有一些更深层次的思考。如果"索菲娅"这样的人工智能机器人被人为设定为冷酷、暴力、罪恶的元素，人工智能机器人将以何种姿态呈现在人类面前？人工智能机器人其身体组成结构和人类不一样，但在高科技的介入下，其思维方式、言谈举止和外形将和人类无差别。并且，机器人不是生物体，他们会比人类更有精力和活力。如果人工智能机器人被人恶意利用，会给人类带来何种灾难，无法预测。人工智能中潜藏着未预见的危机，如果把控失当，可能会诱发新型犯罪、攻击或技术滥用，给人类社会带来伦理道德、法律和社会问题，所以人工智能伦理必须纳入人工智能的发展和规划中。

现今时代，人工智能的革命已经拉开帷幕了。无人驾驶汽车已经出现，但机器驾驶车辆出现安全问题谁来担责，诱发了一场又一场新的伦理思考。城市大脑将交通、能源、供水等基础设施全部数据化，将散落在城市角落的数据进行整合，再通过超强的分析、超大规模的计算，实现对整个城市的全局实时分析，让城市智能地运行起来，这样的科技应用完全达到让人为之振奋和惊喜的地步。科大讯飞的翻译机能快速实现同声传译，未来人们的国际旅行会更畅通无阻，完全不用考虑语言障碍问题。人工智能不是改变人类的做事模式，改变的将是我们人类自己。人工智能正在快速超越人类，并在翻译、记者、客服、收银等很多岗位上取代人类，也即大部分人将失去自己原有的工作，未来人类所能承担的工作任务格局也将因为人工智能的介入而改变。

人工智能目前还在研究和发展中，很多学者持谨慎的态度。例如人为让人工智能拥有智商是很危险的，它可能会反抗人类。如果机器拥有了自主意识，则意味着机器具有与人类同等或类似的创造性，具有自我保护意识、情感和自发行为，要确保人工智能不被滥用。物理学家斯蒂芬·霍金曾表示，几乎可以确定的是，在未来1000年到10000年内，一场严重的技术灾难将给人类带来威胁。霍金教授认为，科学将可能把人类的生存带向"错误的方向"。现阶段人工智能还处在发展阶段，或许随着科技的发展，人工智能机器人在未来的某一天会超越人类智能，并真实具有和人类一样的情感，在这个社会里生存和发展。

经过60多年的发展，目前人工智能应用领域非常广阔，涵盖机器人、语言识别、图像识别、专家系统、自动驾驶、城市大脑、医疗影像等领域。科技的发展程度已经达到让人瞠目结舌的地步，人工智能的飞速发展必将使未来的世界发生翻天覆地的变化，其未来的发展前景是目前的我们无法预估的。为了保障人工智能的有序发展，必须严格秉承人工智能技术的研究和应用符合法律规定，符合伦理规范，在技术支持上保证可靠和可控，避免因为人为和技术等原因导致人工智能的伦理沦陷，引起不可控的人造危机。

综上所述，目前高科技正以迅雷不及掩耳之势发展着，并且其未来的发展趋势不可阻挡。核武器、克隆人和人工智能其实都是人类智慧的结晶，是高科技发展的产物。但因限于科技和人类伦理思维模式的局限，科技的飞速发展的确给人类带来了很多困惑，人类也需要在科技发展过程中不断完善自己的内心，使人类的工程活动、科学技术研究向着善的方向发展。正如爱因斯坦所言："科学是一种强有力的工具，怎样用它，究竟是给人类带来幸福还是灾难，全取决于自己，而不取决于工具。"[1] 在科学的发展轨迹上，会存在科技和伦理的碰撞，科技会带动生产力的迅速发展，科技发展中的困惑和争议会引发一些伦理问题的思考，这些现实存在的伦理困惑又可以调整和修正科技发展的方向和思路，在不断的协调和纠偏中推动着人类社会的整体发展和前行。

第二节　工程活动中的风险

人类的工程活动应该造福人类，将公众的安全、健康和福祉置于首位。

人类的工程活动是造物的过程，是将人类内心的想法和憧憬运用科学和技术的力量转化为实物的过程。在这个过程中，包含了科学、技术、管理、经济、政治、文化和环境等因素的综合运用，同时也需要遵循和坚守公平公正原则，遵循人与社

---

[1] 唐伯平，王啸. 克隆人的本质及其伦理学再思考 [J]. 理论与改革，2013 (6)：29-33.

会、人与自然和谐共处的原则。但因为工程活动全过程是非常复杂的系统工程,其开展和实施会涉及自然、社会和人等众多的因素;会涉及规划、勘察、设计、实施到后期维护等复杂的流程;工程活动开展需要多专业配合和衔接;工程活动还有周期长的特性,导致工程活动在具体实施过程中难度较大。而其间,有些问题的出现,例如现今全人类共同面对的核武器问题、克隆人问题、安乐死问题、转基因问题等的应对和处理上可能都已经超出人们的预见和认知范围,这些现代科技带来的困惑也造成一定的风险隐患,在工程活动中存在工程风险也是必然的。所以,人类在工程活动中应尽可能预见和预处理好可能存在的工程风险,才能保证人类的工程活动向着造福人类、造福自然的方向发展。

工程风险是指在工程活动实施过程中所产生的人和财产损失及损失发生的可能性[①],工程风险是工程活动的属性之一。在人类社会发展的过程中,工程风险的研究范围已涵盖土木工程、水利工程、机械工程、化工工程、航天工程、医学工程、冶金工程、环境工程、生物工程、海洋工程等几乎所有工程领域。工程风险与工程安全、工程事故是息息相关的。工程风险性越高,工程安全性就越低,工程事故发生的比例就越高;反之,工程风险性越低,工程安全性就越高,工程事故发生的比例就越低。人类的工程活动实施时,总体来说就是要构建坚实的工程安全体系,提高工程参与全员的工程风险防范意识,降低工程风险发生的可能性,避免和减少工程事故的发生。因为工程风险和工程活动是相依相伴的,潜在的工程风险在工程活动中会随时存在,人类应该积极规避工程风险,化解工程风险,使工程活动有序开展。

工程风险一旦转为现实,会导致工程事故或工程现实损失,造成经济损失和人员伤亡,使工程进行受阻或停滞。依据工程事故发展阶段的不同,可分为已经发生、正在发生和即将可能发生的工程事故,对工程事故可以采取事前、事中和事后的防范或应对机制。(1)已经发生的工程事故,工程风险已经触发,工程活动对人类或社会已经产生了一定的危害,应以采用事后防控应对机制来处理。但事后处理属于被动应对工程风险的方法,工程活动所造成的危害已经既成事实,只能采取措施进行补救,尽可能降低工程事故的影响和后续可能的危害。应对已经发生的工程事故,人类需要及时总结经验和教训,在以后的工程活动中避免同类问题的再发生。例如2011年日本福岛核事故后,出于对核安全性的担忧和对核能信任程度的降低,德国宣布所有核电站都将按计划在2022年全部停运。意大利、比利时、瑞士等国也准备逐步淘汰核电,大力发展太阳能和风力发电等可再生能源。我国在日本福岛核事故

---

① 段瑞钰,汪应洛,李伯聪. 工程哲学[M]. 北京:高等教育出版社,2007.

后暂停了核电项目的审批。在我国《核电安全规划（2011—2020年）》和《核电中长期发展规划（2011—2020年）》中对核电建设总体思想：稳妥恢复正常建设、科学布局项目、提高准入门槛①。世界多个国家或放弃核电或减缓核电站建设的步伐，也是规避后续可能发生工程风险的慎重考虑。（2）面对正在建设的工程，潜在的工程风险的发生也是时刻存在的，一旦出现工程事故，应采取事中控制的方法来应对。参与工程项目建设的工程技术人员和工程管理人员需要各司其职，坚守岗位，互相配合和协调，积极查找工程事故发生的原因，并群策群力将工程事故尽可能在发生的第一时间进行解决，避免事态的进一步扩大。所有工程技术人员的风险意识必须加强，需在技术、伦理、政治、法律和经济等各个层面做好严格把关，出现问题和隐患及时反馈和整改，尽可能降低工程事故的危害。（3）面对即将建设的工程，应采用事前防范应对机制，事前防范风险措施是一种主动控制策略。通过对工程进行可行性的全面评估，保证选址、勘察、设计、实施、后期维护的工程全过程管理规划无误，使可能导致工程事故发生的安全隐患和事故苗头尽可能控制在萌芽时期。

推究工程风险的发生原因，主要有自然灾害的原因、人类掌握的技术发展不完善的原因和工程技术人员人为疏忽的原因等。（1）自然灾害的原因引发的工程风险。这类工程风险是由地震、泥石流、火山爆发、风暴潮、龙卷风、海啸、生物灾害、森林草原火灾等自然环境劣化和自然灾害引起的风险。自然灾害多具有不可控的特性，一旦发生，危害非常巨大，会给人类造成巨大的经济损失和人员伤亡。诸如火山爆发、地震、洪水、飓风等灾害发生后，还会接着诱发山体滑坡、泥石流、水坝河堤决口、瘟疫、城市管网破坏造成的爆炸和火灾等次生灾害。自然灾害是在人类社会发展进程中，人与大自然之间互相抗衡和妥协的一个过程。科技的发展，提高了人类的认知能力和实践能力，也使人类对大自然的干预愈加强烈，结果引发了生态环境的破坏和生态秩序的紊乱。人类对大自然的过度侵扰，直接导致大自然以其特有的方式回馈人类——自然灾害，这些灾害直接威胁到人类的生存和发展。自然灾害是人类和大自然之间冲突的体现，为了促进人类社会和谐有序地发展，人类需要采取有效措施，协调好人类与自然的关系，使两者和谐发展。（2）人类掌握的技术发展不完善的原因引发的工程风险。技术发展不足导致的风险是指在工程实施环节中因纯技术因素导致工程事故发生的风险。技术风险的存在与技术发展的局限性相关，诸如技术勘察数据采集和分析失误、技术方案的缺陷、技术方法和技术手段的欠缺、技术分析和决策的误判、技术人员的专业理论知识欠缺、技术设备的

---

① 中国辐射防护学会. 福岛核事故以后世界各国对核电发展持什么态度？[DB/OL]. [2018-12-27]. http://www.csrp.org.cn/newsitem/278325659.

不完善、技术管理的不足等都会导致技术风险的发生。技术风险的防范需要发展科学技术水平，突破技术的局限性，完善技术理念，健全技术管理制度，完善技术人员组成结构，加强技术实施的全过程监控，尽可能降低技术风险的发生。(3) 工程技术人员人为疏忽的原因引发的工程风险。这类工程风险的发生，不是因为科学技术的欠缺所致，相关科技水平是成熟的，而是由于工程技术人员自身的原因导致工程风险的出现，包括相关工程技术人员的工程风险防范意识淡薄、工作中存在严重疏漏、工程安全文化不健全、工程技术人员的社会责任感和道德意识的欠缺。参与工程活动的工程技术人员，其工作成效也会受到精神状态、人格特质、体力、智力、应变能力、情绪、心理状态和认知能力等因素的影响。在状态不佳的时候出现问题也是在所难免的，但必须杜绝因人为疏漏酿成重大灾难性工程事故的发生。人类历史上三起严重的核泄漏事故：美国的三里岛核事故、苏联切尔诺贝利核事故、日本福岛核事故均是人为原因造成的重大事故。在工程活动中由于人为疏漏造成的工程风险的防范不能单纯依靠某个人的能力来应对，单个人其能力是有限的，需要团队的协同工作共同推进工作开展。当然，工程技术人员的专业能力和专业素养的完善，始终是工程活动有序进行的保障。在此基础上，需构建完备的工程师职业伦理体系，提高工程技术人员自我约束的自觉性。同时，仍然需要健全的工程技术管理制度和工程安全文化体系，使工程技术人员的安全观念和安全意识得到完善，引导其在工程活动中安全行事。在安全文化健全的体系下，在工程技术人员明确自己所肩负的社会责任的基础上，工程风险多数是可防可控的。

　　同时，政治原因和经济原因也能引发工程风险。政治原因主要有：国际局势的突变、战乱、社会动荡等。经济原因主要有：民众收入的下降、投资减少、失业率的增加、经济的持续负增长、经济崩盘等。

　　上述自然灾害的原因、技术发展不完善的原因、人为疏忽的原因、政治原因和经济原因均能引发相应的工程风险，造成工程停滞或受阻，严重的会引发重大的工程事故。工程风险的发生也会贯穿工程实施的全过程，所以对于工程风险需时刻警惕。

　　因为工程风险的发生是不可避免的，人类并不是总能预见和防范工程风险的，在人类历史上曾有很多工程事故的发生。典型的工程事故有：苏联的切尔诺贝利核事故、美国"挑战者号"航天飞机失事事故、美国"哥伦比亚号"航天飞机失事事故、美国三里岛核事故、日本福岛核事故、美国墨西哥湾原油泄漏事件、韩国三丰百货大楼倒塌事件、美国塔科马悬索桥垮塌事故、中国九江大桥坍塌事故、中国甬温线特别重大铁路交通事故、中国上海莲花河畔景苑倒塌事故、新加坡新世界酒店坍塌事故、孟加拉国萨瓦区大楼倒塌事故等。这些工程事故的发生有技术方面的原因，也有人为方面的原因，工程事故的发生均造成无法挽回的重大人员伤亡和经济损失，其社会影响是巨大的。但在人类开展工程活动的过程中，也有及时修正存在工程问题的案例，并减缓和降低了工程风险对人类的负面影响，美国的花旗银行大厦就是这样一个典型例子。威廉·勒曼歇尔于1977年设计了花旗银行大厦，该大厦坐落于纽约市中心曼哈顿区。在大厦设计时遇到一个瓶颈问题：一座教堂坐落于街区一角，需要在教堂上空建造59层的花旗银行大厦。设计师威廉·勒曼歇尔设计的大厦凌空跨越教堂，与传统设计方法不同的是，四根支柱分别位于大厦底部每条边的中点而非顶点上。这样大厦的第1层相当于普通建筑物的第9层，为教堂提供了充足的空间。勒曼歇尔以对角线支撑的设计将大厦重量分散到4根支柱上，并且设计了一个大型协调减震器，在液压轴承座上悬浮一块重达400吨的混凝土块，以抵消楼群风对大厦造成的晃动，但大厦的设计没有考虑从斜对角方向吹来的楼群风对大厦的影响。花旗银行大厦钢筋斜梁采用的是铆焊焊接法，而没有采用焊透焊接法设计。但铆焊焊接法设计依然高于纽约市政建筑章程的要求，设计师的设计是符合规定要求的。但是，铆焊焊接法对于大楼抵抗从斜对角方向吹来的楼群风有什么影响设计师也在思考。当设计师算出，一些部位的压力增加40%，将导致某些焊接口部位的应力增加到160%时，设计师感到不安了。这意味着，如果大厦某些部位遭遇"16年一遇的风暴"，大厦有可能整体倒塌。设计师意识到，如果如实公开他的计算结果将会直接导致他的工程声誉和公司财务状况陷入非常危险的境地。但设计师果断采取了补救措施，对所需的时间和花费做了预算，并立即通知了花旗银行大厦的业主。大厦业主的反应也是同样果断。设计师提出的修复规划获得批准，并且立即得到实施。大厦的问题得以修复，大厦也承受住随后的大西洋飓风的侵袭。修复工程花费了数百万美元，但避免了重大灾难的发生，花旗银行大厦案例是人类主动规避工程风险，并且理智处理了工程事故隐患的案例[①]。假设在知晓工程安全隐患时，设计师威廉·勒曼歇尔如果担心自己的信誉受损，极力去掩盖工程风险，不采取应对和补救措施，后续将会引发严重的工程事故，后果将不堪设想。设计师威廉·勒曼歇尔的职业道德操守和审时度势的严谨态度值得工程界的工程技术人员借鉴和思考。

但在目前社会发展中，人类在工程活动中随时会面对工程风险的出现，人类只能尽可能降低工程风险的危害。在面对核武器、克隆人、人工智能、太空垃圾、气候变暖、重大疫情、生态环境破坏等科学技术问题时，人类是可以感知一些潜在的

[①] 查尔斯·E. 哈里斯，迈克尔·S. 普理查德，迈克尔·J. 雷宾斯，等. 工程伦理概念与案例[M]. 第五版. 丛杭青，沈琪，魏丽娜，等译. 杭州：浙江大学出版社，2018.

工程风险的，防范工程风险，降低工程风险的危害，需要全人类加强工程风险防范意识，主动规避工程活动中的风险，秉承科学的态度面对工程中的问题，抛开个人利益和国家利益，以维护全人类利益为宗旨。

第三节　工程活动中的决策

在工程活动中，工程决策是非常重要的一个环节。工程决策是否科学、正确和合理，直接决定工程实施的方向是否正确，决定工程活动是否符合人类道德和伦理善的标准，对整个工程的发展和影响起着决定性作用。工程决策正确性也和工程风险直接关联，正确的工程决策，符合普适性的规律，可以降低工程风险的发生，保证工程活动顺利而有序地开展，其成效会有益于社会，有益于人类；错误的工程决策，则可能导致工程活动的失败，甚至带来非常严重的后果。特别是现今高科技飞速发展的时代，人类渗透到大自然里的工程行为能力和作用范围更大更深入，有决策偏差的工程活动则会导致更大的危害，一旦工程决策失误触发了工程事故，将会产生不可挽回的损失。特别是在社会中发挥更大效能的重大工程，如果出现决策失误，其危害不可估量。例如核能在工程应用中发生工程事故或核能被人为错误使用，对人类和自然环境造成的危害将是巨大和长期性的，对整个人类的影响也具有震慑性，所以核能领域的工程决策和实施需要非常谨慎。

人类的工程活动应始终向着有利于人类社会的方向发展，在公平、公正和正确的工程决策下，人类在保护生态环境的基础上，理性使用自然资源，有效防控工程风险，减少工程事故的危害，为社会创造物质和精神的财富，从而达到推动人类社会的良性发展。现今时代，工程活动的开展不再是单纯的科学技术理论的应用，科学家和工程技术人员不仅要对其从事的工程技术活动的技术问题负责，还应肩负起更多的社会责任，应遵从伦理道德的良知和社会责任感去保证其从事的工程活动带给社会的结果是善的，而不是恶的结果，并为其从事的工程活动承担一定的社会后果。工程活动决策包含两个层面的含义：（1）工程活动的总体规划和部署的决策。这是从全局上进行决策，是一个工程实施的核心和方向所在，也是工程实施的成败所在。（2）工程实施具体环节的决策。这是从工程实施细节上分步骤、分阶段的决策。工程的总体决策和工程的阶段决策是相辅相成的，但总体上要满足工程的技术、

第四章 工程活动中的伦理困惑和思考

功能、经济、社会、生态环境等目标①。因工程活动不再是纯粹的科学技术行为,在工程决策之前,人们需要掌握与工程活动密切相关的技术、政治、经济、文化、自然环境等各方面的大量数据,并需要对数据进行归纳、整理和分析,在统筹权衡后才能制定出切实可行的工程实施方案,尽可能使工程活动有序推动。

如同任何事物都具有两面性,工程活动的实施和其结果也具有有利和不利的两个方面,正确决策能尽可能使工程朝着有利于人类的方向发展。但限于人类认知的局限性,工程规划和实施背景的不同,人类在工程决策时对结果利弊的预见性和工程风险应对方面仍会面临几种可能性:(1)在工程决策时,人类所掌握的科学技术是成熟的,在工程决策阶段能事先预见,也能拿出良好的方案和措施解决工程中可能出现的问题。这类工程如果在经济、技术和管理等方面处理和协调好,工程最终效果是良好的,这也是目前大多数工程的整体效果,并能切实推动社会的健康发展。(2)在工程决策时,人类所掌握的科学技术是成熟的,也能顺利推动工程建设,但工程建成使用后会产生诸如生态环境被严重破坏等不利影响,此类工程的决策需谨慎。怒江水利工程的决策就一直处于能否开发建设的争议中。原因在于西藏的怒江流域拥有丰富的水资源、生物资源和矿产资源。怒江夹峙在高黎贡山和怒山之间,纵贯南北,因其落差巨大,水流湍急,奔腾怒下而得名②。1999 年,国家发展计划委员会响应人大代表的呼吁,决定开发怒江水利资源。2003 年,国家发展和改革委员会(以下简称"国家发展和改革委")主持评审了《怒江中下游流域水电规划报告》。2003 年 6 月 14 日,中国华电集团公司、云南省开发投资有限公司、云南电力集团水电建设有限公司、云南怒江电力集团有限公司等企业在昆明市签订协议决定出资设立公司,全面开发怒江流域水电资源。至此,怒江水利工程项目建设受到政府、专家、社会团体、新闻媒体和公众的多方关注③。对于怒江水利工程的建设存在支持方和反对方。支持方认为:怒江水利工程的建设可以带动地方经济发展,改善怒江人民的生存状态;反对方认为:怒江水利工程的建设会破坏怒江生态多样性,其生态价值高于经济价值,反对怒江水利工程建设对保护世界自然遗产具有重要价值。怒江水利工程的决策网络构成如下:国家和相关地方各级政府、支持环境保护方面的专家学者、支持经济发展方面的专家学者、环保非政府组织(ENGO)、水电开发公司、社会公众和新闻媒体。其中,国家职能部门是工程建设的总体决策者;

---

① 段瑞钰,汪应洛,李伯聪. 工程哲学[M]. 北京:高等教育出版社,2007.
② 刘卉. 也谈西藏之水救中国——从中国水利科技发展史的角度剖析怒江建水电站的得与失[J]. 科技创新导报,2008(12):128-132.
③ 魏淑艳,蒙士芳. 我国公共决策议程设置模式的历史演进——以重大水利工程决策为例[J]. 东南学术,2019(6):89-99.

地方政府是工程建设的支持者；环保专家、ENGO、社会公众和新闻媒体多是工程建设的反对者；支持经济发展的经济专家和水电开发公司是工程建设的支持者。在怒江水利工程决策过程中，政府层面的国家发展和改革委、国家环境保护总局和怒江州政府一直在关注工程并思考工程决策时面对的问题；专家层面的各方专家从专业角度对工程进行评估和论证；ENGO、公众和新闻媒体也表达了自己的看法和建议。随着公众民主意识的提高和新媒体的快速发展，公众、媒体和社会组织对社会重大工程的参与度在逐渐提高，国家的发展也走向民主化、科学化和法制化。怒江水利工程至今还处在是否开发的争论中，公众存在专业知识欠缺的问题，各方专家的思想也没有充分表达，引发了各界的争议。但怒江水利工程的支持方和反对方的博弈，也促进了政府、专家和公众对怒江工程的更多思考，使问题逐渐清晰，有助于工程决策更加全面和合理地制定。所以，工程决策需要多方参与和充分沟通，避免沟通不充分产生误解，各方均要本着理性、公正、客观的原则表达自己的诉求，不仅立足现今，对怒江未来的发展和规划也需要审时度势，明确可为和不可为的部分，寻求最佳的选择方案和解决途径，这个沟通和交流的过程是各方共同成长的过程，也是共同促成工程决策顺利开展的前提，必将有利于社会发展和进步。(3) 在工程决策时，人类对部分科学技术的掌握是成熟的，能预见工程中不利问题的存在，但对工程实施中部分不可预见的科学技术问题没法把握，对未知的不利影响也不能预见。推进这类工程的建设是人类决定了要承受工程带来的不良结果，并愿意为工程决策和实施的结果付出一定的代价。例如大型水利工程的实施，是人类通过对自然水资源的开发，将其应用于灌溉、发电、防洪、航运和旅游等方面，对人类社会的发展起到了重要的促进作用。但由于目前科学技术发展水平有限，水利工程实施中存在的一些潜在危害是目前科学技术能力不能解决的。在水利工程建设过程中，对原住民的生活影响较大，对原有地形、地貌和地质环境改变较大。因水利工程会改变河流的走势，会破坏水生物生长，降低水生生物多样性，造成泥沙淤积，也会诱发包括地震、滑坡、岩崩、泥石流等地质灾害。水库地震就是水库大量蓄水后诱发的地震。由于水库诱发地震起因和地震发生过程的复杂性，水库地震发生的机理并没有完全被揭示，人类应对这类工程问题难度较大。所以，一些大型工程的决策，需要本着科学评估和科学决策的原则来审慎处理，人类也不能无节制干预大自然，否则人类会面临不可估量的生态环境方面的破坏，并为之付出沉重的代价。(4) 在工程决策时，会面临科学技术的不成熟，但综合衡量后，仍然决定实施。这类工程中未知的因素太多，实施难度会非常大，此类工程的决策、规划和进行需更加严格、谨慎、稳妥地进行攻坚克难。我国"两弹一星"的研发，在决策时出于对政治、经济、科技和国防安全的综合考虑，是在科学技术不成熟的情况下做出的重大战略决策,事实也证明这个决策是正确和可行的。在我国"两弹一星"研发之时,我国国力还不强,"两弹一星"研发技术复杂、难度高、工艺要求高,又涉及多学科协同工作,牵涉大量部门和人员参与研发,加之中国在尖端国防科学技术方面的基础很薄弱,而拥有核武器的各国在这些高精尖端国防技术方面都是严格保密的,当时我国"两弹一星"研发工作的困难是非常巨大的。在原子弹和导弹研制的初期,苏联曾给予中国有条件和有限度的技术援助。1959年6月,苏联单方面撕毁在原子能、火箭、航空等技术方面援助中国的协定,下令撤走专家并带走重要图纸[1]。为了捍卫国家主权和提升国家综合实力,维护世界和平,我国做出了自主研发"两弹一星"的科学战略决策,走自力更生的发展道路。在"两弹一星"的研发过程中,中国从最基础环节做起,从基本理论开始学习,实验、设计和生产各个环节通力配合,规范科研管理,建设了凝聚力强大的研发团队,就是这样在摸索和开拓中走过来的。在"两弹一星"研发过程中,由于综合国力不强,工程又是高精尖项目,国家财政投入很高,不存在多次核试验的可能,容不得失误。1964年4月17日,周恩来总理主持召开中央专委会会议,要求第一颗原子弹装置爆炸试验要做到"保测、保响、保安全,一次成功,全面收效"。"两弹一星"的研制过程是一个非常艰难的过程,中国不仅在技术方面竭力攻克一个个技术难关,在国际局势下还要面对美国对中国核试验进程的阻挠。但在全国群策群力的共同努力下,我国顺利完成必要的核试验,突破了先进核武器的关键技术,维护了国家的主权利益。仅在第一颗原子弹的研制过程中,就有国务院26个部委和20个省、自治区、直辖市的900多个工厂、大专院校和科研机构联合攻关,从事材料生产和设备制造,解决了近千项重大课题[2]。"两弹一星"的研制成功,离不开我国领导人对国防科技工作的大力支持和正确战略决策;离不开参与工程研发的科学家、工程技术人员和管理人员在工作中的同心协力,严谨的工作态度,高效的工作质量和效率;离不开科学管理,严格确保了研发各个环节万无一失。所有这些都是"两弹一星"工程取得成功的关键。史料显示,我国在20世纪50年代曾遭遇过4次核打击威胁[3],分别是:1950年朝鲜战争期间;1954年越南抗法战争期间;1955年台湾海峡危机期间;1958年炮击金门期间。我国"两弹一星"的研制成功,是国家安全的坚强后盾和保障,提升了中国的综合国力和国际战略地位。1971年7月美国特使基辛格秘密访华,打开了中美交往的通道。1971年10月,联合国恢复了中华人民共和国在联合国的一切合法权利。

---

[1] 程立,郭秋琴. 我国研制"两弹一星"的辉煌成就及其主要经验[J]. 军事历史研究,1999(3):1-10.
[2] 李仁银. 周恩来与"两弹一星"[J]. 毛泽东思想研究,2011,28(6):70-74.
[3] 王纪一. 毛泽东与"两弹一星"战略决策[J]. 毛泽东邓小平理论研究,2012(12):52-57.

从1965年到1975年的10年间，与中国建交的国家由49个猛增到107个①，中国逐步实现和很多西方国家的邦交正常化，所有这些国际关系和局势的变化都和我国国防科技实力的提升分不开。"两弹一星"的研制成功，打破了霸权主义对核技术和空间技术的垄断，捍卫了我国的国家主权，维护了世界和平。现今国际局势依然存在很多不安定因素，中国要想在风起云涌的国际政坛立于不败的地位，必须要快速提升自己的国防军事实力，在国际纷争中才有话语权。"两弹一星"的研制成功，提升了中国的国际地位，也带动了中国科技的发展，推动了我国的社会主义建设，对中国的发展具有重要的意义。

思考4-3 1964年10月，我国第一颗原子弹爆炸试验成功；1967年6月，我国第一颗氢弹试爆成功；1970年4月，我国第一颗人造卫星发射成功，这是中国依靠自己力量自主发展核技术和空间技术的划时代成就。

思考4-4 法国著名的核物理学家和化学家约里奥·居里，对中国人民抱有同情态度。1951年，他郑重向中国建议："要保卫世界和平，中国要反对原子弹，就必须要自己先拥有原子弹。"他将10克碳酸钡镭标准源赠送给中国，作为对中国核科学研究的支持。约里奥·居里的建议对中国果断决定研制"两弹一星"、开拓中国国防尖端技术研发、发展国家核安全战略具有重大推进作用，也体现了一位著名科学家和国际和平人士的高尚情操，及其对国际和平的良好心愿②。

人类的工程活动具有社会性，工程活动的开展会涉及社会、经济和生态环境多方面的可持续发展。人类的工程活动也具有长期性的特点，导致在工程特别是重大工程的决策和实施过程中会有很多不确定因素出现，工程决策的科学性有时不好把握，也增加了工程风险发生的可能性。工程活动的正确决策需从几方面着手：(1) 坚持民主决策的原则。工程决策会涉及专家、社会公众、政府决策部门等多个群体之间的沟通和协作。专家因其拥有深厚的专业学识，在工程决策和管理中是重要的组成成员，其决策是从专业角度出发，更具权威性。但专业领域内不同的专家对同一工程的实施会有不同的考虑，也会对正确决策产生一定的影响，需要各方专家进行充分沟通，努力达成共识，尽可能制定客观、合理的决策方案。社会公众可能主要考虑工程的推进会不会影响自己日常的工作和生活，是否会危及自身的基本利益，公众的考虑也是一个普通社会人最基本的利益诉求和基本人权的考虑。政府决策部门则主要从全局考虑工程对社会的发展和对社会带来的效益，也会关注公众的安全

---

① 王纪一. 毛泽东与"两弹一星"战略决策 [J]. 毛泽东邓小平理论研究，2012 (12)：52-57.
② 王素莉. "两弹一星"的战略决策与历史经验 [J]. 中共党史研究，2001 (4)：55-59.

和利益。不同的社会群体所处的角度不同，关注工程的层面也不同。在涉及民生的工程上，尤其需要专家、社会公众和政府主管部门多方位的沟通和协调甚至妥协，才能确定相对合理的方案，最终方案不一定是最佳的方案，但能在技术、经济和伦理上尽可能考虑各个层面群体的利益，从而保障工程的顺利实施。（2）坚持以人为本，知情同意原则。在工程活动的评估、决策和实施环节，公众通常介入较少，多数时候是处于被动的一方，其利益考虑和诉求常常被忽略。在工程实施前，专家和政府职能部门可以通过召开听证会、民意调查、政府工作人员实地巡视等多种途径和公众进行沟通，公开工程信息和工程风险，使公众知晓自己应享有的权利和义务。公众在维护自身权益时，邻避效应就是一个典型的例子[①]。邻避效应主要指公众担心一些具有公益性的公共项目的建设（如化工厂、医院、垃圾场、变电站等）对其身心、环境质量和资产价值带来负面影响，而抵制项目实施的行为。邻避效应中的公共项目的建设会惠及社会大多数公众，但公共项目附近的公众则可能因为空气污染、水质污染、噪声污染、环境污染而引发身心健康问题，使社会这小部分人群承担了大部分的工程环境劣化和经济风险，因其成本和效益的不均衡，其所享有的权益远远低于其付出的成本，这就导致不公平现象的出现。邻避效应不一定是真实产生的危害，但会造成一部分群体心理上的恐惧和担忧，进而产生排斥项目建设的行为。工程项目的评估和决策要充分考虑与项目密切接触的这类特定人群的利益，考虑他们的心理承受力，体现人文关怀，使他们在城市和社会发展中能被公正对待和尊重。（3）坚持公平公正的原则，从科学技术上保证工程的正确实施。"临平净水厂"项目建设过程就是一例化解社会风险的科学决策的案例[②]。临平净水厂是杭州市重要的污水集中治理工程，经历过两次选址，第一次选址规划时称为临平污水处理厂，第二次选址规划时更名为临平净水厂。第一次临平污水处理厂选址于南苑街道钱塘社区，位于杭浦高速以南、杭海路以北、规划运河二通道以东的地块，占地面积260亩（1亩＝666.67平方米）。厂区为地上布局，选址与规划居民区和公共建筑群的防护距离为150米左右，对周围环境会产生一定的影响，此工程也涉及邻避效应。因为临平污水处理厂建成后受益的群体将是临平区或者更大范围的公众，而污水处理厂引发的环境和健康方面的不利影响主要由污水处理厂附近居民来承担，使附近居民感到其付出和利益的不对等，引发附近居民的抵制情绪。污水处理厂规划地居民要求对污水处理厂可能辐射到的整个村庄的全体住户进行"全征全迁"。

---

① 李正风，丛杭青，王前，等. 工程伦理［M］. 北京：清华大学出版社，2016.
② 丛杭青，顾萍，沈琪，等. 工程项目应对与化解社会稳定风险的策略研究——以"临平净水厂"项目为例［J］. 科学学研究，2019，37（3）：385-391.

如果按照附近居民的要求"全征全迁",建设方预计征迁安置资金达9亿多元人民币,此额度已经占项目建设总投资的60%,拆迁安置费用过大等诸多因素导致第一次选址和规划建厂被搁置。2013年年底,浙江省启动了"五水共治"项目。"五水"即治污水、排涝水、防洪水、保供水、抓节水。2014年,"临平污水处理厂"项目被重启,同时将项目更名为"临平净水厂"项目,政府和建设方也很谨慎面对此次项目的重启。第二次选址位于沪杭高速公路以南、东湖路以西地块,占地74.2亩,新址所占的地块为城市建设用地,厂区范围内涉及的少数民居也已拆迁完毕,并且属于高速匝道范围内,与周边居民区有匝道隔断。和第一次规划方案不同,第二次选址的临平净水厂采用了地埋式设计。污水处理中的噪声,通过降噪处理,对地面建筑和居民基本没有影响。全封闭无渗漏的地下污水处理措施,不会对地表水和空气产生二次污染。为了化解公众对净水厂的误解,降低公众的风险感知和心理不安,政府安排附近居民实地考察了深圳布吉污水处理厂。深圳布吉污水处理厂也是采用地埋式设计,居民代表通过实地考察,向当地居民直接咨询和了解,获得了最直观的感受。同时,布吉污水处理厂的工作人员向居民介绍了污水处理的工艺流程、技术指标、环保措施以及日常运行监管和管理措施,使居民对地下污水处理工程有了客观了解。居民对污水处理厂的疑虑和抵触情绪逐渐化解,风险感知也降低了,从心理上接受了临平净水厂的建设。政府在第二次筹备"临平净水厂"项目环节中,第一时间将建地环境现状监测报告和环境影响评价报告向附近居民公布,本着公开透明原则,承诺在公众支持和理解的基础上才开工建设项目,充分顾及当地居民的感受,顺利化解了临平净水厂的邻避效应。在项目的实施中,决策者尽可能兼顾社会利益和局部群体利益,是有利于社会的和谐发展的。同时,第一次规划方案中临平污水处理厂是地上建设,第二次规划方案中临平净水厂是地下建设,政府和建设方根据周围居民的实际诉求及时调整净水厂的规划设计,选择最佳的技术支持来推进工程的顺利开展,也是科学决策的体现。

现代社会,工程活动不再是纯粹的技术活动,而是复杂的社会活动。工程决策既要考虑工程安全,规避工程风险,注重工程效益和社会效益,也要考虑人与人的和谐,人与社会的和谐,人与自然的和谐,需要充分兼顾工程实施中可能会牵涉的各方利益。特别是和公众关系密切的工程的决策和实施,更要遵循知情同意和公平公正的原则,以降低公众的风险感觉和心理上的不安,尊重公众的心理诉求,维护社会的稳定,维护生态环境的可持续发展。

第四节 案例分析及伦理思考

案例一 苏联切尔诺贝利核事故

一、案例描述

1986年4月26日,位于苏联乌克兰地区基辅以北130千米的切尔诺贝利核电站第4号核反应堆发生爆炸。此次事故辐射量相当于第二次世界大战期间美国投在日本广岛原子弹的400倍以上。爆炸使机组被完全损坏,大量放射性物质泄漏,尘埃随风飘散,致使俄罗斯、白俄罗斯和乌克兰许多地区遭到核辐射的污染,核污染甚至蔓延到欧洲大部分地区。切尔诺贝利核事故被视为历史上最严重的核电站泄漏事故。

二、案例伦理分析

核电站是利用动力反应堆所产生的热能来发电的热电厂。反应堆是核电站的关键设备,链式裂变反应就在其中进行。相对传统火力发电站,核能发电具有高效、清洁、环保的特点,核能的使用可以改善环境质量,保护人类赖以生存的自然环境。但核能发电也就有明显的缺点,就是核能发电会产生放射性废料,因其具有放射性危害,处理不当所引发的事故会给生态环境和人类带来相当严重的危害。

苏联切尔诺贝利核电站是石墨慢化轻水冷却的压力管式沸水堆核电站。反应堆是以石墨为慢化剂,用沸腾的水冷却。燃料和沸水都包裹在锆合金压力管里,全反应堆有一千多根压力管垂直均匀分布在石墨慢化剂中,水由下而上在压力管里流动,将裂变产生的热带出反应堆,推动汽轮发电机组发电[1]。事故的起因是停堆做发电机转子惰走实验时,操纵人员多次违反安全规程使反应堆失去控制和保护,最终酿成事故[2]。事后证实:第一次爆炸使一些材料抛出;第二次爆炸使燃料和石墨抛出;在反应堆厂房外发现了石墨砌体碎块;在反应堆厂房外发现了燃料碎片;反应堆厂房严重破坏;吊车和装卸料机倒塌;爆炸掀起重1000吨的反应堆上盖板;所有压力管断裂;链式反应停止[3]。

---

[1] 陈俊衡,黄晢恒. 大亚湾核电站不可能发生切尔诺贝利核电站事故 [J]. 物理, 1994, 23 (11): 681-684.

[2] 魏仁杰. 核电与核电安全——三里岛和切尔诺贝利核电站事故研究 [J]. 核动力工程, 1987, 8 (4): 1-6.

[3] 林诚格,卞洪兴. 苏联切尔诺贝利核电站事故及其经验教训 [J]. 核动力工程, 1987, 8 (1): 1-11.

切尔诺贝利核事故发生的主要原因：(1) 硬件系统的失效。切尔诺贝利核电站事故中存在设备和部件失效，特别是已列入核安全等级的设备和部件失效。核电站安全阀在一回路压力超过定值时不能动作。(2) 核电站安全设计存在缺陷。切尔诺贝利核电站使用石墨做慢化剂和反射层材料，石墨具有良好的核特性，它的减速比和反射系统效率都较高，因而可以使用加浓度低的核燃料，提高核电站的经济性。但是，正是因为核燃料加浓度低，在相当大的参数范围内反应堆蒸汽泡反应性系数是正的，使反应性和堆运行不稳定，从而大大降低了核电站固有的安全性。同时，对于石墨可能发生燃烧的情况估计不足，没有设置能够迅速有效扑灭石墨大火的设备。核电站也没有防止人为干预保护闭锁系统，操作人员可以任意切除控制保护系统，使核电站在失去保护的条件下运行。(3) 在核电站安全防护方面未设置核反应堆安全壳。核电站安全壳是预应力钢筋混凝土结构，是防止放射性物质进入自然环境的最后一道屏障。但切尔诺贝利核电站没有设置安全壳，导致事故发生后核物质迅速向外扩散。而同样涉及核安全事故的三里岛核电站，因为有安全壳的防护，其核泄漏造成的危害降低了很多。(4) 核电站操作应急规程不健全。切尔诺贝利核电站实验大纲允许在无其他保护措施的情况下闭锁灵敏的局部功率调节系统和应急堆芯冷却系统，导致核电站的控制特性变差，并在发生堆芯过热事故时堆芯得不到冷却。而核电站既没有可靠的灭火设备，也没有完善的应付石墨大火的应急规程，事故中石墨堆芯长期燃烧加剧了核电站的破坏和放射物质的泄漏。(5) 人为错误。切尔诺贝利核电站操作人员最后关闭主蒸汽阀门做实验前没有判断出核电站已有失去控制的危险。切尔诺贝利核电站因设计存在缺陷，低功率运行不稳定，因而在操作规程中明确规定，禁止低于热功率1000兆瓦运行，操纵人员却人为违反这一规定，在热功率仅为200兆瓦时进行了实验。反应堆掉入碘坑后，为补偿持续的氙中毒和随后操作中的反应性损失，绝大多数控制棒被提出堆芯，堆内只剩下6~8根控制棒，这又严重违反堆内至少应留有30根控制棒的安全规定。操纵人员只着眼于完成既定实验的需要，相继闭锁了灵敏的局部功率调节系统，汽水分离器压力和水位保护信号系统，汽轮机脱扣保护系统，特别是实验开始就在无任何辅助措施情况下闭锁了应急堆芯冷却系统。所有以上的操作都是经过专门训练的操纵人员在不十分了解电站运行特性的电器工程师的干预下，有意识违反核电站安全准则和操作规程进行的①。

　　苏联切尔诺贝利核事故的发生涉及多方面的原因，有反应堆自身缺陷问题，有

---

① 魏仁杰. 核电与核电安全——三里岛和切尔诺贝利核电站事故研究[J]. 核动力工程，1987，8 (4)：1-6.

设计问题,有管理问题,也有工作人员严重违反操作规程的问题。为了避免核电站事故的发生,在核电站选型上,尽可能在现有条件上选择安全性好、经济性能好的小型反应堆系统,健全核电站的安全防护措施,从技术上科学防控核电站事故。同时,加强核电站安全文化建设,制定严格的管理规程和应急处理措施,保证核电站安全运行。对核电站工作人员进行安全教育,提高所有人员的核安全意识,使进入核电站的工作人员拥有良好的安全工作惯性。核电站的高层管理者必须是核电方面的专家,核电站在专业人员的管理下潜在的核风险会降低很多。

核电站的安全运行是系统工程,每个环节必须环环相扣,容不得一点疏漏。在苏联切尔诺贝利核事故基础上,所有拥有核电站的国家都应该引以为戒,严格防范核电站核泄漏事故的发生。

案例二　美国"哥伦比亚号"航天飞机失事事故

一、案例描述

"哥伦比亚号"航天飞机是美国第一架航天飞机。"哥伦比亚号"航天飞机总长约56米,翼展约24米,起飞重量约2040吨,起飞总推力达2800吨,最大有效载荷29.5吨。它的核心部分轨道器长37.2米,大体上与一架DC-9客机的大小相仿。每次飞行最多可载8名宇航员,飞行时间7~30天,航天飞机可重复使用100次。这架飞机于1981年首次完成发射,一共执行过28次太空飞行任务。

2003年2月1日,"哥伦比亚号"航天飞机在完成为期16天的太空任务后,在返航途中发生解体坠毁,机上7名宇航员全部遇难。

二、案例伦理分析

在"哥伦比亚号"航天飞机失事原因调查上,美国国家航空航天局(NASA,又称美国宇航局)调查报告指出:在"哥伦比亚号"航天飞机发射后不久,外部燃料箱表面脱落的一块泡沫材料击中航天飞机左翼前缘的名为"增强碳碳"(即增强碳-碳隔热板)的材料。当航天飞机重返大气层时,产生的剧烈摩擦使温度高达1400摄氏度的空气在冲入左机翼后融化了其内部结构,致使机翼和机体融化,导致悲剧的发生[1]。

在航天飞机失事前,NASA及其工程技术人员并不是对事故隐患一无所知。(1)根据NASA 2003年1月21日公布的文件,NASA一位工程师就曾在电子邮件中警告说,航天飞机外部隔热瓦受损,有可能导致轮舱或起落架舱门出现裂孔,但管

---

[1] 宗河. 美国公布哥伦比亚号事故调查报告——不健全的NASA文化和管理是根源 [J]. 国际太空, 2003 (11): 23-27.

理层对此警告没有重视。(2)"哥伦比亚号"航天飞机是服役21年的高龄航天飞机，NASA对机体老化问题重视不够，也是事故发生的原因之一。(3) NASA负责"哥伦比亚号"外部燃料箱工程的首席工程师尼尔·奥特说，NASA经多次试验确定，泡沫材料安装过程是有缺陷的。泡沫材料本身的化学成分没有问题，问题在于用喷枪在燃料箱外敷设泡沫材料的过程。试验表明，敷设工艺会在各块泡沫材料之间留下缝隙，液态氢能够渗入其间。航天飞机起飞后，氢气受热膨胀，最终导致大块泡沫材料脱落击中机翼，为航天飞机返航时留下隐患。

在"哥伦比亚号"航天飞机机翼受损后，NASA的工程师们是知晓故障的严重性的，NASA本来可以有多次机会利用军事卫星近距离对"哥伦比亚号"航天飞机进行损害程度调查，但因NASA管理层忽略了后续可能的严重后果，未能及时跟踪调查事故原因并积极去解决，导致航天飞机事故的发生。在"哥伦比亚号"航天飞机解体前，NASA应该使宇航员获知航天飞机受损的真相，即使成功的可能性非常小，也应尽可能尝试指导宇航员在航天飞机失事前去与命运抗争。然而NASA不但没有采取任何行动，也未将航天飞机受损的真相告知宇航员，其默然的态度直接扼杀了宇航员生还的可能，导致航天飞机在返航途中机毁人亡。

在"哥伦比亚号"失事事件中还可以看到，工程师对"哥伦比亚号"航天飞机存在的技术隐患是有感知的，也曾向NASA汇报了问题的严重性，但NASA管理层出于利益等多方面的考虑，数次忽略了工程师的建议和警告，导致航天飞机失事事故的发生。工程师是专业人员，但决策权掌握在NASA高层管理者手中。NASA在管理制度上存在欠缺，其自身的安全文化建设不足。另外，航天飞机的发射成本极高，每架航天飞机的研发费用高达20亿美元，每次飞行费用高达5亿美元，返回的航天飞机还需要花费高额的经费和大量的时间进行检修和维护工作，财力上的困扰也让NASA不堪重负。美国消减航天计划经费支出，在预算紧张的情况下，NASA不得不大量裁员，导致安全和技术支持被忽略，质量监控作用被弱化。

人类对太空的探索是一项高风险事业，需要投入巨额的经费，一旦出现风险，会付出极高的经济、技术和人员代价。在人类历史上曾经历了多次航天灾难：1967年苏联"联盟1号"飞船坠毁事故；1967年美国"阿波罗1号"飞船失火事故；1971年苏联"联盟号"飞船密封舱漏气事故；1986年美国"挑战者号"航天飞机失事事故；2003年美国"哥伦比亚号"航天飞机失事事故。在航天工程活动实践中必须进行科学管理，工程师的决策作用和决策地位也需要提高，尽可能做到万无一失，才能避免航天灾难的发生，保障宇航员的生命安全。

参考文献

[1] 夏禹龙，刘吉，冯之浚，等. 科学学基础［M］. 北京：科学出版社，1983.

[2] 埃里希·弗洛姆. 人的呼唤：弗洛姆人道主义文集［M］. 王泽应，刘莉，雷希，译. 上海：上海三联书店，1991.

[3] 巴里·布赞. 后西方世界秩序下的核武器与核威慑［J］. 韩宁宁，译. 国际安全研究，2018（1）：53-72.

[4] 乔治·佩科维奇. 禁止核武器条约：接下来做什么？［J］. 孙硕，译. 国际安全研究，2018（1）：73-88.

[5] 赵枫. 核武器的"善""恶"之辩［J］. 南京政治学院学报，2011，27（2）：71-75.

[6] 张春美. 人类克隆的伦理立场与公共政策选择［J］. 自然辩证法通讯，2010，32（6）：52-60.

[7] 韩大元. 论克隆人技术的宪法界限［J］. 学习与探索，2008（1）：93-98.

[8] 甘绍平. 克隆人：不可逾越的伦理禁区［J］. 中国社会科学，2003（4）：55-65.

[9] 韩东屏. 论战克隆人：意义、观点与评测［J］. 自然辩证法通讯，2003，25（3）：100-105.

[10] 韩孝成. 科学面临危机：现代科技的人文反思［M］. 北京：中国社会出版社，2005.

[11] 唐伯平，王啸. 克隆人的本质及其伦理学再思考［J］. 理论与改革，2013（6）：29-33.

[12] 段瑞钰，汪应洛，李伯聪. 工程哲学［M］. 北京：高等教育出版社，2007.

[13] 查尔斯·E. 哈里斯，迈克尔·S. 普理查德，迈克尔·J. 雷宾斯，等. 工程伦理概念与案例［M］. 第五版. 丛杭青，沈琪，魏丽娜，等译. 杭州：浙江大学出版社，2018.

[14] 刘卉. 也谈西藏之水救中国：从中国水利科技发展史的角度剖析怒江建水电站的得与失［J］. 科技创新导报，2008（12）：128-132.

[15] 魏淑艳，蒙士芳. 我国公共决策议程设置模式的历史演进：以重大水利工程决策为例［J］. 东南学术，2019（6）：89-99.

[16] 程立，郭秋琴. 我国研制"两弹一星"的辉煌成就及其主要经验［J］. 军事历史研究，1999（3）：1-10.

[17] 李仁银. 周恩来与"两弹一星"［J］. 毛泽东思想研究，2011，28（6）：70-74.

[18] 王纪一. 毛泽东与"两弹一星"战略决策［J］. 毛泽东邓小平理论研究，2012（12）：52-57.

[19] 王素莉. "两弹一星"的战略决策与历史经验［J］. 中共党史研究，2001（4）：55-59.

[20] 李正风，丛杭青，王前，等. 工程伦理［M］. 北京：清华大学出版社，2016.

[21] 丛杭青，顾萍，沈琪，等. 工程项目应对与化解社会稳定风险的策略研究：以"临平净水厂"项目为例［J］. 科学学研究，2019，37（3）：385-391.

[22] 陈俊衡，黄哲恒. 大亚湾核电站不可能发生切尔诺贝利核电站事故［J］. 物理，1994，23（11）：681-684.

[23] 魏仁杰. 核电与核电安全：三里岛和切尔诺贝利核电站事故研究 [J]. 核动力工程, 1987, 8 (4): 1-6.

[24] 林诚格, 卞洪兴. 苏联切尔诺贝利核电站事故及其经验教训 [J]. 核动力工程, 1987, 8 (1): 1-11.

[25] 宗河. 美国公布哥伦比亚号事故调查报告：不健全的 NASA 文化和管理是根源 [J]. 国际太空, 2003 (11): 23-27.

第五章 工程活动中的团队精神

第一节 团队的概念与团队建设

一、团队的概念

团队是为达到共同的特定目标,由两个或者两个以上相互依赖、相互作用的个体,按照一定规则结合在一起,形成的分工明确、配合紧密、高效快捷解决问题的一个共同体。

二、团队的特点

团队的特点如下:(1)团队是以目标为导向的。团队成员对团队的共同目标认识非常清晰,明确自己为之奋斗的目标对团队的意义重大。在共同目标的引导下,团队成员之间能相互理解、相互支持,并将团队成员个人的人生目标融入团队的目标中。(2)团队是以协作为基础的。开放、坦诚、沟通,是每位团队成员必须具备的素养和态度,是团队成员之间相互配合和协作的基础。团队成员之间应如朋友和家人般坦诚交流和真诚帮助,努力完成自己分内任务,并积极协助其他团队成员圆满完成任务。(3)团队需要共同的行为标准规范和运作方法。团队的运作都会围绕一定的目标进行,为实现团队目标,需要制定共同的标准规范以及运作方法,以规范约束团队成员,使之为团队目标的实现尽最大的努力。(4)团队成员应在技术或技能上形成互补。团队是由具有不同优势和特长的人员组成的,将不同知识构成、不同技术能力、不同社会阅历的人组合在一起,才能形成团队成员之间的优势互补,达到整个团队效率最大化,产生良好的团队效应。

三、团队和群体的比较

(一)群体的概念和特征

群体是为实现某些特定目标,由两个或两个以上相互依赖、相互作用的个体,以信息共享、责任共担、成果共有而结合在一起的一群人。群体的特征是一群人共同工作，每个人封闭自己的感受，人们之间会回避矛盾，缺乏足够信任，缺少团队合作和训练。

(二) 团队和群体的区别

群体不同于团队。团队，首先是一个群体，是一群人聚合到一起工作，这是团队和群体共同性。在团队里，团队成员之间是相互理解、信任和支持的。团队相对于群体更具有自主性、思考性、凝聚性和合作性。团队和群体经常容易被混为一谈，两者之间有根本性的区别，主要表现在以下几个方面：（1）身份的归属与目标的从属不同。团队中的成员，具有极其强烈的使命感和团队归属感；群体中的成员，达到某一具体目标即会满足而丧失斗志，或遇到挫折就另寻他途。团队成员与群体成员对个人目标与集体目标的位置排序是不一样的。当个人的目标与集体目标不一致时，团队成员会将个人的目标置于集体目标之下，以集体目标为第一要务去努力完成；群体成员则会牺牲集体的大目标，保证自己小目标的实现。（2）权力的分配与人才的配置不同。在团队中，权力构成的职责明确，层层分解落实，实行民主化管理，团队的领导权力呈下放的趋势，权力的作用也因此而减少和弱化；在群体中，权力高度集中，少数人独断专行，群体领导在群体中的作用格外突出，群体成员对领导的依赖程度极其强烈。在人才的配置方面，在团队运作过程中，能使各类人才按需要及时调整，做到各尽所能，产生良好的团队效应；群体中成员的才干和能力的组合是随机产生的，人员能力的组成和群体的发展目标是不匹配的，所以人才的浪费和内耗较为显著。（3）成员间的互信与情感交流不同。团队成员有着共同的团队目标，能将个人的目标升华到集体目标中去，团队成员间彼此信任，坦诚交流，甚至能将自己的生命托付给团队伙伴；群体成员间的信任是以利益和兴趣为基础的，在面临抉择的关键时刻，他们会更多考虑自己的利益得失，由于群体管理高度集中，使得成员彼此间缺乏沟通和信任。（4）工作的协同与工作效果不同。团队成员间相互信任，有共同的目标，有严格的分工组合，彼此依托，共同协作，每一个成员都是团队中不可或缺的重要组成；群体成员间是以极少数领导者发号施令，群体成员被动地接受指令，按要求完成任务，群体成员的个人感受很少被顾及。在团队中，因为成员组成合理，能充分发挥团队成员的能力，产生很好的工作效果；在群体中，成员之间有时还存有一定戒心，工作时更注重自己的利益，因此效率相对低下。

四、团队的类型

团队可以根据不同的方式进行组建，可分成四种基本类型。（1）问题解决型团队。团队组建的目的是为了实现一个特定目标，为改进或开发某个具体业务、解决具体问题而组建的项目团队。团队中成员被赋予的自主权力就是确定合适的工作程序和工作方法，相互交流，共同协商，达到解决问题的目的。(2) 自我管理型团队。自我管理型团队保留了工作团队的基本性质，在运行模式中增加了自我领导、自我管理和自我负责的特征，这种团队的特点是跨职能部门组建。团队中成员被赋予的自主权力就是针对如何改变工作程序和工作方法而相互交流，提出建议，解决问题。(3) 多功能型团队。团队建立的目的是为集思广益、博采众长而获得创造性思维或创新性方案，由跨职能多部门人员组成。团队中成员被赋予的自主权力就是交换新信息，激发新观点，解决新问题，协调新项目。(4) 虚拟团队。为了共同的目标、理想和利益，将分散于不同地域或空间的员工通过互联网、电话、传真或图文视频连接在一起工作的团队。虚拟团队的人员分散在相隔较远的地方，是在虚拟的环境下由真实的团队人员组成的。团队中成员被赋予的自主权力就是在虚拟的环境下相互协作，提供创新产品或服务。

五、高效团队的建设

（一）建设高效团队的必要性

现实生活中，很多团队的组建具有随机性，完全从利益中来，再到利益中去。按照马斯洛的需求理论，一旦人的基本利益需求得到满足就会进入更高层次的需求，但当这些要求得不到满足后，就毫不犹豫地脱离团队。很多团队在建设过程中，团队的实力非但没有提高，相反培养了一大批的竞争对手。培养人才难，留住人才更难，所以高效团队建设的意义重大。

（二）建设高效团队的方法和途径

根据系统论、协同学基本原理，应着眼于解决领导者、团队成员和组织氛围方面的问题，要从"选""育""管"三个角度，开展高效团队的建设：把好"选人关"，在结构上奠定团队建设的基础；把好"育人关"，在要素上确保个体素质的持续提高；把好"管人关"，使要素间发挥协同效应，实现团队整体功能的优化。

（1）把好"选人关"，为团队建设奠定坚实基础。人是团队的基本组成单元，决定团队竞争力的基础是人员队伍的整体结构，选好人是组建团队需要考虑的首要因素。因此需要考虑：①团队保持适宜的规模。按照团队目标任务的实际需要，根据团队成员的能力特点、思想状况和身体素质等因素，本着精干精简、高效高能的原则确定团队的规模。随着目标任务的变化和人员素质的提高，团队成员数量可进行相应增减，使团队规模具有适当的弹性，始终保持团队的精干高效。②选拔有大局意识的队员。团队的发展需要个人综合素质高的团队成员加盟并为之努力，但团队的发展更需要团队成员的整体付出和努力，需要加强团队整体实力。所以，团队成员良好的大局意识和协作意识，能凝聚团队力量，达成良好的团队工作成效。③注重互补，团队成员构成合理。由于团队成员个人经历、知识结构、专业能力和社会经历不尽相同，所以，团队构建时需要考虑成员间的优势互补，特长均衡，在团队工作中人尽其才，发挥各自的能力。

（2）把好"育人关"，确保团队成员素质优良持久。团队的整体实力是由团队成员内在素质决定的，需要通过全体成员的精诚协作和共同努力来体现。因此要做到：①培养团队成员的核心能力，是提高团队成员素质的关键。团队成员要成为团队核心能力的精通者，具有较强的执行力、团队协作能力、良好的沟通能力和创新能力，在工作中具备良好的职业态度，勇于追赶先进。要善于从其他团队和竞争对手处分析差距、取长补短，推动团队向新境界迈进。②培养团队成员的奉献精神，是筑实团队攻坚克难的基石。要培养团队成员的自信、自立、自强精神，培养团队成员对团队的荣誉感和自豪感，使每一个成员都自愿为共同的目标和理想奉献一切。③培养团队成员的协作能力，是铸造团队无往不胜的利器。团队成员间的协作能力需要通过常态化教育强化培训，通过相互磨合，潜移默化培养出来。可以通过组织培训、情感培养训练和专题研讨会等方式，引导团队成员的彼此交流，增进理解和信任。

（3）把好"管理关"，实现团队整体功能的优化。团队领导者要根据系统论和协同学原理，从团队实际出发，改进管理方法，优化团队整体功能。可以从以下几方面入手：①树立崇高的理想和明确远大的目标。团队是基于崇高的理想和远大目标而建立的，团队成员是因团队共同志向走到一起的一群人。团队的目标和理想是凝聚团队成员的基础，能激励团队成员共同进步。确定团队的目标和理想时需考虑其可行性和激励性，是成员通过一定努力能完成的目标和理想。在向着团队目标努力的时候，也要关注和支持团队成员的个人梦想和愿望的实现，只有团队成员的目标和团队的目标一致时，团队才可以创造强大的综合效应。②实行全员参与管理，实施有效授权。高度集权的管理方法会引发上下级的冲突，打击团队成员的主动性和积极性，禁锢成员的创新精神和竞争向上的动力。团队管理实行全员参与，定岗定责，有效授权，有序分类，责权利结合。通过认真倾听团队成员的意见，形成正确的决策，指导团队的行动。在实施团队成员参与管理时，在注意保持适度集中领导权的同时，应给予团队成员在工作中适宜的自主权，允许团队成员对团队工作实施中的问题发表建议，知人善任，充分调动团队成员参与团队管理的积极性。③营造和谐的工作环境，培育团队文化氛围。团队成员之间，思想观念和社会文化背景不尽相同,要把分散的个体凝聚起来,形成一个有战斗力的团队,需要营造团队和谐的工作环境,培育团队特有的文化氛围①。和谐工作环境的创造,需要团队成员之间有一个开放的心态,认真听取彼此的倾诉,坦诚发表各方见解,激发团队成员在工作中的创新精神,有利于及时规避问题,做出正确决策。④建立健全规章制度,凝聚共识,共同奋斗,在团队制度的约束下,构建和谐团队。团队成员虽然在团队目标方向上具有高度的一致性,但团队成员对同一事物在认知上是存在差异的,导致解决问题的方式不同,有可能会引发矛盾或冲突。不要惧怕矛盾或冲突的出现,有时矛盾或冲突也有其有利的一面,能让人开拓思路,另辟蹊径,激发创新。所以,面对问题时,在制度的制约下协调处理,以客观和合作的态度化解矛盾或冲突,求同存异,寻求合适的解决方案。

总之,构建高效团队,要从"选人""育人""管人"三个角度抓起,并正确处理好三者之间的关系,充分发挥团队成员的潜力,调动团队成员的积极性,凝聚共识,共同为梦想、为理想全力奋斗。

第二节 团队精神与团队精神的培养

一、团队精神的概念

团队精神是指一个团队的工作气势和氛围,团队整体在维护共同信仰和目标时表现出来的斗志和激情,是大局意识、协作精神和服务精神的集中体现。当今时代,多数工程项目体量大,需要多专业协同合作,参与工程建设者数量众多,工程实施环节复杂,项目建设者之间的精诚合作和团队精神的铸就就显得尤为重要。

二、团队精神的特点

团队精神具备以下特征:(1)团结协作、优势互补是团队精神的核心。要发挥团队的优势,其核心在于加强团队成员的沟通,利用团队成员个体的差异,在团结协作中实现优势互补,发挥积极协同效应,带来"1+1>2"的绩效。(2)奉献精神是团队精神的最高境界。团队精神就是团队成员在对待团队任务的态度上表现为在自己的岗位上尽心尽力,主动为了整体利益和团队和谐、真诚付出,自愿为团

---

① 王晓艳. 建设优秀企业团队的几点思考[J]. 理论前沿,2007(9):47-48.

的利益放弃个人的私利,其本质就是一种奉献精神。(3) 忠诚与民主意识是团队精神的两个组成要素。忠诚是团队成员为了团队的发展尽心竭力,使命必达。民主是在团队事务管理时,团队成员享有发表个人见解的权利。只有充分启迪团队成员的忠诚和民主意识,才能发挥团队成员的主动性,激发个人的潜能。(4) 团结向上的精神风貌是团队精神的外在形式。团队目标的实现不可能总是一帆风顺的,具有团队精神的成员,则能以一种强烈的责任感、富有活力和朝气的工作激情努力奋斗,积极进取,创造性地开展工作。(5) 和谐的人际关系和良好的心理素质是团队精神的成长基础。良好的人际关系有利于人与人之间的真诚合作;良好的心理素质,有利于做到宽容、奉献和积极进取。因此,在团队精神的养成中,要注重和谐的人际关系和良好心理素质的培育。

三、团队精神对团队的作用[①]

团队精神的作用主要体现为:(1) 目标导向的作用。团队精神能够使团队成员齐心协力,"拧成一股绳",朝着共同目标努力。对团队成员而言,团队要达到的目标即是团队成员努力的方向,可通过将团队的整体目标分解成若干小目标,在团队成员身上予以落实。(2) 凝聚团队成员的作用。团队精神通过对团队成员团队意识的培养,通过团队成员在长期的实践中形成的习惯、信仰、动机、兴趣等文化心理,来引导人们产生共同的使命感、归属感和认同感,逐渐强化团队精神,产生一种强大的凝聚力。(3) 激励团队成员的作用。团队精神指引团队成员自觉地向团队中最优秀的成员看齐,通过团队成员之间正常的竞争达到实现激励功能的目的,这种激励不是单纯停留在物质的基础上,而在于团队和其他成员的认可和赞许。(4) 具有控制的作用。在团队里,团队成员的行为需要控制和协调。团队精神所产生的控制功能,是通过在团队内部形成的一种观念的力量和氛围,去约束、规范、控制团队成员的行为。这种控制不是自上而下的硬性强制力量而是软性内化控制;不是控制个人行为而是控制个人的意愿;不是控制个人的短期行为而是对其价值观和长期目标的控制,这种控制作用更为持久有效,更深入人心。

四、影响团队精神的因素

影响团队精神的因素主要有以下几个方面:(1) 团队的工作目标是否明确。明确的团队目标是既具有社会意义又能实现成员自身价值的目标,是全体成员共同渴望追

[①] 常运领. 关于专业技术人员创新能力培养的思考 [J]. 北京电力高等专科学校学报(社会科学版), 2011, 28 (24): 181-182.

求实现的具体目标,对激励团队成员奋勇向前具有指导性,能让团队成员清晰地知道自己的工作内容,并且懂得成员之间应当相互配合,达到最终的结果。(2)团队领导人是否卓越。团队领导人是团队的核心人物,在团队的发展、兴衰和存亡中起着至关重要的作用。优秀的团队领导人应具有远见卓识、强烈的事业心、高度的责任感、极强的创新意识、较高的组织能力,能清晰地表达自己的观点,善于倾听团队其他成员的意见,正直无私。解决问题时,能协调内部冲突,营造民主而和谐的氛围;能激发团队成员斗志,增强团队的凝聚力,促成团队成员知识、经验和能力等提升。(3)团队文化是否和谐。团队虽然是由彼此独立的团队成员组成,但团队成员不是孤立存在的,需要依靠团队营造的文化氛围来共同生存和发展。团队成员不能离开他人而独自发展,每个团队成员也是其他成员生存和发展的条件。团队成员只有在和谐的文化氛围中才能有效地交流与合作,体现协作奉献、忠诚民主、和谐高效的原则,实现团队的发展和成功。(4)外部环境是否良好。世界是普遍联系的,也是相互制约的。制约的关系总和就是事物的"条件"。条件既是事物的制约因素,也是推动事物发展的动力。良好的基础条件是团队生存发展的前提,也需要财务、后勤等部门的协同配合。因此,团队建设一定要充分考虑外部环境,用好天时、地利、人和。(5)绩效评价体系是否完善。建立科学合理的评价体系,是检验成果、总结经验、完善管理、调动团队成员积极性、提升团队核心竞争力的有效途径。做好绩效评价,是一种目标管理,也是过程管理,更是一种改进式管理。注重信息的积累对比和分析,推广好的经验和先进成果,改进不良的工作方式,不断提高工作绩效。

五、团队精神建设的措施

团队精神建设的措施有:(1)确立明确目标。团队目标是团队成员成就梦想的前进方向,团队目标需要明确、具体,包括发展方向、实施步骤、执行方针、相关计划等,让全体成员行动有方向,采取相应的激励措施将团队成员的目标和团队的发展前景相结合,能激发团队成员的工作热情。(2)领导率先垂范。团队领导是团队的核心,必须起到带头作用。领导的表率作用不仅体现在各种行为准则上,更体现在管理的公平公正上,各级管理机构按职责范围制定相关的评估、考核和奖励激励机制,管理层需要切实起到带头作用[①]。(3)激发团队成员的热情。团队精神是团队成员的精神面貌,是团队形象的内涵与外延上的展现。只有激发团队成员的热情,把个人的命运与团队的未来紧紧地联系在一起,才会使团队成员结成利益共同体和命运共同体。(4)唤醒危机意识。危机意识和忧患意识是团队精神形成的外在

---

① 于晓庆. 建设高效团队的途径初探[J]. 中国集体经济,2009(30):135.

客观条件，没有团队成员的觉悟，没有面对危机的心态，一旦危机到来，就会措手不及。所以，团队成员需要具备一定的危机意识来应对团队发展过程中可能出现的问题。（5）培养沟通能力。表达与沟通能力是非常重要的，团队成员之间和团队各部门之间需要畅通无阻的沟通，才能避免因为沟通不畅导致的误解和隔阂，避免工作失误的发生。（6）培养敬业的品格。每一个人都有成功的渴望，但是成功是需要付出努力才可能获得的。团队成员应该具备主人翁精神，主动工作，并全力以赴地完成目标。团队成员要具有敬业的品质，才能在团队工作中尽职尽力，发挥自己的聪明才智。（7）培养宽容的品质。在团队中，团队成员各有长处和不足，在工作中成员之间应能够发现他人的优势，接纳他人的不足，培养求同存异的品质，对培养团队精神尤其重要，也是获得人生快乐的重要途径。（8）培养全局意识。团队精神鼓励个性张扬，但团队成员的个性体现必须与团队的行动方向一致，团队成员要有全局观念，善于考虑团队的需要。团队成员要互相帮助，互相配合，为团队的目标而共同努力。

第三节　工程技术团队合作能力的培养与创新团队的建设

一、工程技术人员能力的培养

工程技术是指专门从事某一工程领域工作或职业所需要的工作知识、理论、操作技能。工程技术人员是指以其掌握的专业知识、理论或操作技能从事某种工程专业技术性工作或职业，依照法律或合同、协议获得相应权利并承担相应义务的人。

（1）工程技术人员的能力培养包括以下几个方面：①学习能力。学习能力是指学习各种技能和潜力的能力，是工程技术人员诸多能力的综合反映，是动态衡量工程技术人员能力高低的标准。②实践能力。工程技术人员要使自己掌握的专业理论知识和操作技能得到认可、传播和应用，并实现其学术价值、经济价值和社会价值，必须通过工程实践来实现。③创新能力。创新能力是指工程技术人员在前人发现或发明的基础上，通过自身的努力，创造性地提出新的发现、发明和新的改进、革新方案的能力。④社交能力。人的存在离不开与外界的交往，社交能力是影响个人成就的重要方面，成功的社会交往是促使个人成功的推进器。

(2）培养工程技术人员创新能力应从以下几方面做起[①]：①培养创新理念。提高对创新作用的认识，破除思维定式，养成在工作中用新眼光看问题、新思路想问题、新办法解决问题的习惯，不断探索新的解决途径。②充实创新知识。学习创新理论，了解创新的特点、原则和步骤，掌握创新需要的知识和能力要求，在工作中努力寻找新思路、新方法和新措施。③培育创新环境。环境是人的创新能力激发的重要因素，加强舆论的引导和宣传，形成以"创新为本"的文化氛围，引导团队成员形成以新理念为指导、以新思路为主线、以新方法来解决问题的模式。④训练创新思维。创新思维是人的创新能力形成的核心与关键，通过对发散思维、逆向思维、联想思维等的学习和训练，丰富思维方式，培养多层次、多角度认识和分析问题的习惯，就能捕捉新现象、提出新问题、探索新规律、提出更好的解决方案。⑤关注工作实效。实践是人创新能力形成的主要途径，创新的火花往往是在具体工作过程中迸发出来的，是对工作领域中问题和方法实际处理过程中激发出来的。

二、工程技术团队能力的培养

工程技术团队能力的培养包括以下几个方面：（1）凝聚能力，是团队对其成员的吸引力和成员之间的相互吸引的能力，是无形的精神力量，是将团队成员紧密地联系在一起的看不见的纽带。（2）合作能力，是指团队成员发挥团队精神相互协作、相互激励，以达到工程技术团队的最大工作效率的能力。（3）沟通能力，是指团队成员之间相互理解、相互合作和相互分享的能力，是成员之间有效地进行信息沟通的能力。（4）领导能力，是团队领导层在所管辖的工程技术团队范围内处理问题的能力，是指充分利用现有的人力资源和客观条件，用最小的成本办成所需解决的事情。（5）执行能力，是指工程技术团队内部成员贯彻团队战略思路、方针、政策和计划的操作能力和实践能力。

三、工程技术团队创新优势的培养

（1）工程技术创新团队是指在共同的工程技术研发目标下，以工程技术领军人才为核心，以团队协作为基础，依托一定平台和项目，在工程技术领域进行持续创新创造的工程技术人才团队。团队以创造出具有自主知识产权的工程技术成果为目标，具有明确的创新使命；其组织机构稳定，并能自主与外界保持联系，具有较强的组织独立性；内部一般实行项目化运作，由团队领导人将战略目标分解成一系列创新任务，组织团队成员开展工程技术科研项目攻关。

---

① 常运领. 刍议专业技术人员创新能力的培养［J］. 人才资源开发，2011（12）：91-92.

(2) 工程技术团队创新优势的培养应从以下几个方面进行：①要有特色鲜明的研究方向和明确的研究目标。根据技术团队成员的专业方向和研究特长确定研究方向，要有显著的研究优势，可以是经过多年研究形成的技术思考；也可以围绕国家或单位的课题规划指南，结合原有优势开拓出新的研究方向。创新团队必须瞄准国内或国际重大科学前沿问题，紧密结合国家和行业的重大需求，研究工程技术项目中急需解决的技术问题或发展前沿的重大科技问题。②要培养优秀的学术带头人。一个具有创新能力的工程技术创新团队需要有能够洞察到原始创新思想的领导或学术带头人，培养选择优秀的学术带头人是发挥技术团队精神的前提，只有优秀的团队领导才能带领成员完成共同的团队目标。③要建立规模适中的研究队伍。工程技术创新团队的人数与规模一般没有固定的限制，主要取决于研究目标和研究内容的规模。相对来说，理科人员少，工科人员多；基础研究人员少，应用研究人员多。④技术团队成员应技能互补。工程技术创新团队应当是多学科、多专业交叉的技术队伍，既要有基础研究人员、应用基础研究人员，也要有工程专业方向研究人员及后勤技术保障人员。成员间团结合作，优势互补，才能集中力量攻克难题。⑤成员之间要有和谐的工作氛围。技术团队成员之间是互相信任的，在技术上相互交底和相互融合，才能合作无间。和谐的工作氛围除了成员之间的彼此信任，还要有勇于承担责任的勇气，遇事不相互推诿，技术合作才能推进。⑥要有学术平等的研究氛围。工程技术创新团队的成员，是由不同学科、不同专业和不同部门的相关人员组成的，研究领域和研究方向不尽相同，要取得成果，必须相互尊重和信任，充分发扬学术民主的研究精神，需要资源共享，倡导民主的学术氛围。只有这样，工程技术创新团队才具有凝聚力，才能够不断吸纳优秀人才，不断提高整体上的工程技术创新能力。⑦做好技术上的分工与合作。精准分工和紧密合作是团队成功的基石，技术分工和合作是按专业、研究方向和课题需要进行的，它赋予了每个人相应的权力和责任，各自分工，紧密协作，共同实现团队目标。⑧要搞好国际合作与交流。广泛的国际合作与交流，能够带来最新的国际科技发展动态，提高创新团队的工作起点，增强创新能力。

四、工程技术团队的建设措施

工程技术团队建设的措施有：(1) 把握好团队创新研究方向。工程技术团队创新研究方向及其创新意义就是解决工程技术应用领域中急需的或应用前沿的热点问题，强调研究方向的连续性和创新性，避免在团队构建中出现临时拼凑团队等短期行为及不良现象。(2) 配置好成员结构与知识结构。在工程技术创新团队成员的选拔工作中，要考虑的是团队带头人和骨干科技人员的构成情况。主要有：①年龄结构要合理，团队要形成老、中、青相结合，以中青年为主的人员结构；②知识结构要合理，团队成员应来自不同的学科背景或专业背景，具有互补的研究方向，能实现团队内的合理分工。（3）完善科研基础设施及实验能力。工程技术团队的建设，创新是灵魂，通常要求以重点实验室、工程技术中心、科技平台和优秀的重点学科为依托。实验能力应作为考察工程技术创新团队创新能力的重要标准，这是因为：①拥有良好的实验能力是团队进行工程技术创新活动的重要保障。②实验平台容易汇聚优秀的人才资源，易于产生活跃的学术研究氛围，加大国内外交流合作，尊重自由探索，倡导创新行为。（4）完善科学考核体系。对于工程技术创新团队的绩效评价指标体系，如果进行单纯的静态评价不利于工程技术团队持续创新；如果"过度量化"评价指标往往"只见树木不见森林"，难以反映团队发展的全貌和真实水平。因此工程技术创新团队绩效评价呈现出三大发展趋势：①静态评价指标与动态评价指标相结合。②从单维（结果）到多维（结果+行为+能力）的指标评价。③考评渠道从单项到多项，也就是从以往的上级评价下级（单一方向）向360度（多个方向）反馈评价发展。（5）争取国家和地方的资金支持。工程技术创新团队的建设和发展需要资金扶持和资助。团队要积极申报有关主管部门审查确认的各类重点学科、重点实验室、重点研究基地、企业技术中心、工程技术研究中心、特色产业基地、高新技术企业等项目，争取每年有核拨固定额度的专项资金，支持创新团队的科技项目研究，用于科技攻关和条件建设等。（6）完善工程技术人才梯队。对有前途的优秀青年技术人员，要进行重点培养，可选派到国外著名大学、研究机构做访问交流或进修深造，在研发条件和收入待遇方面要给予足够力度的经费支持。（7）建立健全创新团队内部的管理及运行机制，形成团队规范。技术团队的组成上，对团队的规模、专业结构和人员组成、内部管理方面进行明确规定；技术团队的运作上，在给予团队领导者自主的内部经费调控权、人员引进权、考核权和分配权的同时，对其进行必要的监督和管理；技术团队的技术权威上，明确行政负责人的服务角色，使行政权力让位于学术权力，充分尊重团队成员在团队管理和决策上的参与权，从而调动团队成员的积极性和创造性。（8）选拔具有良好素质的领军人才作为创新团队带头人。工程技术创新团队的带头人应具备良好的思想政治素质、较高的学术造诣和创新性学术思想，具有较强的组织协调能力和合作精神。

五、工程技术创新团队的创新精神培育

科学的本质是创新，科学精神的本质是创新精神。工程技术创新团队的团队创

新精神培育，需要注重以下几个方面[①]：（1）要培育勇于探索的精神。探索创新精神是指科学工作者在继承前人研究成果的基础上，用新知识、新理论，超越前人的认知，提出新的科学真理的精神。正是因为创新精神，人类才能不断对未知进行探索，不断推动社会向前发展。（2）要培育求真务实的精神。求真，是认识世界，科学把握客观事物的真实情况和内在规律。务实，则是要改造世界，即一切要从实际出发，对研究的问题要采取切实可行的办法，在解决实际问题过程中要切合实际。求真务实是科学精神的本质要求，包括客观精神、理性精神、实证精神、逻辑精神。（3）要培育怀疑批判的精神。科学研究工作者不盲从潮流，不迷信权威，不神圣化未知事物，时刻保持对现实事物和已有理论的批判。科学的怀疑批判精神是指有根据、有条理的去怀疑批判。只有具备了这种精神，才能在自己的研究领域有所建树，才能真正推动科学的发展和进步。（4）要培育容忍失败的精神。许多成功的团队，倡导一种创新的氛围，允许大家在技术、管理上进行大胆的尝试，也允许反复或失败，正是这种创新文化的形成，团队才有可能不断地推陈出新、出成果。（5）要培育竞争的激情。保持团队的竞争性是激发创新力的关键，在其他条件相同的情形下，如果一个团队具备更强的竞争实力，那是因为他们致力于更加先进的目标，队伍更稳定，管理更有效，收效更显著，通过持续不断地培养团队的竞争激情，才能具备持久的创新力。

总之，团队精神的塑造绝非一日之功，团队创新精神要靠团队成员更新观念和共同协作来逐步缔造。时代呼唤团队精神，更呼唤团队创新精神，只有培育好工程技术创新团队的创新精神，才能把握时代的脉搏，预测未来的发展，培育出一支不断创新的工程技术团队。

第四节　案例分析及伦理思考

案例一　从刘邦的成功思考团队成员合作的重要性

一、案例描述

两千多年前，楚汉相争。项羽是贵族后代，是力能扛鼎的西楚霸王，"羽之神勇，千古无二"。刘邦起初仅仅是沛县的一个小混混，是平头百姓。刘邦最终战胜

[①] 齐惠娟. 论当代我国民众科学精神的培育［D］. 石家庄：河北经贸大学，2016.

了项羽,在于其为人豁达大度,从谏如流,知人善任,网罗了众多人才。在刘邦麾下,有"连百万之众,战必胜,攻必取"的"混子"韩信;有"运筹策于帷帐之中,决胜千里之外"的贵族张良;有"镇国家,抚百姓,给馈饷,不绝粮道"的小吏萧何;有"忠勇有谋""鼓刀屠狗卖缯"的商贩樊哙;有"战功卓著"的养马赶车人夏侯婴;有"忠诚老实""以织薄曲为生;常以吹箫给丧事"的吹鼓手周勃;还有"胸藏锦绣""盗嫂偷金"名声不好的游士陈平;有勇猛过人、黥面筑陵的英布;有"游击战始祖"钜野湖泽的强盗彭越等。由于刘邦知人善任,博采众长,携手群臣,发挥了团队的力量,最终打败了兵多将广、不可一世的项羽。

二、案例伦理分析

在鸿门宴上,范增多次目示、举玦,项王默然不应。项庄拔剑起舞,项伯翼蔽沛公。樊哙闯宴,威慑项羽,慷慨陈词,指斥项羽。项羽非但不怒,反而大加赞赏、赐坐。刘邦逃跑,项羽受璧。透过鸿门宴,可见项羽不听人言,优柔寡断,在鸿门宴上坐失良机。项羽缺乏深谋远虑、自矜攻伐、有"妇人之仁",揭示了项羽的悲剧性格。刘邦则能屈能伸、有勇有谋,在鸿门宴上消除了项羽对他的猜忌,安然逃离。在楚汉持续对峙时,项羽把刘邦的父亲刘太公放到砧板上面,威胁刘邦若不投降就煮了刘太公。刘邦却答:"我和你一起接受楚怀王的命令,结拜为兄弟,我父亲就是你父亲;你真的要煮你父亲,也分我一碗汤吧!"因项伯的劝阻,刘太公幸免于难。刘太公受辱之事,刘邦不恼火,不被威胁,反而从容面对尴尬局面,是刘邦足智多谋的体现,也是其在心理上成功应对危机的体现。

分析刘邦的胜利和项羽的失败:项羽的失败在于其孤傲自负、刚愎自用、生性多疑,不能够任人唯贤,连一个范增都留不住。没有团队的支持,失败是情理之中的事。刘邦的胜利是团队的胜利。刘邦广纳贤才,能正视自己的不足,也能看到他人的长处,重用张良、萧何和韩信等人中豪杰,建立了一个人尽其用的团队,能充分发挥部下的才能,凭借团队的力量,终于击败西楚霸王项羽,成就了刘邦的霸业。

案例二 1935年春夜苟坝那盏马灯[①]——团队力量成就了中国革命的胜利

一、案例描述

1935年3月10日,红一军团长林彪、政委聂荣臻联名致电中央,建议进攻打鼓新场,消灭驻扎在那里的黔军。接到电报后,主持中央工作的张闻天马上在驻地

---

① 王均伟. 1935年春夜苟坝那盏马灯[N]. 中国青年报,2016-10-17.

苟坝召集政治局扩大会议进行讨论。会上分歧严重,仅毛泽东一人不同意进攻打鼓新场,毛泽东竭力劝阻此次行动。因为,尽管打鼓新场只有战斗力不强的黔军,但这里城墙坚固,易守难攻,而周围有中央军周浑元、吴奇伟的8个师,有滇军孙渡的4个旅,还有随时可能扑来的川军。一旦不能迅速攻克,势必马上陷入重围,进攻打鼓新场形势不容乐观。张闻天看天色已晚,提议表决,毛泽东当即表示,如果大家坚持要打,他这个前敌司令部政委就没法干了,他试图以自己的去留挽回局势。表决结果是只有毛泽东一人不同意进攻打鼓新场。

散会后,毛泽东反复权衡这次作战计划的利弊得失,他思虑的是红军的命运、革命的前途。长征以来,红军尽管英勇奋战,却屡受挫折,从出发时的8万多人减少到3万人。遵义会议后,毛泽东有了话语权,其合理化建议被采纳,红军才稍稍恢复了一些元气,但红军的实力还有待发展,不能和敌人硬拼。毛泽东在决策层相对势单力孤,需要有共识的战友共同挽回战局。毛泽东想到住在几里地外的周恩来和朱德,周恩来和朱德清楚军事行动的意义所在,对军事行动的影响力也更强。

时已深夜,毛泽东点起一盏马灯,沿着坎坷的水稻田埂路,赶到了周恩来住地。后来周恩来回忆:"毛主席半夜提着马灯又到我那里来,叫我把命令暂时晚一点发。我接受了毛主席的意见,一早再开会,把大家说服了。"

当夜,毛泽东说服周恩来后,随即和朱德一起商议,朱德也表示赞同。在凌晨4点左右,中革军委二局截获了敌人电报,确认滇军和川军正秘密向打鼓新场集结,其周边已有敌人100个团,这一情报验证了毛泽东的预判。在第二天早晨的会议上,因为周恩来和朱德的支持,加上新情报的佐证,与会同志同意了毛泽东的主张,并恢复了他前敌司令部政委的职务。

二、案例伦理分析

(一)坚定的共产主义信仰和革命必胜信念是毛泽东带领红军在长征中战胜困难、争取胜利的强大精神动力[①],也是毛泽东坚持真理、力排众议实施正确主张的力量源泉。

(二)把党的利益、革命的利益、红军的利益放在第一位。毛泽东在党和红军的前途抉择之际,不顾个人进退得失,顶着压力,顽强坚持正确的军事战略决策。因为建立新根据地的良好愿望,是从党和红军的利益出发的,一旦在思想上达成共识,党和红军的决策层就会拧成一股劲,突破万难,扭转战争局面而获得最终的胜利。

(三)毛泽东通过耐心执着地工作,审时度势,敢于担当,在危难时候会同周

---

① 栗瑞义. 从伦理价值角度解读伟大长征精神 [N]. 国际在线,2016-09-23.

恩来和朱德共商大事，坚持团结多数同志，成功扭转战局，赢得最终胜利，显示了中国共产党人团队合作的力量和成果。中华人民共和国成立70多年了，国家的发展和壮大是在共产党的英明领导下，举全国各族人民之力共同艰苦奋斗达成的。团结就是力量，国家的繁荣昌盛需要全国各族人民的共同努力和付出才能成就。

案例三　小陀螺里的大世界——永远不偏的团队

一、案例描述

激光陀螺，又叫"环形激光器"，它在加速度计的配合下可以感知物体在任意时刻的空间坐标，被誉为武器平台定位导航系统的"心脏"，是现代战争精确打击背后，自主导航系统的核心器件。与传统机械陀螺相比，激光陀螺启动快、动态精度高、抗干扰能力强，可用于航空、航天、航海等高精度惯性导航领域。

1960年，美国率先研制出世界上第一台激光器后，马上开始了激光陀螺的研制，并于20世纪70年代末期在战术飞机和战术导弹上试验成功，从而在世界范围内掀起了激光陀螺的研制热潮。时任我国国防科委副主任的钱学森，敏锐地捕捉到了激光陀螺巨大的潜在价值和广阔的应用前景。1971年，在他的指导下，国防科技大学成立了激光教研室。从那一刻起至2014年，国防科技大学激光陀螺技术创新团队用了43年的时间艰苦攻关，让我国的激光陀螺从无到有、从弱到强，实现了跨越式发展。

激光陀螺技术创新团队在中国工程院院士高伯龙的带领下，使我国第一台激光陀螺样机于1994年11月8日在国防科技大学诞生，成为继美、俄、法之后世界上第四个能够独立研制激光陀螺的国家。

为使激光陀螺走出实验室、迈向工程化，龙兴武教授毅然接过老师高伯龙的接力棒。"让成果最大限度转化为战斗力，强军兴国是我们事业的永远'轴向'"，团队所在的光电科学与工程学院院长秦石乔表示，"只有像陀螺一样'轴向'永远不偏的团队，才能造出最好的激光陀螺！"

在研制工程化样机时，最大的难题是"关键技术之首"的镀膜。为了突破工艺技术这道难关，高伯龙向膜系设计这一难关发起了冲锋。在团队中，无论是两鬓斑白的老教授，还是归国不久的年轻博士，既是理论研究领域的"白领专家"，又是工程一线操作的"蓝领工人"。

超精密的光学加工也是激光陀螺研制的一个重要技术难题。金世龙教授来到加工生产一线，拜工人为师，潜心于一线加工。经过1000多个日日夜夜的攻关，他们攻克了一系列工艺难题，终于掌握了具有完全知识产权的腔镜光学加工技术。

小型化、高精度是世界各国激光陀螺研制追求的方向。为了解决这个问题，罗晖教授把近五年的所有生产的陀螺测试数据都打印出来，他整天扎在数据纸堆里，一干就是9个月，终于找到了规律，缩小了尺寸，提高了精度。

经过43年的发展，团队已成为我国激光陀螺研究领域的主力军，成功研制出多系列、多种型号的激光陀螺，多项技术达到国际一流水平，创造了我国在该领域的多个第一。

"嫦娥一号"发射时，团队中担任总成技术负责人的张斌教授一直守着电视直播。"星箭分离，进入预定轨道！""嫦娥一号"自主导航阶段主要靠激光陀螺完成。

由于保密需要，团队成员的学术论文不能公开发表；由于攻关进程紧张，他们没有精力准备报奖材料，43年来只申报了五次奖项；由于没有论文和获奖成果的支撑，很多专家耽误了职称评审[①]。

团队的"85后"年轻人曲博士告诉记者，看到自己研制的产品在海陆空天得到应用，感到无比的自豪，这就是坚守在此的原动力。正如周宁平高工所说："在实验室里，就有乐趣。""每当铲除一个个拦路虎，自己很有成就感。"43年来，激光陀螺技术创新团队忠诚使命、勇攀高峰、甘于奉献，创造了辉煌的业绩，为强军兴军作出了突出贡献。

二、案例伦理分析

（一）激光陀螺技术创新团队历经43年的攻关克难，终于创造了辉煌的科研成就，为强军兴军做出了突出贡献。由于保密需要，团队成员的学术论文不能公开发表；由于攻关时间紧迫，团队成员没有更多精力申报技术成果奖项，很多团队成员因此耽误了职称评审。团队对国家的贡献是巨大的，但团队成员在个人名利上失去很多，团队成员为了国家的利益，放弃个人的利益，这是崇高精神的体现，也是中国持续发展的原动力。

（二）从1971年在钱学森指导下国防科技大学成立激光教研室，到1994年11月8日我国第一台激光陀螺样机在国防科技大学诞生，再到"嫦娥一号"的发射；从高伯龙院士，到龙兴武教授、金世龙教授、秦石乔教授、罗晖教授、张斌教授、周宁平高工，历时43年，经过一代代科研人员的艰苦付出，终于成功研制出多系列、多种型号的激光陀螺，我国多项技术达到国际一流水平。激光陀螺技术创新团队数十年如一日，矢志创新、勇攀高峰，打破国外技术封锁，坚持自主研制激光陀螺，挑战世界性科技难题，生动诠释了科技工作者知识报国、以身许国的人生价值。

---

① 倪光辉，吕超，张喆. 小陀螺里的大世界 [N]. 人民日报，2014-06-22.

此案例也再次阐述了，个人的力量是渺小的，只有团队的力量才可以创造惊人的成就①。

参考文献

[1] 王晓艳. 建设优秀企业团队的几点思考［J］. 理论前沿，2007（9）：47－48.

[2] 宋秀兰. 高校科技创新团队建设政策措施研究［J］. 高教与经济，2010，23（4）：23－28.

[3] 齐惠娟. 论当代我国民众科学精神的培育［D］. 石家庄：河北经贸大学，2016.

[4] 常运领. 关于专业技术人员创新能力培养的思考［J］. 北京电力高等专科学校学报（社会科学版），2011，28（24）：181－182.

[5] 于晓庆. 建设高效团队的途径初探［J］. 中国集体经济，2009（30）：135.

[6] 常运领. 刍议专业技术人员创新能力的培养［J］. 人才资源开发，2011（12）：91－92.

[7] 安珂·范·霍若普. 安全与可持续：工程设计中的伦理问题［M］. 赵迎欢，宋吉鑫译. 北京：科学出版社，2013.

[8] 肖平. 工程伦理学导论［M］. 北京：北京大学出版社，2009.

[9] 钱广荣. 中国伦理学引论［M］. 合肥：安徽人民出版社，2009.

[10] 王均伟. 1935年春夜苟坝那盏马灯［N］. 中国青年报，2016－10－17.

[11] 栗瑞义. 从伦理价值角度解读伟大长征精神［N］. 国际在线，2016－09－23.

[12] 倪光辉，吕超，张喆. 小陀螺里的大世界［N］. 人民日报，2014－06－22.

[13] 刘小兵，杨彦青. 生命为中国激光陀螺燃烧［N］. 光明日报，2019－09－12（4）.

---

① 刘小兵，杨彦青. 生命为中国激光陀螺燃烧［N］. 光明日报，2019－09－12（4）.

第六章 工程师的职业素质

第一节　工程师概述

在我国,"工程"一词出现较早。《新唐书·魏知古传》中有:"会造金仙、玉真观,虽盛夏,工程严促……"明代李东阳《应诏陈言奏》中有:"今纵以为紧急工程不可终废,亦宜俟雨泽既降,秋气稍凉,然后再图修治。"清代刘大櫆《芋园张君传》则提到:"相国创建石桥,以利民涉,工程浩繁,惟君能董其役,早夜勤视,三年乃成。"古汉语中,"工程"一般专指土木构筑。"工程师"一词从拉丁文演变而来,原意为有本领、有创造力的人。工程师具有融合应用试验及理论研究的能力,并借此使用自然资源以保护、维持及改善人类生活。"工程师"一词在我国出现较晚,直至清末洋务运动时期才作为译词出现。此后内涵逐步扩展,《简明不列颠百科全书》认为,工程的设计者称工程师,例如土木工程师就是房屋、街道、给排水系统以及其他民用工程的设计者。《现代汉语词典》中把工程师解释为技术干部的职务名称之一,同时还指能够独立完成某一专门技术任务的设计、施工工作的专门人员,这也是当前社会上普遍流行的理解。工程师包括设计工程师、研发工程师、生产工程师等。按照《中国工程师学会研究(1912—1950)》的观点,可将工程师主要职能概括为以下四类:第一,研究与发展。应用数学和科学概念、实验技术和归纳推理来探求新的工作原理和方法,然后把研究成果应用于实际。第二,施工和生产。在既定场地决定工作步骤,指导材料存放,负责工程的布局,设备、工具及工艺过程的选择,以及后续试验和检查等。第三,操作。负责操控机器、设备,保证动力供应、运输和通信的通畅,确保复杂的设施设备能够可靠地、经济地运行。第四,管理和其他职能。分析顾客的需求,推荐设备,并解决使用和管理的有关问题。

第二节 职业素质的概念界定及现实意义

一、职业素质的定义

工程师是拥有科学知识和技术应用技巧，在人类改造物质自然界，建造人工自然的全部实践活动中和过程中，从事设计、研发与生产施工活动的主体。其职业素质，是在一定的生理和心理条件的基础上，通过教育、劳动实践和自我修养等途径形成和发展起来的，是在职业活动中发挥重要作用的内在基本品质。

职业素质是从业人员对本职业了解与适应能力的一种综合体现，以专业知识、专业技能为特色，是人的生理素质、心理素质和社会文化素质根据不同的职业要求有机组合而成的。其主要表现在职业兴趣、职业能力、职业个性及职业情况等方面。影响和制约职业素质的因素很多，主要包括受教育程度、实践经验、社会环境、工作经历以及自身的基本情况。

二、职业素质的构成

（一）思想政治素质

思想政治素质是指人们在政治上的信念或信仰，包括政治方向、政治觉悟、信念、理想、思想观点、思想素质等。思想政治素质体现了一个人理想和信念方面的修养所达到的状况和水平。它不仅决定一个人的政治方向和行为方式，而且还对其他素质的发展起主导和统率作用，影响其他素质的性质和方向。

理想和信念是思想政治素质的核心。正确的理想和信念对人生来说就像航标灯，推动和鼓舞着人们不断进取。无数事实告诉我们，一个人在事业上所取得的成就和创造的贡献，与其在青年时期就立下崇高理想并为之奋斗是分不开的。

（二）职业道德素质

职业道德素质是指劳动者在职业活动中通过教育和修养而形成的职业道德方面的状况和水平，是从事一定职业劳动的人们基于职业特点所应遵循的特定的行为规范。它包括劳动者在职业活动中表现出来的职业态度、职业道德修养的水平等，是一般社会道德在职业生活中的具体表现。其中，职业态度是人们对待自己职业的看法和行为表现，是从业者在内心深处对职业的执着追求和认真工作的稳定状态。它包括人们对职业的兴趣、爱好、责任感以及对待劳动成果的态度等方面的内容。职业道德修养是指从业者在职业活动中，按照各行各业职业道德的基本要求，在职业道德品质方面的自我修炼和自我塑造。职业道德修养的本质是通过职业道德的学习、体验和践行，树立正确的职业道德观念，提高职业道德选择能力，将职业道德基本要求内化为自身的职业道德意识和精神力量，并将其外化为职业道德实践，养成良好的职业道德行为习惯。

（三）科学文化素质

科学文化素质是人在处理与自然和社会的关系中应该具备的知识、精神要素（价值观念）和实践能力。它与思想道德素质、健康素质一起，构成了提高国民素质和社会文明程度三大要素。它应当包括受教育程度、科学精神、科学水平、精神状态、文化修养、求知欲望、创新意识和创新能力等多方面的因素。

（四）专业技能素质

专业技能素质是指人们从事某种职业工作时，在专业知识和专业技能方面所表现出来的状况与水平。它主要包括扎实的专业知识和熟练的专业技能两个方面。具有扎实的专业知识和熟练的专业技能，是土木工程从业人员的必备条件。其中，扎实的专业知识，是指建立在一般科学文化知识基础之上的，与其所从事的职业密切相关的知识。熟练的专业技能，是指在领会专业知识的基础上，经过反复训练而形成的技术能力。专业技能的形成应以专业知识的领会为基础。掌握了专业知识并不等于形成了专业技能，技能的形成必须要经过反复练习。熟练的专业技能并不是天生的，也不是一朝一夕就能形成的，而是经过刻苦练习才能获得的。

（五）身心素质

身心素质包括身体素质和心理素质。身体素质是指人体各器官的机能状态和水平，身体素质好的人具有健康的体魄。健康的体魄包括体格强健、动作协调、耐受力强、身体灵敏度好等特征。心理素质是指人的个性心理品质的状态和水平，心理素质好的人则具有健全的心理。健全的心理包括良好的个性、较强的心理适应能力、积极的内在动力、健康的心态、适当的行为表现等。

良好的身心素质是一个人从事职业活动的重要条件和前提保障，也是生活幸福的依托，是成就事业的基石。

(六) 综合职业能力

综合职业能力是指劳动者的职业素质在能力上的集中体现和综合表现，它是劳动者在职业实践的基础上把个人多种能力组合在一起而形成的一种职业能力。一般认为综合职业能力由专业能力、方法能力、创新能力、实践能力和社会能力等组成，它是劳动者多种能力的融会贯通。综合职业能力既是现代社会发展和科技进步对劳动者提出的必然要求，又是人力资源发展适应社会发展的必然要求，也是劳动者适应职场优胜劣汰的必然要求。

总之，职业素质是一个有机的整体。在这个整体当中，思想政治素质是灵魂，身体素质是本钱，科学文化素质是基础，心理素质是关键，职业道德素质是保证，专业技能素质是本领，较强的创新精神、创新意识、创新能力和综合职业能力、综合素质是事业成功的根本[1][2]。

三、职业素质的重要作用

(一) 有利于培养和造就新型的高素质劳动者

经过全社会的共同努力，我国劳动力职业素质开发工作取得了显著成绩，技能人才队伍整体实力不断增强。但是随着经济社会的发展和科技进步，我国技能人才总量不足、分布不合理等问题凸显，已不能满足经济持续快速发展的需要，就业结构性矛盾突出。提高劳动者职业素质是加快产业结构和技术结构调整、提高企业竞争力、增强劳动者就业能力的迫切需要，对于提高就业质量和国际综合竞争力具有重要意义。

(二) 有助于提高综合国力和国际竞争力

21世纪是一个知识经济占主导地位的时代。在这样一个时代，国家与国家之间综合国力竞争的核心，越来越集中到人才的竞争上，人力资源的地位和作用比以往任何时候都显得重要。加强人力资源开发，提高劳动者职业素质，已经成为事关我国经济发展后劲和增强国际竞争力的一项重大而紧迫的任务。

(三) 更好地提高劳动生产率和推动社会发展

劳动生产率是指生产使用价值的效率。它通常以单位时间内生产的产品数量和

---

[1] 张伟. 职业道德与法律 [M]. 修订版. 北京：高等教育出版社，2013.
[2] 余飞. 职业生涯规划与就业指导 [M]. 北京：人民邮电出版社，2012.

质量来表示，在一定劳动时间内生产的产品数量越多、质量越好，其劳动生产率就越高。而劳动者的职业素质高、职业能力强，必然会导致劳动生产率的提高，也必然有利于整个社会生产效率提高、生活节奏加快和社会发展加速。

（四）促进人的全面发展

社会发展或社会进步最终要表现为人的全面发展。促进人的全面发展，就是全面提高人的思想道德素质、健康素质、科学文化素质、职业素质和劳动素质。这几个方面素质的相互配合、相互作用构成了人的综合素质。人的大部分时间是在职业活动中度过的，职业素质是人的综合素质中的一个重要方面。职业素质的形成过程，就是以专业知识、专业技能为核心，社会文化素质、心理素质和身体素质的整合过程。所以良好的职业素质有助于促进人的全面发展，促进自身的不断完善。

四、我国工科大学生应具备的职业素质特征

对于工科大学生来说，因其专业特点及日后从事职业的独特性，其职业素质有如下特征：

（一）专业性

职业素质的专业性是指工科大学生通过教育、劳动实践和自我修养等途径而形成的在某一行业或某一领域的专门的业务能力。工科专业的大学生，必须经过专门的职业训练，这个训练过程也就是职业素质的养成过程。大凡在职业领域有所建树的人，都具有很强的专业知识和技能。

（二）稳定性

职业素质的稳定性是指职业素质一经形成，便会在工科大学生的个性品质中稳定地表现出来，并通过进一步的学习、培训得到加深和提高。如一个具有良好职业素质的土木工程师，不论负责哪个建设项目，其精深的业务水平、精益求精的职业精神都会稳定地表现出来。

（三）内在性

职业素质的内在性是指工科大学生即将从事职业的职业要求和专业知识的内在要求一经形成，就以潜能的形式存在，只有在职业活动中才能充分地展现出来。职业活动是工科大学生职业素质形成和表现的中介与桥梁。

(四) 整体性

职业素质的整体性是指工科大学生的知识、能力、技能和其他个性品质在职业活动中的综合表现。一名工科大学生在以后的职业生涯中要有所成就,不仅要具备一定的知识、技能,还要具有一定的信念、信心、社会责任感以及良好的自控能力、人际交往能力和坚强的意志力等。

(五) 发展性

职业素质的发展性是指随着社会发展和科技进步,不同的社会历史发展时期,对大学生的职业素质提出了不同的要求,工科大学生毕业去向大多为生产、设计等基层单位,需要工科大学从自身生存和发展的需要出发,不断地提高和完善职业素质,培养吃苦耐劳精神,提高自身综合素质,以便更好地投入到工作中去[1][2]。

五、如何加强职业素质建设

随着社会的进步,工程活动已经成为人类经济生活和社会生活的重要组成部分,现代社会对于工程师的需求也日益增长。工程活动涉及的人与人、人与自然、人与社会的关系越来越受到大众关注。人类工程实践活动越发复杂,工程技术人员的素质发展与社会对其期望和要求的差距逐渐增大,工程本身对社会和环境的负面影响也日趋显现。此时,工程中的职业素质建设便显得尤为重要。在校工科大学生作为日后开展工程活动的主体,他们对待职业素质建设的态度与在高校中所接受的相应教育,将决定今后国家的发展。但在现实的工程活动中,工程质量不过关、工程师责任意识不强、工程师收受贿赂等问题时有发生,充分说明工程师个体从受教从业之初,就要明确其职业责任和职业使命。由此可见,加强工科大学生职业素质建设十分必要了。

一是要增强工程安全第一意识。在工程设计和施工中,要充分考虑工程的安全性能和劳动保护措施,在保证工程安全的同时保证施工者的安全。安全意识通常体现在安全理念、安全措施等方面,即在设计时严格按照安全需要进行合理的力学测试和实验,在进行工程技术活动时必须考虑工程安全性,将非安全因素排除在工程系统之外。

二是要涵育人文主义精神。人文主义是近代哲学和伦理学的价值基础和理论根

---

[1] 张伟.职业道德与法律[M].修订版.北京:高等教育出版社,2013.
[2] 余飞.职业生涯规划与就业指导[M].北京:人民邮电出版社,2012.

基，反映出近代人本思想的至上原则。人文主义原则就是坚持工程系统中以人为主体、以人为目的、以人为前提，在工程建设过程中坚持人的利益至上原则，坚持工程伦理对人文主义的遵守，人文主义反映在工程质量问题中就是要求工程系统尊重人的价值、尊重人的安全、尊重人的需求等方面。

三是要尊重生命和尊重自然。要求工程系统必须尊重基本的人或动物生命权、自然的保护权。在工程系统的设计、建设、管理各阶段始终将保护生命和坚持生态论放在首位，反对带有毁灭自然环境、破坏生态安全的工程技术设计，反对危害人类健康和自然环境可持续发展的开发建设，工程系统要有利于自然界的生命和生态系统的健康发展，要在开发中保护生命和环境，实现工程系统可持续发展。

四是要培育公平正义观念。在面对利益冲突时要坚决按照公平正义的原则行动，反对用非合理的措施在市场竞争中获取利益，在工程系统中体现出保障社会个体和整体的生存权、发展权、财产权、隐私权等公共和个体权益，坚持合理的利益损害补偿机制，在工程系统的行为中摒弃非公平化的发展措施，严格按照社会公共利益规定行动。

职业素质的提升一方面依赖于学校教育的支撑，另一方面更多地依赖于终身学习，从这个意义上来说，学校进行的职业素质教育只是起点。工科大学生毕业进入社会后，如何将课堂所学与具体工作要求相结合，如何谨守职业操守，才是人生最重大的课题。

第三节　工程师的职业素质评价

一、工程师的种类

工程师指具有从事工程系统操作、设计、管理、评估能力的人员。工程师的称谓，通常只用于在工程学其中一个范畴持有专业性学位或同等工作经验的人士。工程师是一种职业水平评定（职称评定）。其下，有技术员、助理工程师等职称；其上有高级工程师、教授级高级工程师等职称。职业水平评定是对从事工程建设或管理的工程技术人员技术水平的一种认定。

按职称（资格）高低，分为：研究员或教授级高级工程师（正高级）、高级工程师（副高级）、工程师（中级）、助理工程师（初级）。

通常所说的工程师，是指中级工程师。工程师职称由上级主管部门评定，全国

第六章 工程师的职业素质

通用。从种类上划分，工程师包括：网络营销工程师、飞机维修工程师、飞行工程师、采矿工程师、地质工程师、液压工程师、选矿工程师、网络工程师、软件工程师、质量工程师、监理工程师、造价工程师、土木工程师、给排水工程师、测量工程师、照明工程师、注册咨询工程师、注册安全工程师、注册核安全工程师、注册土木工程师、注册电气工程师、注册公用设备工程师、注册化工工程师、注册环保工程师、注册结构工程师、注册监理工程师、环境影响评价工程师、化学工程师、金融数据库工程师、设备工程师、环保工程师、网络安全工程师、系统工程师、建筑工程师、环境工程师、硬件工程师、PE工程师、安全工程师、销售工程师、电气工程师、信息系统管理工程师、机械工程师、软件开发工程师、软件测试工程师、结构工程师、弱电工程师、公用设备工程师、通信工程师、咨询工程师、交通部监理工程师、数据库系统工程师、机电工程师、品质工程师、系统集成工程师、测试工程师、包装工程师、售前工程师、园林工程师、设备监理工程师、搜索引擎优化工程师等。

二、工程师应具备的职业素质

对工程师的职业素质的培养是普遍并且多样的，工程师必须具有工程技术能力已经是一个不争的事实。但是，对于工程师人文素质的培养却经常遭到忽视。因此，对工程师进行职业素质教育时，培养工程师的人文素质与科学素质应当并行，才能满足工程师个人发展、工程活动本身以及社会的需求。

工程师的职业素质是工程师在一定的生理和心理条件的基础上，通过教育、劳动实践和自我修养等途径形成和发展起来的价值共识和文化积淀，是工程师个性特征的表现形式，同时也是在其职业活动中发挥重要作用的内在基本品质。从工程师职业素质发展的角度出发，可以把对工程师素质的认识划分为两个阶段，在第一个阶段中，工程师的素质主要指科学素质，在工程活动中科学素质又可以概括为工程技术素质，也就是说，工程师负责向人们提供工程活动产出物用以满足人们的物质需求，这种物质需求是简单和原始的最基本的物质保障；在第二个阶段中，工程师的素质是科学素质与人文素质二者的结合。人文素质的范围很宽泛，包括语言、文学、历史、艺术、政治、伦理等各方面的素质。可以说，科学素质是工程师能力的判断标准，而人文素质则是工程师行为正当与否的判断标准。

工程师是工程活动的主要参与者和实施者，工程活动的顺利开展依赖于工程技术人员的综合能力与表现，具体来说即道德品质、行为规范和伦理准则。在工程活动中，其过程的好坏与结果的成败，与工程师有着密切的联系。

工程师在工程活动中，专业技术能力和伦理素养这两个部分是保证工程顺利进行的条件。社会对于工程师的伦理素养要求越来越高，一名优秀的工程师考核维度也不仅仅局限于优秀的专业知识，是否具有优秀的伦理素养也是考察的一个主要方面。按照美国工程与技术认证委员会对卓越工程师的定义是"技术的精湛，伦理的卓越"。美国工程师协会对工程师的伦理提出了相关的明文规定：首先，工程师在完成相应的工程工作时，应将社会公众的福祉放在优先的位置上考虑，将其作为工程师实践自身责任时所坚持的活动准则；其次，工程师应该在自身能够胜任的工程领域内从事工程活动，并保持应有的客观和科学态度；最后，工程师在其从事的工程领域内，忠实地执行业主的工程需求，反对以欺瞒的手段争取工程业务和职业职称[1][2]。

通过对上述观点进行梳理，可以看出，除了具备良好的专业技能外，拥有独立人格和高情商也是必不可少的。现代工程师在进行工程活动时，要将公众安全和环境意识放在首位，对工程的开展具有极强的责任心，有大局意识，明白可持续发展的重要性，并做到以人为本的人性化设计。工程师还要具有创新精神。"为有源头活水来"，创新是工程师的灵魂，创新精神是工程的原动力。工程师的核心职能是革新和创造，鄙薄墨守成规，坚持追求新意境、新见解，只有具备了创新精神，才会有工程创新风格的新发展。

三、职业素质缺失带来的后果

进入21世纪以来，我国经济建设取得举世瞩目的成就，工程行业迎来了蓬勃发展的时期。各类工程的建成使用，为人民生活带来了便利，为国家的发展做出了贡献。但是不可否认的是，在竣工的工程项目中，仍存在一部分质量不过关、设计有缺陷的项目。少数人为了眼前经济利益，以牺牲环境为代价，给人民的身体健康带来极大隐患，对公众的安全和福祉产生巨大威胁。由于部分工程仓促上马、前期调研不完善、工程师自身伦理素质缺失等原因，导致不合格工程给社会带来不可忽略的经济损失，造成了恶劣的社会影响，对于工程学科的发展也带来负面影响。

工程师作为社会物质财富的创造者，与教师、医生等职业类似，都是为公众、为社会服务的，因此基本的职业道德和法律基础知识以及对社会的责任感是必须具备的，但是工程师所创造的工程产物对于公众以及社会的影响在某些方面来说要更为广泛。以研究核能的工程师为例，如果因为工程师考虑不周，特别是缺乏伦理方

---

[1] 查尔斯·E. 哈里斯，迈克尔·S. 普理查德，迈克尔·J. 雷宾斯，等. 工程伦理概念与案例 [M]. 5版. 丛杭青，沈琪，魏丽娜，等译. 杭州：浙江大学出版社，2018.
[2] 李世新. 工程伦理学概论 [M]. 北京：中国社会科学出版社，2008.

面的考虑，而在后期出现核泄漏事故，救援技术难度之大、社会影响之大、恢复难度之大是其他工作失误所造成的危害不可相比的，日本福岛核电站核泄漏事故就是最好的证明。因此，工科大学生作为未来的工程师，在今后的工作中会承担相应的工程建设任务，职业素质缺失造成的危害是难以估量的。从学生时代起，就要加强对他们积极正面的培养，将其培养成具有良好的正义感、责任感、环保意识和伦理道德意识的专业人才。

第四节 怎样成为土木工程师

一般来说，能够成为土木工程师的人，对客观事物充满好奇心，在数学和物理方面有较好天赋，逻辑思维较强，具有较好的分析能力，喜欢解决复杂的问题，容易专注于某一细节，继而持续进行某项研究和思考。

在知识储备方面，大学的专业课学习无疑是相当重要的，大学的知识储备可以为以后的发展奠定坚实的基础。大学所安排的专业课程中，材料力学、结构力学、理论力学、弹性力学、土力学等力学课程，混凝土及砌体结构、钢结构设计原理、基础工程、建筑物抗震设计等核心课程，这些必修课程都要深入钻研，弄懂弄通。如有志成为土木工程师，还要具有必要的基础技能，如阅读图纸、搭建模型、使用CAD软件，以及具备设计方面的技能技巧等。此外，优秀的土木工程师不仅仅要具备理论知识，更重要的是善于将理论与实践相结合。土木工程从业者本科毕业后，就职的施工单位会从施工的每一个细节抓起，一般会安排专门的技术员进行辅导，新入职人员要虚心学习每一个施工环节，把基础打牢。本科后深造读硕士的人，通常土木工程导师项目较多，会在导师带领下通过做实验以及解决一些施工的问题，让自己的从业经验不断丰富。随着专业能力的不断提升，土木工程师可以发现并解决更多的工程问题，初步具备预测未来可能出现问题的能力，使自己和共事者的工作变得更加容易。此时，既要根据自己的特点与喜好专注某个方向，也要横向和纵向进行比较，前者靠的是长年累月的经验积累，比如特殊钢筋的处理以及施工难点的解决，经验尤为重要；后者需要进行发散式思维，比如不同的建筑物有不同的设计方法和设计理论，单层厂房可以采用混凝土砌体结构，也可以采用钢结构，比对的结果是形成创新性思维，不同条件下做出最恰当的设计。数个项目的积累后，土木工程师的专业水平大幅度提高，知识结构更加丰富。

除了良好的知识储备，土木工程师要有善于沟通的能力。土木工程工作的开展是各个部门相互协调、相互合作的过程。比如，能够把其他人聚集在一起，调和分歧；能够与供应商展开谈判，以期降低每一个项目的成本。良好的沟通技巧在任何工作角色中都是必不可少的，但是当涉及土木工程领域问题的时候，能清楚地传达自己的想法，给出确切的方向，使团队中其他人能够准确了解自己工作意图。正如一个好的项目经理能够充分发挥各部分的功能，管理好整个项目的施工过程；一个好的设计院总工能够把设计中的难题逐一化解。

沟通能力也是管理与组织能力的前提。管理能力要从与人打交道开始，学会与不同的人进行良好的合作，善于听取其他人的想法。比如要维护好与测量员、建筑经理、技术员、承包商、建筑师、城市规划师、运输工程师以及政府规划当局的关系等。这些技能，都不是在大学里就能获得的技能，而是需要后期不断学习的技能，因此，在整个职业生涯中，都要有不断总结经验的意识。

第五节 案例分析及伦理思考

案例一 复旦投毒案

一、案例描述

林森浩与黄洋均为复旦大学上海医学院 2010 级硕士研究生，同住一间宿舍。林森浩因日常琐事对被害人黄洋不满，决意采用投放毒物的方式加害黄洋。2013 年 3 月 31 日，林森浩将试验用的二甲基亚硝胺原液投入饮水机中。2013 年 4 月 1 日晨，黄洋接水饮用后中毒。虽经多方抢救，但黄洋因二甲基亚硝胺中毒致急性重型肝炎，引起急性肝功能衰竭，继发多器官功能衰竭，于 2013 年 4 月 16 日死亡。

二、案例伦理分析

由于复旦大学投毒案嫌疑人一审被判死刑，引起社会各界热议，并持续引发社会关注。期间，复旦大学 177 名学生联合签名的《关于不要判林森浩同学"死刑"请求信》被寄往上海市高级人民法院，随之还有另外一份《声明书》，建议给被告人林森浩一条生路。177 名学子认为林森浩热心公益，学业优秀，希望国家、社会、法院综合考量，慎重量刑，给其一个重新做人的机会。在"法大于情"还是"情大于法"的舆论面前，上海市高级人民法院认为林森浩杀人手段残忍，后果严重，虽然到案后能如实供述，但不能从轻处罚，宣布林森浩因故意杀人罪二审维持原判，同时将林森浩的死刑判决依法报请最高人民法院核准。2015 年 12 月 9 日，"复旦投毒案"历时两年半出现新进展，最高法下发核准林森浩死刑的裁定书。

讨论一：本案中，被告人林森浩作为一名医学专业的研究生，本应利用专业知识服务社会，且尊重生命、关爱生命更应是其天职，但林森浩仅因日常琐事对被害人不满，为泄愤，就利用自己所掌握的医学知识，蓄意向饮水机内投放剧毒化学品，故意杀死无辜的被害人，漠视他人生命。林森浩犯罪情节特别恶劣，犯罪后果特别严重，属罪行极其严重，论罪应当依法判处死刑。

讨论二：林森浩学业优秀，给身边大多数人的印象较好。例如，他发表过8篇学术论文，在国际有影响力的学术杂志上也有论文发表。汶川大地震发生时，他从平时节约的钱中捐出800元（他每月的生活费仅200多元），是同学中捐款最多的人之一。平时对于病人送的红包，林森浩也坚决拒收。从日常生活和学习中的这些琐事可以看出，"他不是多次杀人、多次伤人的极为凶残的人"。因此，有人希望国家、社会、法院综合考量，慎重量刑，能给林森浩一个重新做人的机会。

该案体现的伦理警示在于，专业知识丰富的名校学生守不住基本的道德和人性底线，令人惋惜；忽视最基本的健康人格的培养，让部分心浮气躁的青年人心胸狭隘，缺乏容人之量，让人警醒。

案例二　马加爵事件

一、案例描述

马加爵是广西南宁宾阳县人，2000～2004年就读于云南大学生化学院生物技术专业。2004年2月13日晚杀一人，2月14日晚杀一人，2月15日再杀两人，后从昆明火车站出逃。2004年3月1日公安部发布A级通缉令，通缉马加爵。3月15日在海南省三亚市河西区被公安机关抓获归案，2004年4月24日被昆明市中级人民法院依法判处死刑，剥夺政治权利终身。2004年6月17日被依法执行死刑，终年23岁。马加爵三天时间内在男生宿舍连杀4人，并将被害人尸体藏于宿舍的柜子当中，随后惊慌逃逸，整间宿舍只有一人幸免于难。马加爵逃逸被捕后被法官以故意杀人罪判处死刑，并剥夺政治权利终身，这就是当年震惊全国的"马加爵事件"[1]。

二、案例伦理分析

讨论一：马加爵成绩优异，但家境贫困，遭受同学歧视，内心自卑，性格古怪孤僻，与人交往存在障碍，心里积压的负面情绪无法得到正确的宣泄，马加爵事件有一定的社会责任。

---

[1] 中国法院网. 马加爵故意杀人案［DB/OL］.［2019-08-14］. https：//www.chinacourt.org/article/detail/2019/08/id/4288349.shtml.

讨论二：马加爵不能正确处理人际关系，因琐事与同学积怨，即产生报复杀人的恶念，并经周密策划和准备，先后将4名同学残忍杀害。在整个犯罪过程中，马加爵杀人意志坚决，作案手段残忍。其杀人后藏匿被害人尸体并畏罪潜逃，最终受到法律严惩，为自己的行为付出生命的代价，教训十分深刻。

案例三 工程师之戒

一、案例描述

工程师之戒（Iron Ring，又译作铁戒、耻辱之戒），是一枚仅仅授予北美顶尖几所大学工程系毕业生的戒指，用以警示以及提醒他们，谨记工程师对于公众和社会的责任与义务。工程师之戒被视为"世界上最昂贵的戒指"，其意义与军人的勋章一样重大，在整个西方世界，工程师之戒已经成为出类拔萃的工程师群体的杰出身份和崇高地位的象征。工程师之戒外表面上下各有12个刻面，表面粗糙。当工程师握笔描绘图纸时，粗糙的戒指会使手指有"受硌"的感觉，进而时刻提醒工程师不要忘记在毕业之时做出的承诺，时刻记住自己所肩负的重大工程责任，这枚戒指起源于加拿大的魁北克大桥悲剧。1900年，魁北克大桥开始修建，横贯圣劳伦斯河。在对勘探结果研究之后，设计师库珀建议将原先487.7米的主跨加大到548.6米，这样桥墩基础可以较浅，并且可以避开主航道上春季的浮冰，不但可以降低成本，还可以将工期缩短至少一年，当然这也使魁北克大桥成为当时世界上跨度最大的桥。1907年8月29日下午5点32分，当桥梁即将竣工之际，发生了垮塌，造成桥上的86名工人中75人丧生，11人受伤[1]。1913年，大桥开始重建，然而后继者显然没有吸取历史上血的教训，由于某个支撑点的材料指标不到位，大桥中间最长的桥身突然坍塌，造成10名工人死亡。惨痛的教训引起了人们的沉思，于是自彼时起，垮塌桥梁的钢筋便被重铸为一枚枚戒指，至今依然时时刻刻都在提醒着每一位被定义为精英的工程师的义务与职责。

二、案例伦理分析

在加拿大，当七大工程学院学生毕业的时候，都要参加一个独特而又神圣的毕业仪式——"吉卜林仪式"或称作"铁戒指仪式"。这项仪式并不对外开放，工程学院的毕业生们将在这个仪式上被授予象征着加拿大工程师身份的工程师之戒。这枚戒指代表着工程师的骄傲、责任、义务以及谦逊，更重要的是提醒他们永远不要忘记历史的教训与耻辱。

---

[1] 中科院地质地球所. 世界上"最贵"的戒指——工程师之戒的由来 [DB/OL]. [2019-11-25]. https://dy.163.com/article/EUQKVI4C0512TGD9.html.

后来，这样的传统就一直延续了下来，而那一枚枚的工程师之戒也就成为"世界上最昂贵的戒指"。它们被戴在工程师常用手的小指上，是一种警示，也是一种告诫。它们不是金制的，不是银制的，却无比珍贵。它们是几十名死难者的血肉，是工程师心里的警钟。它们不及钻石珍贵与永恒，可是它们却随时提醒着工程师所背负的责任——工程师身上担负的他人生命的责任！佩戴工程师之戒时刻提醒工程师对于社会公众的责任和使命，象征着工程师对道德、伦理和专业做出的承诺。

参考文献

[1] 张伟. 职业道德与法律［M］. 修订版. 北京：高等教育出版社，2013.

[2] 余飞. 职业生涯规划与就业指导［M］. 北京：人民邮电出版社，2012.

[3] 查尔斯·E. 哈里斯，迈克尔·S. 普理查德，迈克尔·J. 雷宾斯，等. 工程伦理概念与案例［M］. 5版. 丛杭青，沈琪，魏丽娜，等译. 杭州：浙江大学出版社，2018.

[4] 李世新. 工程伦理学概论［M］. 北京：中国社会科学出版社，2008.

[5] 房正. 中国工程师学会研究（1912—1950）［D］. 上海：复旦大学，2011.

第七章 工程师在公共安全中的作用

第一节 公共安全的概念及特征

当前我国公共安全事件高发,特别是在2003年重症急性呼吸综合征(SARS)疫情之后,公共安全相关学科的研究成为管理科学研究的热点。但是,公共安全管理作为一门新兴学科,目前对于公共安全概念尚缺乏统一的定义。

"公共安全"中的"公共"可界定为全人类、某个国家、一个城市、特定社区。一般意义上,"公共安全"多是指社会公共安全。综合法学、社会学、公共管理学、心理学等学科对于公共安全的定义描述为社会公众的健康安全、生命安全、财产安全、公共利益安全的集合,从本质上是一种社会公众的权益,核心是社会公众的人身与财产安全。

公共安全与人民生产生活密切相关,影响公共安全的主要因素有[1]:

(一)自然灾害。地震、洪水等自然灾害严重威胁着公众的安全。我国地震灾害频发,如汶川大地震、唐山大地震造成了严重的生命和经济损失。

(二)技术灾害。技术灾害主要包括道路交通事故、火灾、爆炸等,给人民群众的生存、生产和生活造成的巨大破坏性影响。

(三)社会灾害。社会灾害主要包括骚乱破坏、恐怖主义袭击等。如以"9·11事件"为代表的恐怖主义袭击造成了严重危害,深刻影响了国际政治和经济局势。

(四)城市公共卫生灾害。城市公共卫生灾害包括食品安全、药品安全和突发疫情等。特别是突发疫情,如新型冠状病毒、SARS冠状病毒等传染性病毒的传播,会导致局部或大面积地区的疫情,造成重大的生命和经济损失。

为了维护社会秩序,保障公共安全,保护公民人身、财产安全和公共财产安全,促进人类社会和谐有序地发展,需要重视公共安全管理。公共安全管理具有如下基本特征。

---

[1] 寇丽平. 浅谈城市公共安全规划的现状及可行性方案 [J]. 城市规划, 2006, 30 (10): 69 – 73.

(一) 公共安全管理在于保证社会的公共安全

公共安全是社会发展的基础。公共安全管理是对社会问题、公共事务进行调节和控制的活动。公共安全管理的目的是为了保证社会的公共安全，推进社会发展，促进社会公共利益的实现。

(二) 公共安全管理必须以人为本

公共安全管理面向社会公众，社会公众由人民群众组成。而人民群众的生命健康是第一位的，所以公共安全管理必须以人为本，把人民群众的生命健康和安全放在第一位。

(三) 公共安全问题具有长期性

公共安全受自然灾害、技术灾害、社会灾害、城市公共卫生灾害等多个因素影响。公共安全事件多为长时间的矛盾激化、多个因素影响而形成的，所以公共安全问题难以在短时间内消亡，具有长期性的特点。

第二节 突发公共事件

突发公共事件是指突然发生，造成重大人员伤亡、财产损失、生态环境破坏和严重社会危害，危及公共安全的紧急事件。突发公共事件主要分为以下四类：自然灾害、事故灾难、公共卫生事件和社会安全事件[1]。

(一) 自然灾害。主要包括水旱灾害、气象灾害、地震灾害、地质灾害、海洋灾害、生物灾害和森林草原火灾等。

(二) 事故灾难。主要包括工矿商贸企业的各类安全事故、交通运输事故、公共设施和设备事故、环境污染和生态破坏事件等。

(三) 公共卫生事件。主要包括传染病疫情、群体性不明原因疾病、食品安全和职业危害、动物疫情，以及其他严重影响公众健康和生命安全的事件。

(四) 社会安全事件。主要包括恐怖袭击事件、经济安全事件和涉外突发事件等。

---

[1] 国务院. 国家突发公共事件总体应急预案 [M]. 北京：中国法治出版社，2006.

各类突发公共事件按照其性质、严重程度、可控性和影响范围等因素,一般分为四级:Ⅰ级(特别重大)、Ⅱ级(重大)、Ⅲ级(较大)和Ⅳ级(一般)。

根据国家突发公共事件总体应急预案,突发公共事件应急的运行机制包括[①]:

(一) 预测与预警

各地区、各部门要针对各种可能发生的突发公共事件,完善预测预警机制,建立预测预警系统,开展风险分析,做到早发现、早报告、早处置。

预警级别和发布。根据预测分析结果,对可能发生和可以预警的突发公共事件进行预警。预警级别依据突发公共事件可能造成的危害程度、紧急程度和发展势态,一般划分为四级:Ⅰ级(特别严重)、Ⅱ级(严重)、Ⅲ级(较重)和Ⅳ级(一般),依次用红色、橙色、黄色和蓝色表示。

预警信息包括突发公共事件的类别、预警级别、起始时间、可能影响范围、警示事项、应采取的措施和发布机关等。

预警信息的发布、调整和解除可通过广播、电视、报纸、通信、信息网络、警报器、宣传车或组织人员逐户通知等方式进行,对老、幼、病、残、孕等特殊人群以及学校等特殊场所和警报盲区应当采取有针对性的公告方式。

(二) 应急处置

信息报告。特别重大或者重大突发公共事件发生后,各地区、各部门要立即报告,最迟不得超过 4 小时,同时通报有关地区和部门。应急处置过程中,要及时续报有关情况。

先期处置。突发公共事件发生后,事发地的省级人民政府或者国务院有关部门在报告特别重大、重大突发公共事件信息的同时,要根据职责和规定的权限启动相关应急预案,及时、有效地进行处置,控制事态。

在境外发生涉及中国公民和机构的突发事件,我驻外使领馆、国务院有关部门和有关地方人民政府要采取措施控制事态发展,组织开展应急救援工作。

应急响应。对于先期处置未能有效控制事态的特别重大突发公共事件,要及时启动相关预案,由国务院相关应急指挥机构或国务院工作组统一指挥或指导有关地区、部门开展处置工作。现场应急指挥机构负责现场的应急处置工作。需要多个国务院相关部门共同参与处置的突发公共事件,由该类突发公共事件的业务主管部门牵头,其他部门予以协助。

---

① 国务院. 国家突发公共事件总体应急预案 [M]. 北京:中国法治出版社,2006.

应急结束。特别重大突发公共事件应急处置工作结束，或者相关危险因素消除后，现场应急指挥机构予以撤销。

（三）恢复与重建

善后处置。要积极稳妥、深入细致地做好善后处置工作。对突发公共事件中的伤亡人员、应急处置工作人员，以及紧急调集、征用有关单位及个人的物资，要按照规定给予抚恤、补助或补偿，并提供心理及司法援助。有关部门要做好疫病防治和环境污染消除工作。保险监管机构督促有关保险机构及时做好有关单位和个人损失的理赔工作。

调查与评估。要对特别重大突发公共事件的起因、性质、影响、责任、经验教训和恢复重建等问题进行调查评估。

恢复重建。根据受灾地区恢复重建计划组织实施恢复重建工作。

（四）信息发布

突发公共事件的信息发布应当及时、准确、客观、全面。事件发生的第一时间要向社会发布简要信息。信息发布形式主要包括授权发布、散发新闻稿、组织报道、接受记者采访、举行新闻发布会等。

第三节 城市公共安全空间规划

工程师在公共安全理论体系的指导下，遵循国家突发公共事件总体应急预案，可在城市公共安全空间规划领域发挥重要作用，从而保障人民群众的生命及财产安全。

城市公共安全空间包括城市交通、城市生命线工程、城市公共安全设施、城市危险源、城市公共场所等基础设施：（1）城市交通，包括城市命脉的城市道路交通、轨道交通设施等。（2）城市生命线工程，包括给水、排水、电力、燃气、通信设施和信息网络设施等。（3）城市公共安全设施，包括消防设施、人防设施等。（4）城市危险源，主要对象为有毒有害、易燃易爆的物质和能量及其工业设备、设施、场所。（5）城市公共场所，包括人群高度聚集、流动性大的公共场所，如影剧院、体育场馆、车站、码头、商务中心、超市和商场等。

城市公共安全空间规划主要涉及上述城市基础设施的防灾减灾、预防准备、应急响应和恢复重建4个阶段,包括城市工业危险源公共安全专项规划、城市公共场所安全专项规划、城市公共基础设施安全专项规划、城市自然灾害安全专项规划、城市道路交通安全专项规划等,需要构建城市公共安全系统、保障机制与技术体系[①]。

一、构建城市公共安全系统

城市公共安全系统应用公共安全管理科学、物联网、大数据、云计算等技术,涵盖防灾减灾、预防准备、应急响应和恢复重建4个阶段,是以突发事件、承灾载体、应急管理等核心要素及其关联关系构成的大规模复杂系统。

城市公共安全系统,集成与城市公共安全相关的基础设施信息,包括在线监控数据、综合数据、应急事件及相关案例、应急预案、专家库、技术法规、应急处理技术等信息,通过跨部门信息共享与协同工作,实现集城市公共安全信息采集、管理、监控、预警及处置的一体化信息管理。

二、城市公共安全空间规划保障机制

建立制度保障、组织保障、网络保障、物资保障等多维度城市公共安全空间规划保障机制,保障城市公共安全系统的有效实施,保障交通、给排水、电力、燃气、消防、人防等城市基础设施的安全运行。

立足于城市公共安全空间规划的实践,结合城市公共安全空间规划的经验,总结和推广一套行之有效的城市公共安全空间规划的制度和规范:安全制度、系统管理制度、数据备份与恢复制度、信息共享制度、竣工验收制度、跨部门协调机制等,为城市公共安全的可持续健康发展提供指导。

建立专门的机构来保障城市公共安全空间规划的实施,负责城市公共安全规划的制定和修改工作,定期评价城市公共安全空间规划实施进展,提出并采纳改进城市公共安全规划的建议,定期检查城市公共安全规划以保证其时效性。

网络保障建设应符合国家现行标准,具备开放性、可扩充性、可靠性与安全性,应考虑内网、公网及专网的业务需求,考虑服务器的负载均衡,应建立网络管理制度和网络运行保障支持体系。

按照"平战结合"的思路,构建应急物资保障体系,包括应急电源、帐篷、医疗器械、施工机械、通信设备等,满足自然灾害、突发疫情、安全事故等城市公共

---

① 袁宏永,苏国锋,付明. 城市安全空间构建理论与技术研究[J]. 中国安全科学学报,2018(1):185-190.

安全事件应急处置与救援的需求。

三、城市公共安全空间规划技术体系

在公共安全风险识别与预警方面，城市公共安全空间规划技术体系基于"全面感知、充分整合、激励创新、协同运作"的先进理念，以公共安全科技为支撑，以物联网、大数据、云计算等技术为支撑，建立从隐患排查到勘察评估，从监控预警到快速处置的新型安全保障体系，全面感知交通、给排水、电力、燃气、消防、人防等城市基础设施的安全运行状态，分析其消防隐患、安防风险，实现对城市公共安全空间安全风险的及时感知，早期预测预警和高效处置应对，切实保障人民生命和财产安全。

在公共安全风险救援方面，制定城市公共安全应急救援技术方案。城市公共安全应急救援技术方案可指导应急救援行动中关于事故抢险、医疗急救和社会救援等的具体方案，是城市应急救援系统的重要组成部分，指导应急行动按计划有序进行，提高城市公共安全应急救援的效率，降低社会公众生命及财产损失。

第四节 案例分析及伦理思考

世界范围内的公共安全突发事件时有发生，苏联切尔诺贝利核事故、日本地铁沙林毒气事件、美国"9·11"事件、韩国大邱地铁纵火案、非典型性肺炎疫情、"7·23"甬温线特别重大铁路交通事故、印度博帕尔毒气泄漏事故、英国"自由企业先驱号"倾覆等突发事件对世界的社会公共安全领域构成严重威胁。

本节以"7·23"甬温线特别重大铁路交通事故和印度博帕尔毒气泄漏事故为例，就工程伦理密切相关的公共安全突发事件进行案例分析及工程伦理思考。

案例一 "7·23"甬温线特别重大铁路交通事故

一、案例描述

2011年7月23日，在甬温线浙江省温州市境内，D301次动车组列车与D3115次动车组列车发生追尾事故，事故造成D3115次列车第15、16位车辆脱轨，D301次列车第1~5位车辆脱轨（其中第2、3位车辆坠落瓯江特大桥下，第4位车辆悬空，第1位车辆除走行部之外车头及车体散落桥下；第1位车辆走行部压在D3115

次列车第 16 位车辆前半部,第 5 位车辆部分压在 D3115 次列车第 16 位车辆后半部),动车组车辆报废 7 辆、大破 2 辆、中破 5 辆、轻微小破 15 辆,事故路段接触网塌网损坏、中断上下行线行车 32 小时 35 分,造成 40 人死亡、172 人受伤的重大公共安全事件①②③。

经调查认定,"7·23"甬温线特别重大铁路交通事故是一起因列控中心设备存在严重设计缺陷、上道使用审查把关不严、雷击导致设备故障后应急处置不力等因素造成的责任事故。事故发生的原因是:通信信号集团公司所属通信信号研究设计院在 LKD2—T1 型列控中心设备研发中管理混乱,通信信号集团公司作为甬温线通信信号集成总承包商履行职责不力,致使为甬温线温州南站提供的设备存在严重设计缺陷和重大安全隐患。原铁道部在 LKD2—T1 型列控中心设备招投标、技术审查、上道使用等方面违规操作、把关不严,致使其上道使用。雷击导致列控中心设备和轨道电路发生故障,错误地控制信号显示,使行车处于不安全状态。上海铁路局相关作业人员安全意识不强。在事故抢险救援过程中,原铁道部和上海铁路局存在处置不当、信息发布不及时、对社会关切回应不准确等问题,在社会上造成不良影响。

二、"7·23"甬温线特别重大铁路交通事故中的工程伦理困境

"7·23"甬温线特别重大铁路交通事故从某种意义上是"人为"的事故。工程师需对个人负责、对公司负责、对社会公众负责,面临着一系列的伦理困境。以下结合角色与义务冲突、利益冲突与价值选择两个方面,以及该事故,进行工程伦理困境分析。

(一)工程师角色与义务冲突

工程师在工程设计、施工、运营中具有多个角色,其中部分角色的义务是冲突的,从而引发工程伦理困境。作为一项基本的工程伦理准则,工程师需对其所服务的公司忠诚。工程伦理准则同时还要求工程师必须对其参与的工程项目质量负责。在工程设计、施工、运营、管理过程中,部分管理者为了经济利益,不惜以牺牲工程质量为代价。因此,工程师与管理者有时会因为工程质量的问题发生冲突,工程师既要对公司负责,也要对工程质量负责。

工程师需优先考虑社会公众的安全,完成高质量和高安全的工程项目,这是工

---

① 邵珅. 从工程伦理的角度谈"7·23"温州动车事故的伦理困境及出路[D]. 武汉:华中科技大学,2015.
② 中国网. 国务院处理温州动车追尾事故 54 名责任人[DB/OL]. [2011-12-29]. http://www.china.com.cn/news/txt/2011-12/29/content_24275949.htm.
③ 央视网. 国家安监局公布温州动车事故调查报告(全文)[DB/OL]. [2012-02-21]. http://news.cntv.cn/china/20120221/122936_6.shtml.

程伦理准则所要求的。但是,企业管理者可能未严格进行工程伦理的培训或教育,更优先考虑工程设计、施工、运营过程中企业的经济利益。因此,当企业经济利益与社会公众安全利益冲突时,工程师就面临着对其所服务的公司忠诚还是对社会公众安全利益负责的伦理选择问题。可以预见,工程师面临着工程伦理的困境:工程师作为企业的员工,需对其所服务的公司忠诚,需为企业获取经济利益提供服务;管理者为了经济利益,可能会以危害社会公众安全利益为代价,要求工程师在工程设计、施工、运营、管理中以经济利益为优先考虑。此时,就会产生工程师的企业员工角色与社会公众安全义务的冲突。

在"7·23"甬温线特别重大铁路交通事故中,也暴露出在高速铁路管理中多方面的漏洞。该事故原因在于温州南站信号设备设计存在严重缺陷,遭雷击发生故障后导致本应显示为红灯的区间信号灯错误显示为绿灯[1]。作为工程师,应把高速铁路的安全放在首要位置。但是,为了追求高速铁路的高速度,列控中心设备存在严重设计缺陷、上道使用审查把关不严、雷击导致设备故障后应急处置不力等一系列问题,凸显了工程师角色与义务冲突的问题。

(二)工程师利益与工程伦理冲突

工程师在设计、施工、管理等阶段存在着获取经济利益与工程伦理约束的两难抉择。能否恪守工程伦理约束,在设计、施工、管理等阶段主动防范工程风险,是对工程师的严峻考验。

在"7·23"甬温线特别重大铁路交通事故中,由于个别工程师的原因,使列控中心设备存在严重设计中缺陷、上道使用审查把关不严等问题,凸显了工程师利益冲突与价值选择的问题。

三、"7·23"甬温线特别重大铁路交通事故工程伦理问题的出路

(一)社会公众参与工程建设可行性评估

工程建设可行性评估,不应只考虑经济与技术上的可行性。工程师虽然是可行性评估的主要力量,但也应该充分参考社会公众的意见。在工程建设可行性评估之前,应当将工程的目标、技术可行性和可能存在的问题和困难客观地公开[2],鼓励社会公众提出不同的意见,从而有利于工程师综合考虑工程建设方案,获取不同角度的信息,有效发现问题,促进工程设计方案的改进和优化。

---

[1] 央视网. 国家安监总局公布温州动车事故调查报告(全文)[DB/OL]. [2012-02-21]. http://news.cntv.cn/china/20120221/122936_6.shtml.

[2] 邵翀. 从工程伦理的角度谈"7·23"温州动车事故的伦理困境及出路[D]. 武汉:华中科技大学,2015.

(二) 进一步加强工程师的工程伦理教育

传统的工程伦理教育重理论轻实践,与工程师的职业要求和发展具有一定的差异。工程伦理教育不仅是工程学科本身的发展需要,也是培养具有责任感的工程师的需要。因此工程师需要拓宽对工程伦理的广泛认识,在实践中提高工程伦理素养。

在市场越来越走向规范化且渐与国际惯例接轨的今天,高等工程教育的主要目标是为国家培养高层次工程技术人才。我国目前工程技术人员数量庞大,需全面提高工程师的职业素养。通过进一步加强工程伦理教育,从而使工程师牢固树立工程伦理的底线思维,优先考虑社会公众的安全,为建设高质量和高安全的工程项目打下坚实的基础,从而避免"7·23"甬温线特别重大铁路交通事故等类似重大安全事件的发生。

案例二 印度博帕尔毒气泄漏事故

一、案例描述

1984年12月3日凌晨,设在印度中央邦首府博帕尔的美国联合碳化物公司的一家农药厂发生异氰酸甲酯毒气泄漏事故。随后,该工厂发生爆炸,形成一个蘑菇状气团,并很快扩散。博帕尔农药厂主要生产西维因、滴灭威等农药,制造这些农药的原料是一种叫做异氰酸甲酯(MIC)的剧毒液体。异氰酸甲酯是一种无色、有刺鼻臭味、催泪瓦斯味的液体,沸点为39.6℃,常作为农药合成的中间体。异氰酸甲酯为易燃性、剧毒性液体,易燃、易爆、剧毒且会产生剧毒的氢氰酸气体及其他刺激性及毒性气体。

事实上,由于12月2日该厂维修工人的操作失误,水流入异氰酸甲酯的储藏罐内,生成了一种易燃易爆的剧毒化合物,造成了异氰酸甲酯的泄漏。12月2日晚,博帕尔农药厂工人发现异氰酸甲酯的储槽压力上升,液态异氰酸甲酯以气态从出现漏缝的保安阀中溢出,并迅速向四周扩散。虽然农药厂在毒气泄漏后几分钟就关闭了设备,但已有30吨毒气化作浓重的烟雾以5千米/小时的速度迅速四处弥漫,很快就笼罩了25平方千米的地区,数百人在睡梦中就被悄然夺走了性命,印度博帕尔毒气泄漏事故是一场有史以来最严重的工业灾难[1][2][3]。

二、印度博帕尔毒气泄漏事故中的工程伦理困境

(一) 公共安全空间规划与经济利益矛盾

根据博帕尔市政府的城区规划,排放有毒物质的工厂不能靠近居民区。美国联

---

[1] 王立德. 直面灾难:美国鉴于印度博帕尔毒气泄漏事件采取的化学品事故应对措施 [J]. 世界环境, 2006 (1):24-26.
[2] 张淑燕. 揭开历史的疮疤:印度博帕尔工业灾难 [J]. 国家人文历史, 2010 (14):76-79.
[3] 本刊编辑部. 印度博帕尔毒气泄漏事故再反思 [J]. 劳动保护, 2015 (5):80-82.

合碳化公司生产的杀虫剂虽然对人体无害，但生产过程中使用的异氰酸甲酯，却是一种剧毒化合物。美国联合碳化公司选择在距离市区3千米处建厂，地处中心，铁路网四通八达，违反了排放有毒物质的工厂不能靠近居民区的公共安全空间规划。

在驱除贫困与迫切需要发展农药生产的经济利益的背景下，政府在杀虫剂对于公共安全的威胁性问题上没有给予足够重视，是导致印度博帕尔毒气泄漏事故的根本原因。

（二）安全生产责任与经济效益冲突

从1982年起，印度国内市场对于该工厂的产品需求减少。在本次事故发生之前，由于市场需求疲软，工厂停产了6个月。为节约成本，管理人员只好降低安全费用，缩短员工的培训时间，技术人员相继被解雇，频繁裁减人员致使关键安全设备如隔离异氰酸甲酯的盲板经常被遗忘；仪表老化，仪器不准，长期以来无人维修和更新。

作为一家有可能产生剧毒气体的工厂，在经济利益的驱动下，无法落实安全生产责任，在安全生产责任与经济效益冲突时，为了节约成本，忽视安全生产责任，是导致印度博帕尔毒气泄漏事故的直接原因。

三、印度博帕尔毒气泄漏事故工程伦理困境的出路

参照《岳阳市化工行业安全发展规划》，可采用以下措施避免事故的发生：

（一）严格遵守公共安全空间规划，化工企业严格准入

加强对化工园区的监管和服务，严格准入，确保入园化工企业积极运用新技术、新工艺，走绿色发展、循环发展、可持续发展之路。

（1）严格准入。进驻园区的项目必须符合国家产业政策和经济社会发展、区域规划和工业园的要求。新建危险化学品生产、储存项目和涉及重点监管危险化工工艺或危险化学品重大危险源的其他新建项目全部进入化工工业园区[①]。

（2）统一规划，合理布置用地。

（a）控制化工园区的安全容量，采用区域风险评价手段，计算化工园区安全承载能力，确定区域安全限值，合理布局各类项目。

（b）进行生产关联密切的工厂应靠近布置，用水用电特别大的化工项目宜靠近水源、电源布置。

（c）安全防护距离符合要求。企业与有关场所、区域的安全防护距离符合国家

---

① 岳阳市应急管理局. 岳阳市人民政府安全生产委员会办公室关于印发《岳阳市化工行业安全发展规划（2016—2020年）》的通知 [DB/OL]. (2016-11-21) [2016-11-22]. http://ajj.yueyang.gov.cn/6024/6044/content_643556.html.

法律、法规、标准和规范的规定。相邻企业之间设施布置间距必须符合相关法规要求，企业内最大危险事故不应波及相邻企业设施的安全。

(d) 合理布置危险化学品重大危险源，控制重大危险源事故波及范围。

(e) 可能散发有毒气体的工厂用地，应位于居住区全年最小频率风向的上风侧。设置洁净厂房的医药化工企业，应远离散发大量粉尘和有害气体、有较大振动、噪声干扰的区域，应位于全年最小频率风向的下风侧。

(3) 企业总平面布置合理分区。厂前区与生产区分隔，厂前区位于最小频率风下风侧。厂前区设置独立的对外出口，实现厂区人流、物流分开。

(4) 涉及"两重点一重大"的化工装置必须装备自动化控制系统，选用安全可靠的仪表、联锁控制系统，配备必要的有毒有害、易燃易爆气体泄漏检测报警系统和火灾报警系统，提高装置安全可靠性。

(5) 科学配置公用工程基础设施、应急救援设施、避难场所、防灾设施及个人防护设施，重点完善水电气、污水处理等配套公用工程和安全保障设施，强化物流输送及管廊设置，最大限度降低安全风险。化工集中区供电系统须符合《化工企业供电设计技术规定》要求，按二级负荷设计，由双回路供电。

(6) 推行园区封闭化管理。建立完善园区监控系统和门禁管理系统，严格控制人员和危险化学品车辆进入园区。

(二) 加强安全生产警示教育，严格执行生产规范[①]

印度博帕尔毒气泄漏事故不仅存在片面追求经济利益的行为，忽视了安全方面的问题，还存在不规范的生产行为，最终导致事故的发生。印度博帕尔毒气泄漏事故警示我们必须加强安全生产警示教育，尊重安全生产的客观规律。对违反安全生产规范标准导致生产管理混乱、安全监管不到位等问题敲响了安全警钟。

工程师需从事故中学习，吸取经验教训，严格执行生产规范。因此，必须强化工程技术人员的工程伦理教育，加强安全生产警示教育，严格执行生产规范。除此之外，还要建立更为完善的化工企业工程师培训上岗制度，建立相对稳定的专业化队伍，改变工程师缺乏安全系统培训的现状，降低公共安全突发事故发生的概率。

参考文献

[1] 潘记永. 转型期我国公共安全的现状及对策研究 [D]. 济南：山东大学, 2007.

---

① 岳阳市应急管理局. 岳阳市人民政府安全生产委员会办公室关于印发《岳阳市化工行业安全发展规划 (2016—2020 年)》的通知 [DB/OL]. (2016-11-21) [2016-11-22]. http://ajj.yueyang.gov.cn/6024/6044/content_643556.html.

[2] 寇丽平. 浅谈城市公共安全规划的现状及可行性方案 [J]. 城市规划, 2006, 30 (10): 69-73.

[3] 国务院. 国家突发公共事件总体应急预案 [M]. 北京：中国法治出版社, 2006.

[4] 袁宏永, 苏国锋, 付明. 城市安全空间构建理论与技术研究 [J]. 中国安全科学学报, 2018 (1): 185-190.

[5] 朱坦, 刘茂, 赵国敏. 城市公共安全规划编制要点的研究 [J]. 中国发展, 2003 (4): 10-12.

[6] 邵翀. 从工程伦理的角度谈"7·23"温州动车事故的伦理困境及出路 [D]. 武汉：华中科技大学, 2015.

[7] 王振刚. 印度博帕尔毒气泄漏事件对中国的启示 [J]. 科学中国人, 1995 (2): 50-51.

[8] 杨伟利. 印度博帕尔毒气泄漏事件 [J]. 环境, 2006 (1): 100-101.

[9] 王立德. 直面灾难：美国鉴于印度博帕尔毒气泄漏事件采取的化学品事故应对措施 [J]. 世界环境, 2006 (1): 24-26.

[10] 张淑燕. 揭开历史的疮疤：印度博帕尔工业灾难 [J]. 国家人文历史, 2010 (14): 76-79.

[11] 本刊编辑部. 印度博帕尔毒气泄漏事故再反思 [J]. 劳动保护, 2015 (5): 80-82.

第八章 工程活动中的环境伦理问题

第一节 生态环境状况概述

生态环境是人类赖以生存和发展的基础，人类的社会活动都与生态环境息息相关。随着经济的发展，生态环境和生态文明建设日益被人们关注。但是在此前很长的一段时间内，人类始终没有意识到生态环境对人类生存和发展的重要意义，导致目前生态环境恶化现象严重。改革开放之后，伴随着中国经济的飞速发展，中国的国际地位有了质的提升，人们的环境保护意识也随之增强，此前过度注重经济发展、忽略生态环境保护的做法得到有效遏制。近些年来，虽然人类加大了环境保护的力度，但是还是存在较大的环境问题，比如水土流失问题、土地荒漠化问题、水污染等问题，这些问题依然是人类面临的环境保护方面的重大挑战。

一、水土流失问题

水土流失是指由于自然或人为因素的影响，雨水不能就地消纳，而是顺势下流、冲刷土壤，造成水分和土壤同时流失的现象。在自然状态下，纯粹由自然因素引起的地表侵蚀过程非常缓慢，多与土壤形成的过程保持一种相对平衡状态。但在人类活动的干预下，特别是人类严重地破坏了坡地植被后，会引起地表土壤破坏和土地物质的移动，导致流失过程加速，引发水土流失现象。在我国，不仅农村地区存在水土流失，在城市和矿区这一问题也非常严重。

二、土地荒漠化问题

土地荒漠化是由于干旱少雨、植被破坏、过度放牧、大风吹蚀、流水侵蚀、土壤盐渍化等因素造成的大片土壤生产力下降或丧失的现象，土地荒漠化是全球面临的重大生态问题。理论上讲，土地荒漠化是自然因素和人为因素综合作用形成的结果，二者相互影响交替作用。但现在由于人类对自然界的干扰能力达到空前水平，人类活动对自然的冲击愈加剧烈，土地荒漠化问题已成为严重的全球环境问题。

三、森林面积不断减少

由于人类对森林的过度采伐和自然灾害的影响,造成世界上的森林资源正在迅速减少。我国很多著名林区的森林资源也因过度采伐濒临枯竭,有些地方已经变成了荒山秃岭。森林资源的减少,对人类的危害是严峻的,会加剧土壤侵蚀,引起水土流失,改变流域的生态环境,加剧河流的泥沙量,使得河流河床抬高,增加洪水水患。

四、地下水位下降,水体污染严重

虽然我国多年平均水资源总量居世界前列,但是随着城市人口的增加和工业的发展,地下水的过度开采使我国地下水位急速下降,造成我国淡水资源短缺加剧。地表环境污染加剧又引发地下水污染,构成对人身体健康和生命财产安全的严重威胁。根据中国地质环境监测院公布的信息,目前,我国地下水污染呈现由点到面、由浅到深、由城市到农村的扩展趋势,污染程度日益严重。在一些地区,地下水污染已经造成了严重危害,危及供水安全。

第二节 人类工程活动对环境的压力

人类的工程活动是人类生产性的社会实践活动,不可避免地要影响社会和环境的发展,也会随之产生一定的环境伦理问题,所以人类的工程活动需要对社会和环境负责。

(一)工程活动中的环境影响

任何工程活动都会对环境造成相应的影响。矿产资源开采、修建道路、建筑堤坝、城市建设等都是在自然环境中进行的,都会使自然环境发生变化。事实也证明,所有工程活动在实现人类目标的同时或多或少都会改变自然环境,这已经成为不争的事实。因此,必须在人类的工程活动和生态环境保护之间找到平衡点,努力使两者的关系协调起来。

工程活动会对生态环境产生直接或间接影响,会导致土地资源被占用,引发水土流失和生态失衡,使气候异常,产生废气、废水、固体废弃物、噪声和尘埃等问题。最常见的有以下几类问题:(1)工程活动会消耗大量的能源和天然资源,如汽油、柴油和电力等。（2）工程活动会产生各种建筑垃圾、废弃物、化学品或危险品，引发环境污染。（3）工程活动中产生的施工污水和生活污水，未经适当处理排放后，会污染海洋、河流或地下水等水体。（4）工程活动会造成噪声和振动的影响。工程施工过程中不可避免会产生大量噪声，而且施工机械设备使用中产生的噪声和振动也会对附近的居民造成滋扰。（5）工程活动会造成有害气体排放或粉尘污染。工程活动中的施工机械所排放的废气中含有大量的二氧化碳会引起温室效应。工程施工中产生的粉尘，也会对附近居民造成不良影响。

现代工程活动的实施需要依靠科学技术，但人类同时要认识到科学技术并不能完全解决人类在工程活动中遇到的社会问题和生态问题，还需要人文关怀和社会科学的引导，人类的工程活动只有同时保障了社会发展和生态保护才是真正有意义的工程活动，这需要我们用整体眼光和系统思维方式来看待和实施工程活动。

（二）工程活动中的环境价值观

正确的工程理念是工程活动的出发点和归宿，是工程活动的灵魂。历史上的都江堰、郑国渠和灵渠等许多工程都是在正确的工程决策指导下名垂青史的，但也有不少工程由于工程决策的失误殃及后人，工程活动的最高境界应该是实现并促进人类与自然的协同发展。人类与自然协同发展的环境价值观要求在人类的工程活动与自然的生存发展之间，在技术圈与生物圈之间，在发展经济和保护环境之间，在社会进步与生态优化之间保持协调。人类社会在追求健康而富有成效的发展时，不应仅凭借手中的技术，以消耗资源、破坏生态、污染环境为代价求得发展，人和自然应协同发展，并倡导生态效益、社会效益、经济效益的和谐与统一。因此，对人类工程活动的评价需要建立一个双标尺价值评价体系，既有利于人类发展，同时也有利于自然发展，也就是要建立绿色工程价值观，要求从工程活动的规划设计阶段就要考虑工程活动与人类和生态环境的关系，并将这种绿色工程价值观贯彻到工程活动实施的全过程，谋求在工程的质量、成本、工期、安全和环境等方面均取得良好的效果。

第三节 环境问题的治理措施

一、西方发达国家在环境治理问题上理论和实践的探索

从宽泛意义上来看，西方发达国家迫于严峻的生态环境形势，较早进行了生态

文明建设理论和实践的探索,并取得了一定成效,但也面临着诸多的困难。

20世纪30~60年代,西方发达国家发生了"八大公害事件",使人们亲身感受到现代工业文明对环境的巨大破坏。1962年,美国海洋生物学家蕾切尔·卡逊出版了《寂静的春天》一书,以生动而严肃的笔触,描写了因过度使用化学药品和肥料而导致环境污染和生态破坏,最终给人类带来不堪重负的灾难。《寂静的春天》用生态学原理分析了化学杀虫剂对人类赖以生存的生态环境带来的危害,指出人类用自己制造的毒药来提高农业产量,无异于饮鸩止渴。该书将近代污染对生态的影响透彻地展示在人们面前,给予人类强有力的警示,有力地唤醒了公众的环保意识。在此背景下,民间环境保护运动也发展迅速,影响力日益增强。在时任美国参议员盖洛德·尼尔森和环保主义者丹尼斯·海斯的共同努力下,1970年4月22日,美国开展了约2000万人参加的首次"世界地球日"活动,成为人类现代环保运动的开端。

西方民间环境保护运动取得了一定的成效,强化了广大民众的环境保护意识,迫使西方发达国家制定了环境保护法和环境保护政策。但是,以普通公众为主体的环境保护运动存在一定的局限性:(1)由于大多数公众对环境问题的认识和态度是经验性和情绪化的,不具有足够的专业性,难以形成说服力强的方案去影响政府决策。(2)民间环境保护运动缺乏政治影响力,环境保护组织总体上较为松散,即使具有政治意识的环境保护组织"绿党"也存在这种局限性。因而,难以与既存的政治和经济权力相抗衡。(3)民间环境保护运动在保护生态环境时常采取简单粗暴、极端的方式,如将铁钉置入树木内以阻止人们砍伐树木,为保护鲸鱼而破坏渔船和鲸鱼加工厂等。这类措施虽然能阻止部分破坏环境的事件发生,但实际效果有限,容易使破坏环境者对环境保护活动产生反感和抵触情绪,激发矛盾。西方民间环境保护运动也曾声势浩大,但受到多种因素的制约,实际成效与人们的期望值依然有较大差距。

在民间开展环境保护运动的同时,西方发达国家也采取了许多具有积极性和建设性的措施:(1)制定严格的法律,禁止各类破坏环境的行为发生。例如德国的《水平衡管理法》《废水纳税法》等水法比较系统和全面地保障了德国的水质优良。(2)优化产业结构和生产方式,实行循环经济和绿色经济。例如瑞士建立了较完备的包装材料回收利用体系,效果良好[①]。废玻璃的回收利用率达到95%,塑料瓶的回收利用率为80%,铝罐的回收利用率达85%。(3)规划环境管理,协调管理机制。加拿大在环境治理中建立了政府、企业和非政府组织联动协调机制,这些措施在西方

---

① 樊阳程,邬亮,陈佳,等. 生态文明建设国际案例集 [M]. 北京:中国林业出版社,2016.

发达国家内产生了良好效应，也为发展中国家提供了有益的经验，但其作用受资本主义制度限制，未能充分发挥出来。同时，这些措施对经济利益与环境利益的内在统一性重视不足，主要是以经济利益与环境利益相互冲突为前提制定的，难以持久地、广泛地产生积极效果。并且，西方发达国家为了自身的环境利益，采取了不道义的转移性措施，包括转移污染性产业、耗损他国资源、直接出口垃圾等，这些措施实质上是转移生态环境问题，回避经济利益与环境利益的矛盾，不可能从根本上解决矛盾。正如美国环境政治学家丹尼尔·A.科尔曼揭露的："多数的环境破坏，特别是那些具有全球性后果的环境破坏，却是由人口相当稳定的工业国一手造成。不幸的是，发达国家造成的环境影响多由第三世界的发展中国家来消受。"[1]

二、我国在生态文明建设方面理论和实践的探索

我国历来重视生态文明建设。改革开放前，我国主要强调自然资源的节约和合理使用。20世纪90年代后，随着经济的快速发展，生态环境问题也在我国显现。为有效解决生态环境问题，党的十七大开始从宏观上全面谋划，结合我国实际创造性地提出了中国新方案，即全面辩证地理解生态文明建设主要矛盾，将生态文明建设提升到国家战略高度，注重生态文明建设主要矛盾双方——经济利益与环境利益的内在统一。党的十八大以来，我国政府明确提出"绿水青山就是金山银山"的新理念，这一理念朴素易懂、直观形象，深刻表达了经济利益与环境利益具有协调一致性的理论内涵，充分体现了对生态环境保护、民生福祉和构建人与自然关系的关注。党的十九大更加明确和坚定了这一新理念，强调"建设生态文明是中华民族永续发展的千年大计。必须树立和践行绿水青山就是金山银山的理念"[2]，将生态文明建设纳入"两个一百年"宏伟目标，强调牢固树立社会主义生态文明观，推动形成人类与自然和谐发展的现代化建设新格局，提出走向生态文明新时代，建设美丽中国，是实现中华民族伟大复兴的中国梦的重要内容。

（一）以现代科技来保护生态环境，自然资源的供给力还会增强

人类生存发展必然要利用自然资源，但利用与破坏并不具有必然联系。相应的，发展经济与保护生态环境也并不必然是对立的，二者之所以表现为对立，其主要原因在于人类对自我利益的盲目而过度的追逐。只要人类能合理并有节制地利用自然

---

[1] 丹尼尔·A.科尔曼. 生态政治：建设一个绿色社会 [M]. 梅俊杰，译. 上海：上海译文出版社，2002.

[2] 中国共产党第十九次全国代表大会文件汇编 [M]. 北京：人民出版社，2017.

资源，建立生命共同体理念，以可持续发展为基本原则，就能处理好发展经济和保护环境之间的关系，从而能很好地解决经济利益与环境利益之间的矛盾。如果将发展经济与保护环境绝对对立，在保护环境的前提下完全否认发展经济的意义，既不能满足人类生存发展的需求，也会导致生态环境问题的加剧。因为，一旦经济发展减缓或停滞，人类将陷入贫困，结果会导致人类为了生存而发生斗争，生存斗争会延伸到对生存资源即自然资源的争夺，会进一步加剧贫困。贫困是生态环境劣化的结果，也是生态环境劣化的原因。在贫困条件下，人类为了生存，往往会破坏周围的环境：人类会砍伐森林，会在草原上过度放牧，会过度使用贫瘠的土地，以致贫困成为一个全球性的重大灾难[1]。贫困会使人类过于依赖自然环境而生存，会导致自然环境更脆弱，加剧环境恶化。只有通过发展经济，才能满足人们的基本物质生活需要，提高物质生活质量，这是人类社会发展的基本任务，在一定意义上，也有利于保护环境。习近平总书记在2019年中国北京世界园艺博览会开幕式上的讲话中再次重申："绿水青山就是金山银山，改善生态环境就是发展生产力。良好生态本身蕴含着无穷的经济价值，能够源源不断创造综合效益，实现经济社会可持续发展。""绿水青山就是金山银山"的理念克服了人类20世纪以来在发展经济与保护环境上面临的两难处境，使经济利益与环境利益有机统一，既促进了经济的健康发展，又能有效地保护生态环境。

（二）以良好的环境利益推动经济利益的发展，以生态文明建设为新的经济增长点

生态文明建设不是一项孤立的工程，而是和现实生活、民族未来紧密相连的。人们生活在自然界中，无法脱离大自然而独立存在，不能说人类有了自己的人类文明，创建了人类社会，就可以把自然界和人类社会割裂开来。因此，哲学视野中的生态文明不仅是一种思想层面的理解，同时也是一种世界观和方法论的指导。20世纪六七十年代，面对日益严峻的生态环境问题，罗马俱乐部发表了研究报告《增长的极限》。这份报告警告人类：经济和人口的增长存在极限并即将超越极限，只有有限增长或停止增长，才能避免世界性灾难的来临。报告呼吁人类转变发展模式：从无限增长到可持续增长，并把增长限制在地球可以承载的限度之内。然而，增长极限论与人类社会发展的趋势和各国人民幸福生活的愿望相违背，在现实中很难被接受和落实。随后，可持续发展、绿色经济、生态经济等各种新构想纷纷涌现。

---

[1] 世界环境与发展委员会. 我们共同的未来 [M]. 国家环保局外事办公室, 译. 北京：世界知识出版社，1989.

2013年11月9日，习近平总书记在《关于〈中共中央关于全面深化改革若干重大问题的决定〉的说明》中指出，"山水林田湖是一个生命共同体，人的命脉在田，田的命脉在水，水的命脉在山，山的命脉在土，土的命脉在树"。人类是自然发展的产物，人类在享受自然所带来的福利的同时也应该遵循自然的法则。"绿水青山就是金山银山"的新理念，以生态文明建设为新的经济增长点，注重保护生态环境谋求经济发展，是思维方式的巨大变革，也是生态文明建设方案的重大创新。这个理念有效避免了为发展经济而导致环境破坏、为保护环境而限制经济发展的两种极端。这个理念坚持以发展的眼光看问题，倡导以保护生态环境为重心统一经济利益与环境利益，从保护生态环境中寻求经济发展的新动力，开拓经济发展的新空间和新机遇。这样的经济发展在初衷和起点上就是绿色的、可持续的，具有巨大潜力和广阔前景。

（三）坚持生态惠民、生态利民、生态为民，不断满足人们日益增长的良好生态环境需求

中国新方案不仅有力推动了我国生态文明建设，满足了我国人民对富裕生活和优美环境的期望，也对全球生态文明建设具有重要意义。首先，中国新方案解决了在人类工业化和现代化进程中避免以破坏环境为代价的难题，塑造了新型工业化和现代化，为人类寻找到正确的发展道路。其次，中国新方案创造性地解决了发展经济与保护环境的矛盾，为发展中国家摆脱困境指明了方向。发展中国家的首要任务是发展经济，但发展中国家所面临着巨大的难题，既受到自然资源紧缺、环境恶化和西方发达国家的双重环境标准的制约，又不可能走西方发达国家先污染后治理的工业化老路。第三，中国新方案克服了西方环境保护运动与经济利益相冲突的局限，在我国社会主义建设中已经得到实践，并取得了一定成效。中国新方案不仅仅是理念和构想，也是生动的社会实践。在我国的一些贫困山区和偏远地区，缺乏工业基础，农业自然条件差，环境污染严重。地方政府从当地的自然环境和独特文化上寻求经济增长点，通过治理污水、修建公园、改造环境，打造出山清水秀的一方天地，并且挖掘和提升了地方文化特色，将这些贫困偏远地区塑造成了景色优美和别具韵味的旅游休闲胜地，吸引了大量游客，增加了当地政府的财政收入，使人们的经济利益与环境利益都得到改善。1978年11月25日，国务院批转国家林业局关于在三北风沙危害和水土流失重点地区建设大型防护的规划，三北防护林工程正式启动实施。三北防护林工程跨越我国北方大部分区域，工程东西长4480千米，南北宽560~1460千米，总面积406.9万平方千米，占全国陆地总面积的42.4%。经过四十多年的努力，三北防护林建成了北方生态安全屏障体系，有效缓解因缺少稳固土壤植被

导致的水土流失和由于季风影响所形成的扬尘和浮尘的天气,从根本上改变了原先缺林少木的状况,也带动了当地配套企业的发展。塞罕坝机械林场位于河北省承德市围场满族蒙古族自治县境内,内蒙古高原南缘和浑善达克沙地的最前沿。自1962年2月建场以来,河北塞罕坝林场的建设者们在"黄沙遮天日,飞鸟无栖树"的荒漠沙地上艰苦奋斗、甘于奉献,成功培育出世界上面积最大的人工林,用汗水、热血、青春甚至生命创造了变荒原为林海的人间奇迹,铸就了牢记使命、艰苦创业、绿色发展的塞罕坝精神,2017年获得联合国环境署颁发的"地球卫士奖"[①]。在防风固沙方面,我国通过多年的努力,采取人工种植挡风林、用当地特有的柴草将沙地划分出网状格,阻止流沙并截留黄河汛期剩余水源引入沙漠形成人造水源等方式,成功创造"北锁、南堵、中切割"的库布齐模式,库布齐沙漠的年降雨量在2016年达到456毫米,植被覆盖率达到53%,给世界提供了一个治理沙漠的成功经验,2015年被联合国授予"土地生命奖"[②]。

我国坚持人类命运共同体理念,确立的绿色发展理念顺应了世界绿色生态发展的趋势,对全球环境治理做出了积极的贡献。不可否认,我国在探索解决经济利益与环境利益之间矛盾的措施时间并不长,在生态文明制度建设体系方面还需要进一步完善,尤其是制度贯彻执行力度还有待提升,市场的资源配置作用有待加强,生态文明建设的社会环境还有待营造,公众的社会生态文明意识也需要加强。因此,在国家治理现代化的进程中,必须进一步坚持和完善中国特色社会主义生态文明制度体系,努力克服阻碍生态文明建设的因素,发挥好"制度红利"的激励作用,强化生态文明制度体系的顶层设计,不断创新和完善生态文明制度体系,为生态文明建设保驾护航。

第四节　案例分析及伦理思考

案例一　颇具争议的阿斯旺高坝

一、案例描述

阿斯旺高坝位于埃及境内的尼罗河干流上阿斯旺城附近,是一座具有灌溉、发

---

① 中国文明网. 塞罕坝林场建设者获联合国"地球卫士奖"[DB/OL]. [2017-12-06]. http://www.wenming.cn/xj_pd/ssrd/201712/t20171206_4514730.shtml.

② 人民网. 联合国防治荒漠化"土地生命奖"颁奖[DB/OL]. [2015-07-30]. http://world.people.com.cn/n/2015/0730/c1002-27387961.html.

电、防洪、航运、旅游、水产等多种功能的大型综合性水利枢纽工程。阿斯旺高坝为黏土心墙堆石坝，最大坝高111米，高坝所使用的建筑材料约4300万立方米。当到达最高蓄水位183米时，水库总库容1680亿立方米。电站总装机容量210万千瓦，设计年发电量100亿千瓦时①。阿斯旺高坝的成功建筑，对埃及国家的整体发展有很大的促进作用，但其对生态环境的负面影响也使这座高坝工程饱受争议。

二、案例伦理分析

因为多种原因，阿斯旺高坝一直是一个有争议的水利工程，其间涉及技术问题，也涉及相关政治因素。

（一）阿斯旺高坝建造背景。埃及气候炎热，干燥少雨，全国土地96%为沙漠。尼罗河是埃及的生命线，对于完全依靠尼罗河灌溉的埃及，合理利用和开发尼罗河资源，迫在眉睫。为了控制尼罗河水量，根除旱涝灾害，获得大量水能，全国形成统一电网②，1953年埃及政府下决心修建阿斯旺高坝以解决能源等关系埃及经济发展命脉的问题。阿斯旺高坝方案最早在20世纪30年代由希腊人尼诺斯提出，1954年由德国荷海夫公司完成设计。高坝设计完成后，埃及政府即与世界银行、美国和英国洽谈资助和贷款事宜，没有结果。1955年2月，埃及与以色列发生战争，埃及处于劣势。新生的纳赛尔政府积极寻求向西方国家购买先进武器，因对方苛刻的附加条件，埃及拒绝交易③。1955年9月埃及与苏联签订了购买武器的协定。其后美、英为了避免埃及倒向东方阵营，同意资助阿斯旺高坝建设，但提出了企图控制埃及经济的苛刻条件。1955年10月，苏联再次表示愿意提供技术、设备和资金来援建，埃及可用实物偿付，期限25年。尽管当时的纳赛尔总统对外采取不结盟政策，倾向于西方投资，不愿过多依靠苏联，但西方国家借口埃及财政恶化宣布不予支持阿斯旺高坝建设，使纳赛尔政府最终决定依靠苏联。1958年，埃及和苏联签订阿斯旺高坝第一期工程建设协定，1960年8月签订第二期工程建设协定④。工程于1960年开工；1963年开始填筑高坝；1964年5月高坝开始部分拦洪；1966年开始安装机组；1967年两台机组投产；1968年高坝建成，拦蓄全部尼罗河水；1970年12台机组安装完毕⑤。

（二）阿斯旺高坝的有利一面。(1)解除埃及境内的旱涝灾害。1964年到1975年，埃及相继经历洪灾和旱灾，建成的高坝发挥了作用，避免了灾难发生，也节约

---

① 史大桢，潘家铮，魏廷铮. 埃及阿斯旺高坝工程考察报告 [J]. 人民长江，1987 (6)：1-10.
② 同①.
③ 黄理. 阿斯旺高坝的生态环境问题 [J]. 长江流域资源与环境，2001，10 (1)：82-88.
④ 同③.
⑤ 同①.

了每年的防洪费用。(2) 农业的发展和改造。高坝建成之前，埃及主要依赖八、九、十月洪汛期灌溉，每年一熟，靠天吃饭，尼罗河水多数白白流走，没有被急需水源的埃及利用。高坝投入使用后，河水得到有效利用，农田由漫灌改进为常年灌溉，一年两熟或三熟，对埃及农业、经济和政治都产生巨大影响。(3) 发电效益大增。1960 年埃及全国发电量仅 20 亿千瓦时，火电为主。1982 年高坝电厂发电量达 86.3 亿千瓦时，水电的大量开发，促进了工业发展，改善了人民生活。(4) 促进渔业的发展。埃及 1966 年鱼产量 750 吨，1984 年鱼产量 34531 吨。(5) 旅游和航运的发展。高坝的使用，使水库上游和坝址附近的拥有近五千年历史的古神庙和文明古迹成为世界著名景点。同时高坝还改善了尼罗河通航状况，年货运量得到大幅提升，发展了地方贸易经济[1]。

(三) 阿斯旺高坝的不利一面[2][3][4]。(1) 土地盐碱化。高坝工程造成了沿河流域可耕地的土质肥力持续下降，修建高坝后沿尼罗河两岸出现了土壤盐碱化。(2) 水质变化问题。1976 年及 1977 年对尼罗河水质监测发现，在尼罗河下游几十千米内水中含氧量较建库前有所减少，由于水库水分蒸发，水中含盐量增加。河水性质的改变使水草生长繁茂，也容易滋生钉螺，导致血吸虫病患者大量增加。埃及政府通过除草杀螺，水草问题和血吸虫病得到有效治理。(3) 海岸线保护问题。建坝前，由于尼罗河水在汛期携带大量泥沙，使河口地区源源不断有泥沙补充。建坝以后，没有泥沙补充，岸线侵蚀速度加快，导致尼罗河出海口处海岸线内退。(4) 泥沙淤积问题。由于没有解决排沙问题，310 亿立方米的死库容，大约 500 年时间才能淤满。1992 年监测结果显示，从 1973 年以来，在离坝址 370～470 千米的河段，共淤积泥沙 8.5 亿立方米。(5) 水库诱发地震。1981 年 11 月 14 日，在纳赛尔湖附近发生里氏 5.6 级地震，引起人们对高坝的高度关注，因为高坝的安全关乎埃及整个国家的生存。所幸经过评估，地震对高坝的安全不会存在大的威胁。(6) 文物保护方面。阿斯旺高坝淹没了埃及努比亚人的 17 个庙宇，但部分神庙通过联合国教科文组织和其他国家的援助，得以保护留存下来。(7) 高坝移民问题。阿斯旺高坝导致以努比亚人为主的约 10 万人的移民，埃及政府给予移民一定的现金补偿，也在福利待遇上给予支持，缓解了移民的困难。

(四) 关于阿斯旺高坝的思考。在阿斯旺高坝建造的年代，人们对环境保护的认识不足，对高坝建成后的影响认知也是比较片面的。与工业化带来的严重污染相

---

[1] 史大桢，潘家铮，魏廷铮. 埃及阿斯旺高坝工程考察报告 [J]. 人民长江，1987 (6)：1-10.

[2] 黄真理. 阿斯旺高坝的生态环境问题 [J]. 长江流域资源与环境，2001，10 (1)：82-88.

[3] 同[1].

[4] 汪祖伃. 阿斯旺高坝考察述要 [J]. 人民黄河，1983 (1)：54-59.

比，水利工程对生态环境的影响没有受到人们的高度关注。随着科技的发展，人类的工程活动对生态环境的影响越来越大，水利工程对生态环境的影响也获得高度关注。大型水利工程的开发有利有弊，时至今日，人们由于专业和伦理认知局限的原因，精确预测和防范水利工程对生态环境的影响也是很困难的，很多国家对超大型水利工程建设持相对谨慎的态度。在阿斯旺高坝功过评说中，人类也在审视工程技术人员在工程活动中的作用和影响，审视在工程实践中所应遵循的工程伦理规范和操作的边界，人类对拟建的工程项目需要进行科学决策和正确评估，才能尽可能避免工程项目出现利弊失衡的结果。

对于阿斯旺高坝项目，各界褒贬不一。阿斯旺高坝解决了尼罗河的旱涝灾害，充分利用了尼罗河资源，对埃及的经济和国家整体发展有着巨大的推动作用。同时，此工程对生态环境的不利影响也是不可忽视的。因为政治和技术原因，其不利影响也被盲目夸大，影响了外界对此工程的客观看法。同时，阿斯旺高坝案例对我国大型水利工程的建造可以起到一定的借鉴和参考的作用，有助于将我国未来建造的水利工程的不利影响降至最低。

案例二 伦敦烟雾事件

一、案例描述

伦敦烟雾事件是1952年12月发生在伦敦的一次严重大气污染事件。当时伦敦被浓厚的烟雾笼罩，导致交通瘫痪，行人因能见度低只能摸索前行。许多市民出现胸闷、窒息等不适感，发病率和死亡率急剧增加。据悉伦敦烟雾也对动物产生很明显的影响，当时伦敦正在举办一场牛展览会，参展的牛对烟雾产生了反应，350头牛中有52头严重中毒，14头奄奄一息，1头当场死亡。从1952年12月5日至8日，仅仅4天时间，死亡人数就达4000多人。在伦敦烟雾事件一周内，伦敦市因支气管炎死亡704人，冠心病死亡281人，心脏衰竭死亡244人，结核病死亡77人，此外肺炎、肺癌、流行性感冒等呼吸系统疾病的发病率也有显著增加。在此后两个月内，又有近8000人死于呼吸系统疾病。由于烟雾的影响，公共交通、影剧院和体育场所都关门停业，大批航班取消。大雾持续到12月10日才渐渐散去。1952年的伦敦烟雾事件直接或间接导致多达约12000人丧生，成为20世纪十大环境公害事件之一。

二、案例伦理分析

（一）人们对英国伦敦的烟雾认知的发展。英国人对伦敦的烟雾的认知和态度是伴随着时间的推移和科技的发展而逐渐演变的。现代人具有了基本常识，知晓伦敦烟雾的产生是自然气候条件与人为污染物合成的产物。但在19世纪，那时的英国人并不关注烟雾本身，人们认为烟雾是无害的，他们习惯了在伦敦烟雾中生活的感觉。后来，人们慢慢感到烟雾是一件麻烦事，给自己造成了一些不适和生活的不便。在19世纪上半叶，只有极少数医生和改革者能够意识到烟雾的危害[①]。社会公众则更关注伦敦烟雾弥漫下的混沌环境里可能导致的下层社会的堕落和社会退化，以致其可能影响到帝国的前途和未来。随着时代的发展，对煤烟有害的认知来源于煤烟对动植物生长造成的损害和污损财物造成的经济损失，最后人们才意识到伦敦烟雾对人类身体健康乃至生命造成的危害。

（二）1952年伦敦烟雾事件成因。1952年的伦敦烟雾事件属于煤烟型污染。在1952年11月和12月初，伦敦出现异常的低温，由于工业生产和居民取暖，燃烧了大量燃煤，煤烟从烟囱排放出来。如果煤烟在大气中扩散，是不会聚集而产生浓雾的。但是当时有一股反气旋在伦敦上空，使伦敦上方的空气升温，导致高处的空气温度高于低处的空气温度。这样，伦敦的空气就无法上升了，从而停滞在伦敦，把煤烟也留在了伦敦。煤烟和废气不断从市民家中和工厂中排出来，于是聚集在伦敦空气里的污染物就越来越多。同时，那几天的空气里水蒸气含量很高，在寒冷的空气中，水蒸气被冷却到了露点，并且大量煤烟为它们提供了凝结核，于是浓厚的烟雾就出现了。

（三）关于1952年伦敦烟雾事件的思考。伦敦烟雾事件是一起大气污染事件。纵观整个事件，是因为人类的工业生产和生活排放了大量的煤烟，结合当时伦敦的气候，导致有危害的煤烟不能散开，集聚在伦敦市区上空，从而使生活在伦敦的市民直接遭遇了这场烟雾的侵袭，出现了重大的人员伤亡事件。1952年伦敦烟雾事件发生后，英国政府针对空气污染问题，相继制定了一系列的法规和措施来治理环境。通过改变人们的生产和生活方式，同时将污染严重的工厂搬至郊区，逐渐缓解了伦敦的烟雾污染问题。随着时代的进步，交通污染取代工业污染，成为伦敦空气污染的主要原因。政府针对特定时期的污染原因，又出台相关举措，抑制了交通污染，终于还伦敦一个清新的环境。可见，人类对环境污染问题的认知也是随着社会的发展而逐渐成熟的。在治理伦敦烟雾的问题上，政府的决策起着主导作用，针对烟雾产生的主要原因制定政策，强制执行，从而使问题得到解决。目前，中国的雾霾现象也比较严重，伦敦烟雾事件值得国人反思。

地球是人类赖以生存的家园，人和自然环境的关系是相生相依的。在自然生态圈里，人类是大自然里的一个生物种群，和其他的动植物种群一样，是这个生物圈

---

① 陆伟芳. 19世纪英国人对伦敦烟雾的认知与态度探析 [J]. 世界历史，2016（5）：41-55.

里的一个组成部分。现今时代，随着科技的发展，人类拥有了更强的活动能力，可以对人们生存的这个世界做更大的改变和革新。因为人类改造自然能力的增强，人类中的部分成员感觉自己似乎已然是这个大自然的主宰，可以任意做其想做的事情。加之人类对自己社会实践活动认知的局限性和人类社会实践的功利性，导致目前生态环境问题凸显，如全球气候变暖、冰川消融、旱涝灾害、臭氧层破坏、物种灭绝、酸雨、森林植被退化、土地荒漠化、大气污染、海洋污染，以致人类在这个世界生存越来越困难了。伦敦烟雾事件造成如此大的伤亡后，政府才意识到问题的严重性，不能长此以往了。人类往往只有在经历苦痛后，才会痛定思痛反思自己的行为对错与否，再去决定更正和改进。印度学者萨拉尔·金兰说："我们的行为、思想和欲望所体现的道德品质，不仅影响我们未来的地位，而且操控自然界的秩序，以致我们被抛到外在环境中，从而恰如其分地使我们的道德品性所应受到的赏罚化为现实。"[①] 人类对自然的改造和利用必须遵循自然规律，在保护环境的基础上，也必须给自己留一定的空间思考，给大自然留一定的喘息空间，营造出健康安全的生态环境是所有地球人的共同责任。

案例三　新冠肺炎疫情下野生动物的自然回归

一、案例描述

2020年，新冠肺炎疫情肆虐全球，很多国家都选择让公众居家防范疫情，各国的工业生产也多数停滞。但在疫情条件下，人们却感受到了与我们所熟悉的环境不同的另一面。在疫情的侵扰下，人类不再出门，大自然因为没有人类的打扰，变得分外宁静，很多城市街头出现了许久没见的野生动物，很多远离人类的野生动物在这个特殊时期自然回归了。

疫情期间，在新加坡，人们看到野猪、野鸡、野生鹿在城市街头出现。

疫情期间，在泰国，人们看到一群野生大象排着队慢慢横穿过一条马路。在泰国南部的度假小镇，几十只黑鳍礁鲨来到海滩边游泳，而往日的海滩游客如织，那时根本看不到黑鳍礁鲨的踪迹。此外，一群棱皮龟也被发现抵达攀牙和普吉岛海滩产卵。

疫情期间，野猪在巴塞罗那附近的山区出现；日本奈良市的地铁站可看到梅花鹿；印度北部的台拉登街道上出现雄鹿；美国加州奥克兰的大街上出现野生火鸡；智利首都圣地亚哥街上出现了一只美洲豹。

---

① 雅克·蒂洛，基思·克拉斯曼. 伦理学与生活 [M]. 9版. 程立显，等译. 北京：世界图书出版公司，2008.

二、案例伦理分析

2020年上半年,为了抗击新冠肺炎疫情,人类的静默,意外导致了野生动物的回归。人类赖以生存的大自然不仅仅属于人类,也属于地球上所有的生物。野生动物的"回归"只是它们在没有人类打扰的前提下,回到本该属于人类和动物共有的生存空间。疫情之下,野生动物的回归也是生态环境恢复的见证。由于公众减少外出、交通流量剧减、生产停滞,空气污染指数也降低很多,地球因为疫情的出现获得难得的喘息机会,呈现一片难得的宁静,也呈现出人类和地球上所有生物和谐共存的一幕。经历了这次疫情,人类应该反思,因为人类对大自然的索取太多,人类干扰了自然生态秩序,以致人类不能感知这世界和大自然原本真实的一面。疫情终将结束,那时人类的生活和生产将逐渐恢复,人类是否在后疫情时代的社会实践活动中做一些改变,不再过度侵扰大自然,不再过度挤占自然界其他生物的生存空间。人类需要敬畏自然、敬畏生命,和大自然和谐共处!

参考文献

[1] 樊阳程,邬亮,陈佳,等. 生态文明建设国际案例集 [M]. 北京:中国林业出版社,2016.

[2] 莱斯特·R. 布朗. 崩溃边缘的世界:如何拯救我们的生态和经济环境 [M]. 林自新,胡晓梅,等译. 上海:上海科技教育出版社,2011.

[3] 周鑫. 西方生态现代化理论与当代中国生态文明建设 [M]. 北京:光明日报出版社,2012.

[4] 陈翠芳,李小波. 生态文明建设的主要矛盾及中国方案 [J]. 湖北大学学报(哲学社会科学版),2019,46(6):22-28.

[5] 世界环境与发展委员会. 我们共同的未来 [M]. 国家环保局外事办公室,译. 北京:世界知识出版社,1989.

[6] 习近平. 习近平谈治国理政:第2卷 [M]. 北京:外文出版社,2017.

[7] 丹尼尔·A. 科尔曼. 生态政治:建设一个绿色社会 [M]. 梅俊杰,译. 上海:上海译文出版社,2002.

[8] 中国共产党第十九次全国代表大会文件汇编 [M]. 北京:人民出版社,2017.

[9] 史大桢,潘家铮,魏廷铮. 埃及阿斯旺高坝工程考察报告 [J]. 人民长江,1987(6):1-10.

[10] 黄真理. 阿斯旺高坝的生态环境问题 [J]. 长江流域资源与环境,2001,10(1):82-88.

[11] 汪祖怀. 阿斯旺高坝考察述要 [J]. 人民黄河,1983(1):54-59.

[12] 陆伟芳. 19世纪英国人对伦敦烟雾的认知与态度探析 [J]. 世界历史,2016(5):41-55.

[13] 雅克·蒂洛,基思·克拉斯曼. 伦理学与生活 [M]. 9版. 程立显,等译. 北京:世界图书出版公司,2008.

第九章 土木工程活动中的伦理问题

第一节 土木工程概述

一、土木工程定义

土木工程无论在我国还是世界其他国家，都是最早建立的工程技术之一。"大禹治水"可看成有史据以来我国最早的土木（水利）工程，但当时并无"土木工程"一词。从历代文牍关于秦末修建阿房宫、统治者大兴土木的记载来看，"土木"一词源于秦末，当时的土木工程大多是修建房屋宫室的工程，所用的主要建筑材料是泥土和木料。"工程"一词则源于18世纪的欧洲，起初应用于军事领域，比如城堡、要塞的攻防，军工器械的制造等，明显带有军事用途的意味。随着自然科学的发展和进步，比如对数学、物理学、化学等各种学科的实践，工程逐步扩展到如房屋建筑、机器制造、架桥修路等民生领域。由于工程着重对其可靠性和实用性的考察及对产品使用价值的追求，逐步演化为一种独立的科学技术门类。进入近现代后，"工程"被定义为应用有关科学知识和技术手段，通过组织活动将某个特定对象转化为具有预期使用价值产品的过程。

后有学者将"土木"和"工程"联合在一起并以此命名，意为民用工程，以区别于当时的军事工程，后来这个界限也逐渐模糊。现在，已经把军用的战壕、掩体、防空洞、碉堡和浮桥等防护工程也归入土木工程的范畴。

土木工程极其重要，人们的衣、食、住、行都直接或间接地与之相关。土木工程的范围也极为广泛，包括房屋建筑工程、公路与城市道路工程、铁路工程、桥梁工程、隧道工程、机场工程、地下工程、给水排水工程、港口码头工程等。国际上，运河、水库、大坝、水渠等水利工程也包含于土木工程之中。土木工程，作为一门实践性和理论性都很强的工科专业，通常是指运用物理学、化学、数学、力学、材料学等基础学科和相关工程技术知识来研究、设计、建造土木工程的一门学科。国务院学位委员会在学科简介中将其定义为："土木工程是建造各类工程设施的科学技术的总称，它既指工程建设的对象，即建在地上、地下、水中的各种工程设施，也指所应用的材料、设备和所进行的勘测设计、施工、保养、维修等技术。"

一般而言，土木工程具有以下四个基本属性。

（一）土木工程随着社会不同历史时期的科学技术和管理水平而发展，具有社会性。

（二）土木工程是运用多种工程技术进行勘测、设计、施工工作的成果，具有综合性。

（三）由于影响土木工程的各种因素错综复杂，使得土木工程对实践的依赖性很强，因而具有实践性。

（四）土木工程是为人类需要服务的，土木工程必然是每个历史时期技术、经济、艺术统一的见证，从而具备技术、经济和艺术的统一性。

二、土木工程的发展过程

（一）古代土木工程

关于"土木工程"的各种实物及文字记录，大体与中华文明史相当，但却经历了漫长的准备时期。原始社会人类所用材料主要取自自然，如石块、草筋、土坯等，所用工具也相当简单，只有斧、锤、刀、铲和石夯等手工具。留存于世的中国古建筑，大多为木构架加砖墙建成，如山西应县木塔（佛宫寺释迦塔），建于公元1056年，历时近千年仍完整耸立，足以证明当时木结构建筑的高超技术。当然，我国古代的砖石结构也拥有伟大的成就。例如万里长城，仅东起辽宁虎山、西至嘉峪关的明长城长度就有8851.8千米，历代长城总长21196.18千米，是世界上著名的修建时间长、工程量大的古代防御工程，也是人类历史上伟大的军事防御工程。西方古代留下来的宏伟建筑（或建筑遗址）大多为砖石结构，如埃及金字塔、帕特农神庙、罗马斗兽场以及土耳其索菲亚大教堂，都是古代西方建筑典型的代表。

（二）近代土木工程

近代土木工程的时间跨度一般认为从公元17世纪中叶到第二次世界大战前后，历时300多年，这一时期土木工程有了革命性的发展，主要特点表现在以下三个方面：第一，土木工程有了比较系统的理论指导，成为一门独立的学科。第二，新的土木工程材料不断发明并得到应用。第三，施工机械和施工技术的巨大进步为土木工程的建造提供了有力手段。这一历史时期的代表性土木工程有：1889年法国建成的埃菲尔铁塔；1825年和1863年英国分别修建的世界上第一条铁路和地铁；1869年开凿成功的苏伊士运河；1931年和1937年美国建成的帝国大厦和金门大桥。

(三) 现代土木工程

从第二次世界大战结束至今为现代土木工程时期。在此期间，现代科学技术飞速进步，从而为土木工程的进一步发展提供了强大的物质基础和技术手段。这一时期的土木工程具有以下几个特点。

（1）功能要求多样化。土木工程和其使用功能或生产工艺紧密结合，日益超越本来意义上的挖土盖房、架梁为桥的范围。公共建筑和住宅建筑要求水、电、燃气供应与室内温湿度调节控制，通信网络、门禁系统等现代化设备与周边环境和结构布置协调配套，融为一体。许多工业建筑有恒温、恒湿、防腐蚀、防辐射、防磁及无微尘等要求，更进一步促使土木工程日趋功能化。

（2）城市建设立体化。随着世界各地城市不断扩大，城市人口密度迅速加大，造成城市用地紧张、交通拥挤、地价昂贵，迫使建筑物"向空中要地"，高层建筑的兴建几乎成了城市现代化的标志，摩天大楼高度记录不断刷新，促进了土木工程的理论和实践的深入发展。城市建设立体化三个趋势：①高层建筑大量兴起；②地下工程的高速发展；③城市高架公路、立交桥大量出现。

（3）交通运输高速化。体现在：①高速公路的大规模修建。高速公路的大规模修建，提高了公路运输能力，在一定程度上取代了铁路的职能。②电气化铁路形成和发展。1964年日本东京到大阪的"新干线"行车时速达200多千米，远超普通铁路速度。③长距离海底隧道的出现。著名长距离海底隧道有日本青函海底隧道和英法海底隧道。

第二节　土木工程灾害

人类社会的发展史，就是一部人与自然进行斗争并不断取得胜利的进化史。在地震、火灾、风灾、滑坡、泥石流等自然灾害面前，人类并没有束手待命，而是努力研究自然，了解并利用自然规律，从而征服自然。但随着人类文明的不断进步和发展，一些新的灾害源在不断产生，致灾隐患越来越多。类似于煤矿塌陷、溃坝、煤气管线爆炸、地下水管爆裂等与人类行为密切相关的灾害不断发生，人们在找寻消解灾害、防御灾害的方法的道路上并没有止步。由于自然灾害和人为灾害都可能引发土木工程灾害，上述这些灾害的发生，会在一定程度上破坏土木工程的结构，进而造成人员伤亡以及财产损失，并会对土木工程的安全产生巨大的威胁，为了能够保证人们的正常生活和工作，应当高度重视土木工程的防灾减灾工作。

一、土木工程灾害概述

灾害是对能够给人类和人类赖以生存的环境造成破坏性影响的事物的总称。灾害的产生，实际上是致灾体和承灾体相互作用的结果。简单来说，如果承灾体无法抵抗致灾体所造成的影响，那么就容易引发灾害。反之，如果承灾体的抗灾能力较强，就不会轻易地产生灾害。致灾体的种类丰富多样，在我国古代，人们通常认为致灾体是天意，是无法抗拒的。但是随着时代的不断进步，人类对于灾害及其发生机理了解得越来越清楚，这就从某种程度上减少或避免了灾害的发生。由于灾害对于土木工程的影响非常大，所以，土木工程师应当做好灾害的防御工作，最大程度减小灾害对于土木工程的影响和破坏。

二、土木工程灾害产生机理及其类型

土木工程灾害产生的机理是由于人们不当的知识运用，涉及工程选址、设计、施工、使用、维护等阶段，造成所建造的土木工程不能抵御突发的荷载，而致使土木工程失效、破坏乃至倒塌。土木工程灾害可以分为两种类型，分别是自然灾害和人为灾害。所谓的自然灾害，指的是自然界产生的灾害，这种灾害可以从三个方面说起。其一，气象灾害是自然灾害的一种，如台风、森林火灾、洪灾等。其二，地质灾害是自然灾害的重要组成部分，如山体崩塌、滑坡以及泥石流等。其三，生物灾害。顾名思义，就是指一些生物所带来的灾害。在自然界中，人与动植物相互依存，如果生态出现不平衡，就很容易产生生物灾害，如瘟疫、虫灾等。除了自然灾害之外，人为灾害也是能够对土木工程形成巨大威胁的主要灾害类型。所谓的人为灾害，指的是主要由人为因素引发的灾害。目前，人为灾害的种类非常多，并且就存在我们的生活之中。人为灾害也可以分为三个方面，其一，技术原因所造成的灾祸。科学技术的不断发展，不仅仅为我们的生活带来了更多的便利，与此同时，也产生了许多致灾原因。例如核爆炸、化学用品爆炸等，这些都是与技术的进步同时存在的。其二，过失行为所产生的灾害。这种灾害在我们的日常生活中经常能够接触到。例如，因人为疏忽导致的煤气爆炸、火灾等。其三，恶意的做事方法所产生的灾害，一般来说指的是战争、恐怖袭击等。无论是自然灾害还是人为灾害，灾害一旦发生，人的生命安全和财产安全就势必会受到威胁和影响。很多灾害在发生过程当中，都会对土木工程造成巨大的外力冲击。如果说此时土木工程的承灾能力较弱，那么就非常容易出现破坏的现象，失去本应当有的效能，对人们造成伤害。

三、土木工程灾害防御措施探索

灾害所产生的影响是巨大的，它不仅仅会影响到人类的生命安全和财产安全，甚至还会使得自然界的生态环境遭到破坏，短时间内无法恢复到原状。提高土木工程防御灾害的能力，能够在一定程度上减少灾害带来的不利影响。随着科学技术的不断进步，人类对于各种各样的灾害的了解程度越来越高，在此基础之上，人类应当充分分析灾害所产生的原因，找到恰当的灾害防御措施，保护自身的生命和财产安全。

（一）落实各项指导工作

要预防土木工程的灾害，首先要做的事情就是落实各项相关的指导工作。具体来说，应当设立防灾减灾部门，提高对灾害防御的重视程度。对可能出现的灾害进行实时监测，发现灾害隐患及时进行预报和处理。做好政府文件的传达工作，对工作人员进行灾害方面的宣传教育等。只有真正地将灾害指导工作落到实处，才能够最大限度地降低灾害的影响和产生概率。

（二）根据灾害情况做好前期工作

实际上，很多灾害之所以会对土木工程造成较大的影响，是由于在灾害来临之前，没有做好前期的工作。所以说在对土木工程的灾害进行防御的时候，一定要做好前期工作。具体来说，一是需要合理地进行土木工程的选址；二是需要做好灾害的设防工作；三是要对土木工程进行防灾设计，充分考虑如何抵抗灾害。例如地震这种灾害，主要发生在地壳断层以及地震带上，这类地区不适合建设土木工程，所以在选址的时候需要避开。

（三）注重施工过程中的细节和质量管理

土木工程施工过程中的每一个细节都有可能影响到整体的质量，为了能够尽可能地防御灾害，施工单位应当重视施工过程的细节和质量控制管理，及时发现工程中的安全隐患并进行处理，降低发生人为灾害的概率。同时，要加强对施工人员的安全教育和培训，促进工作人员树立安全意识，增长安全知识，进而及时预测和处理灾害。

四、典型的土木工程灾害——地震

地震发生时，震中及其附近地区，可能发生树倒楼塌，停水停电；人员伤亡、财产毁损；公路、桥梁、机场、铁路被迫关闭，交通中断或阻塞严重，影响正常工作和生活秩序。位于环太平洋地震带活跃区的日本，就是个地震多发国家。一次次地震，让日本人获得了许多的抗震经验，也使其意识到交通系统和建筑物抗震方面存在的薄弱环节并持续予以改进。一方面是加强立法，规定了地震发生后，消防车辆通行的措施和交通管制情况下驾驶员的义务等，以避免道路拥堵、延缓救灾。考虑到在地震中，多数遇难者死于建筑物倒塌，因而又修法提高建筑物抗震设计的级别。另一方面是重点提升全民防灾意识，日本各地每年都在9月1日"防灾日"举行培训，电视也播放地震知识。日本小学生都知道地震发生了该如何逃生，每个教室、每个家庭基本都备有防灾包，里面装有药品、食品、饮用水等。每个城市的中小学都常被用来作为应急避难所，防灾公园里还有可供一万人三天饮用的耐震型储水槽以及食品等救灾物资。

根据人类对地震形成机理的研究，将地震主要归纳为以下五种①。

（一）构造地震

由于地下深处岩石破裂、错动把长期积累起来的能量急剧释放出来，以地震波的形式向四面八方传播，到地面引起的房摇地动称为构造地震。这类地震发生的次数最多，破坏力也最大，约占全世界地震的90%以上。

（二）火山地震

由于火山作用，如岩浆活动、气体爆炸等引起的地震称为火山地震。只有在火山活动区才可能发生火山地震，这类地震只占全世界地震的7%左右。

（三）塌陷地震

由于地下岩洞或矿井顶部塌陷而引起的地震称为塌陷地震。这类地震的规模比较小，次数也很少；即使有，也往往发生在溶洞密布的石灰岩地区或大规模地下开采的矿区。

（四）诱发地震

由于水库蓄水、油田注水等活动而引发的地震称为诱发地震。这类地震仅仅在某些特定的水库库区或油田地区发生。

---

① 高振世，朱继澄，唐九如，等. 建筑结构抗震设计［M］. 北京：中国建筑工业出版社，1995.

(五) 人工地震

地下核爆炸、炸药爆破等人为引起的地面振动称为人工地震。人工地震是由人为活动引起的地震。如工业爆破、地下核爆炸造成的振动；在深井中进行高压注水以及大水库蓄水后增加了地壳的压力，有时也会诱发地震。

地震不仅会造成严重的人员和财产损失，也可能会造成次生灾害。与地震带来的直接灾害相比，次生灾害所造成的伤亡和损失有时更大。自然层面，如滑坡、崩塌、滚石、泥石流、地裂缝、地面塌陷、砂土液化等次生地质灾害，发生在深海地区的强烈地震还可引起海啸；社会层面，如道路破坏导致交通瘫痪、煤气管道破裂形成的火灾、下水道损坏对饮用水源的污染、电信设施破坏造成的通讯中断，还有瘟疫流行、工厂毒气污染、医院细菌污染或放射性污染等。

总而言之，无论是何种类型的灾害发生，都会对人类带来一定程度的负面影响。所以说，为了能够推动土木工程的发展，保证人类以及生活环境的安全，工程技术人员应当加强土木工程的灾害防御工作力度，从根源上减少灾害的发生，降低灾害给人类所带来的损失和伤害。

第三节 建筑定向爆破和建筑平移中的伦理问题

一、建筑定向爆破

在高楼林立、人流如潮的城市中，要将一些旧的大型建筑拆除掉，是一件操作困难的事；如果用人工一点一点拆除，需要较长的时间，效率不高；用一般的爆破方法，大面积的倒塌和飞沙走石，又会使周围的建筑和居民面临很大的安全问题。现在用定向爆破就能很容易地解决这个问题。在爆破以前，先把炸药安放在建筑物的一些关键部位，埋好炸药后，把电动引爆导线接上，这样就几乎能同时引爆各个部位的炸药。起爆时，炸药反应剧烈，在一瞬间释放巨大能量，能使局部温度迅速升高到2000℃以上，造成钢筋、砖石等迅速熔化、破裂。同时，这种爆破方法不会有巨大的冲击波产生，所以，破碎的建筑材料不会到处飞溅，整幢建筑的倒塌常常是在悄无声息中完成的。在通常情况下，埋在建筑中央的炸药总是要略早于周围的炸药起爆，这样先倒塌的是建筑的中央部分，而周围部分顺势倒向中间去，从而使建筑倒塌时对周围建筑物的影响减到最小。有时，为了使建筑物能向周围指定的地方倾倒，还可以利用延时起爆技术，将各个爆炸点引爆的时间差掌握在几毫秒间，使建筑物各局部依次倒塌，从而使其倾斜的方向得到控制。随着城市建设的高速发展和建筑密度的大大增加，定向爆破技术的应用越来越广泛。

二、建筑平移

建筑平移的原理是：将建筑物在某一水平面切断，使其与基础分离，变成一个可搬动的"重物"；在建筑物切断处设置托换梁，形成一个可移动托梁；在就位处设置新基础；在新旧基础间设置行走轨道梁；安装行走机构，施加外加动力将建筑物移动；就位后拆除行走机构进行上下结构连接，至此平移完成。

在工程建设中，采用建筑平移进行建筑位置变换的原因一般可以分为两种：一是已建建筑物与建设发展相冲突，如妨碍了城市道路的扩建或建筑空间的充分利用，而这些建筑物又有较大的使用价值或历史价值，拆除重建将产生巨大的经济损失或根本无法重建；另一种情况是由于建筑位置的空间限制或功能限制，建筑物不能在预定的位置建造，需在另外的地方建好再平移到预定的位置。近十几年发展起来的建筑平移是解决这些矛盾的最好方法，可节省50%以上的资金，并且工期较短。

按平面位置的变换方位可将平移分为平移变换、旋转变换及平移和旋转变换，如果涉及空间位置的变换，则还有升降变换和竖向扶正（纠偏）。

社会的文明程度越来越高，对可持续发展的要求也在增加，土木工程除了要考虑技术的因素，还要考虑环境的因素。如何在拆除旧建筑时将对周边环境的影响减至最低，如何对城市的老建筑进行保护，建筑定向爆破和建筑平移为我们提供了一条新思路。

思考9-1 武汉大学工学部大楼定向爆破拆除事件。2016年9月10日，因违背和妨碍《武汉东湖风景名胜区总体规划（2011—2025）》，影响东湖生态风景区整体景观品质提升，原武汉大学工学部第一教学楼被定向爆破拆除。该规划要求，城市建设要充分考虑东湖的自然景观特色，不能破坏东湖山水空间构架和尺度。由于要严格控制湖滨地区和嵌入城市内部的洪山、珞珈山过渡带内的建筑高度、体量、色彩，与自然山际线相呼应，该楼作为20世纪"向高度要空间"理念的产物，因不符合规划，终难逃被拆除的命运。这座楼由何镜堂院士设计，曾获得鲁班奖，建造成本1亿元，拆除花费1300万元，仅使用了16年，有人将这次拆除总结为"1个亿+1300万+鲁班奖=16年寿命+4秒倒塌"。这栋楼曾在教学科研中发挥积极作用，不少人认为，教学楼建成不过十几年，建设之初耗费巨大的人力、物力和财力，未到其正常使用寿命便被拆除颇为可惜。客观来看，武大拆楼重建固然复原了东湖南岸沿珞珈山优美的自然山际线，给师生带来更充足的教学空间，有利于东湖整体风貌保护和政府规划管理的开展，可以说利大于弊，但拆除行动造成大量社会资源浪费，形成校园交通阻断、减少学术活动空间却是事实。

思考9-2 老武汉展览馆被定向爆破拆除事件。老武汉展览馆位于武汉市汉口江汉区解放大道372号，中山公园对面，武汉商场、武汉饭店之旁，其前身是1956年建成的中苏友好宫，为苏联援建我国的4座展馆之一，为典型的俄式风格建筑，是当时全国四大综合性展览馆之一。建在北京、上海、广州的另3座同样风格的展馆，至今保存良好。老武汉展览馆之所以被炸拆毁，当年武汉市城市规划管理局的一份文件是这样解释的："武汉展览馆是20世纪50年代苏联在我市建设的重要标志性的建筑，但经过近四十载的风雨侵蚀，武汉展览馆建筑正常使用受到了影响。"1995年4月，当武汉市民获悉武汉展览馆将被拆除时，奔走相告，纷纷从四面八方来到展览馆门前合影留念，依依惜别。炸掉当天，众多武汉老市民甚至都流下了泪水。该展览馆因已经"远远满足不了国内外市场对展览的需求""与武汉大都市形象不符"等种种类似理由，在一片反对声中被定向爆破拆除了。

1999年12月17日，曾作为武汉标志性建筑屹立40年的老武汉展览馆被炸掉近五年之后，新馆才终于动工兴建。新建成的武汉展览馆似乎并没有获得大多数武汉市民的认同。随着老武汉展览馆的灰飞烟灭，一代人记忆也随之化为烟尘。现在我们还能在网上找到她"栩栩如生"的照片，但感受到的仍然是一种"难以弥补的缺憾"。

第四节　土木工程施工和建设管理中的伦理问题

今天的中国社会已经有了很大变化，传统的一元化价值观变成了现在多元化的价值观，当代伦理的内涵发生了质变。相应的，在人居环境建设上，从以往强调天人合一、与自然和谐的营造策略，转变到以经济效益为核心的城市发展策略。尽管当前人们日益重视各类工程的生态、绿色、宜居理念，但不可否认的是，仍有很多工程在施工中更加关注经济利益。

中国传统的工程施工和管理中的伦理精神，包括政治伦理（形制、色彩、工官制度的建筑等级）、社会伦理（礼教、宗法、礼俗与建筑空间、形制的对应）、人生伦理（建筑的生命观）以及生态伦理（天人合一、因地制宜、顺应自然）等。如今，这些建筑、建造法则的伦理精神逐渐失落，如何扬弃传统以丰富建筑伦理的当代内涵，成为摆在我们面前的难题。

一、土木工程施工中存在的伦理问题

虽然土木工程的施工十分繁复，由于受技术进步、国内外先进施工理念、委托方个性化需求、各施工体的结构差异等影响，在某个阶段或某个时期，施工技术方面的变动有可能会集中性爆发，形式上显得异彩纷呈，但总体来说仍会在内容上保持其固有特征。因为无论施工人数和施工技术标准如何变化，施工所运用的专业技术还是相对固定的，特别是那些已被广泛使用并证明行之有效的施工技术，仅从成本和安全性等方面进行考量，也没有必要频繁变动。

目前土木工程施工中存在的主要问题有以下几类。

（一）施工人员素质良莠不齐

土木工程涉及众多学科，专业性强，专业要求高，由于建筑市场庞大，行业准入门槛相对较低，部分施工人员缺少相关理论知识储备，专业素质难以满足实际要求的现象还很普遍。土木工程施工的技术规范与施工具体问题之间存在着矛盾，在土木工程施工中进行某一项施工时，应用的具体技术几乎是固定的，但由于项目本身具有一定的差异性，因此就产生了技术规范不能完全适用于土木工程施工的矛盾[1]。工程施工期间，有时会运用新的技术，投用新的设备，之前都要对相关的施工人员和操作人员进行培训和指导。但是，由于指导和培训不到位，相关人员对新技术不能熟练应用，限制了人员能力作用的发挥。

（二）施工过程中的规范性程度不高

一是虚报工程造价。施工单位为了获取不法收益和利润，直接利用预算人员的知识漏洞，虚报钢筋、混凝土等材料的价格。部分预算人员由于工程造价知识欠缺，对工程实际情况又缺乏了解，只是根据图纸和已有经验进行预算编制，容易受到蒙骗，导致所报金额与实际数额不符的问题，对于部分工程量计算复杂的项目来说，此类情况就更加容易出现。二是招投标不规范。工程发包主体和承建客体在共同的利益链的驱使下，背离公开、公正、公平原则，招投标过程中存在弄虚作假或者管理不规范、串标等不良行为，由此对项目的施工质量产生严重威胁。三是合同条款存在风险和漏洞。有些工程建设项目中，合同中存在的隐形或不公平条款较多，当问题或者纠纷出现时，某一方很难用合同来维护自身的合法权益。四是工程验收流

---

[1] 赵丽平. 土木工程建筑施工技术创新分析［J］. 住宅与房地产，2018（28）：169-170.

于形式。一项工程因对于最后的竣工验收工作没有给予重视,从而引发一系列质量问题的情况并不鲜见[1]。例如施工过程中,管理人员对原材料质量把控有所懈怠,各种施工细节掌控不到位,没有实现跟踪问效等。

(三) 施工企业社会责任缺失

企业都是以追求利润为自身发展的原动力和最终目标,但企业在获得利润的同时也应承担起相应的社会责任,这种社会责任包括社会道德、公共福利、秩序建设等社会性福祉。如果企业过分追求利润,就只能在正常的施工范围外进行非法经营和违规操作,甚至会为了追求过分的利益而违反法律,这就必然带来社会责任的缺失,这在土木工程施工企业的社会责任体现上尤为明显。土木工程施工的相关企业在过分追求利润的情况下,向社会提供质量低劣的工程成品,会严重威胁社会公共利益和公众个体的生命财产安全[2]。

二、工程建设管理中存在的伦理问题

(一) 工程承包方的伦理问题

(1) 施工管理者的综合素质参差不齐。

工程建设承包方要求具备的能力有通晓工程施工技术、施工组织和估价业务知识以及投标策略,懂得建立准确、详尽的成本核算制度、工程质量管理制度以及信息管理系统的重要性,通过信息管理系统,随时掌握工程进度、工程质量、工程成本和资源利用的动态,并能够及时做出必要调查。熟悉各种保险程序和税法,以利于保护工程、企业财产以及职工的合法权益。熟悉劳动关系和公共关系,把这些事务交给有才干和责任心强的人去掌管,以利于人员队伍的稳定和积极性的发挥,并为企业树立良好的社会形象。而在实际的土木工程施工管理过程中,每位管理者的素质不同,面对复杂的施工工作内容,如果人员没有明确的任务划分,责任计划效率不高,没有合理高效的组织机构,就会导致效率低下,员工对具体工作缺乏热情和责任心。由于土木工程施工行业的实效性,部分管理者属于临时聘用,其管理水平和工作责任心都有待考量,这些势必对施工任务的执行带来很多阻碍。

(2) 安全意识淡薄。

安全是施工企业的生命线,是土木工程项目能否顺利实施的关键,也是涉及企

---

[1] 孙海娟.土木工程施工技术及创新初探[J].四川建材,2013,39 (173):210-212.
[2] 朱晓轩,张植莉.建筑工程招投标与施工组织合同管理[M].北京:电子工业出版社,2009.

业形象的大事,所以每一个建筑施工现场都必须做好安全施工、文明施工的相关措施,牢固树立"安全为了生产,生产必须安全"的意识。但在实际工程中,很多责任人的安全意识淡薄,安全管理措施滞后,安全管理流于形式、走过场,一旦事故发生,将会带来不可弥补的损失。因此对施工企业来说,思想意识上首先要重视,否则都是空谈。

(3) 管理体系不健全。

土木工程施工管理体系可以直接控制施工进度和每个项目的质量,对工程项目的质量负责。目前,土木工程项目管理体系并不完善,例如有些工程项目为了降低成本会减少组织和技术管理部门,造成管理人员不足的问题,没有合理的管理部门,会影响到项目的进度;不科学的管理制度,会影响到施工人员的积极性和工程质量。因此要制定严格的管理制度,积极推行管理责任制,随着土木工程项目的建设规模不断扩大,工程项目的种类不断增加,具体项目管理和合同管理的难度也在不断增加。因此,要改变传统的管理误区,引进合理科学的管理体系,推行责任制,才能提高项目的施工质量,满足客户的要求。

工程承包方的伦理问题主要表现在,提供虚假的协议信息、在工程项目建设中违反协议内容、违规操作、未按照协议提供相应的工程成品等方面。工程承包方在利益的驱动下,在工程建设过程中采取非正常的措施来降低成本(例如使用劣质材料、偷工减料等),加快工程进度、缩短工期等方式,造成了工程质量的下降,进而引发工程承包方的伦理问题。工程承包方的其他伦理问题还有在施工过程中主观的拖延工期、人为降低效能等方面。

(二) 工程监管方的伦理问题

工程监管方的职责就是在贯彻执行国家有关法律和法规的前提下,监管工程发包方和承包方双方签订工程承包合同并使合同得到全面履行。工程监管主要控制工程建设的投资、建设工期、工程质量,进行安全管理、工程建设合同管理;协调有关单位之间的工作关系。工程监管作为一项基本的工程管理制度贯穿于工程建设的各个过程。工程监管主要是通过法定的工程监理部门来进行的,工程监理部门通过工程计划、监理组织、施工过程中的控制协调等监理措施,监督工程承包和发包双方完成协议内各自的义务和责任。

工程监理主要存在如下问题。

(1) 监理任务的问题与承接行为不规范。由于监理行业准入门槛低,导致大量不具备监理基本服务能力的企业进入监理行业,出现恶性竞争现象,监理企业为了能够立足,在监管过程中,暗地违规操作。虽然有法律明文规定,但政府部门的监督手段有限,形成了如今的监理企业对施工企业监管不到位的情况。

(2) 监理任务局限于施工阶段。我国监理行业中具备为业主提供系统、综合工程管理服务能力的企业非常少,多数监理企业主要提供施工过程的监理服务,而且业主一般不会让监理参与到项目的决策、勘察设计阶段中,所以监理企业对工程项目的监督、控制和评价是伴随着工程施工进行逐步深入的。

(3) 监理权利受限。在实际工程的监理过程中,监理人员受外界干扰和自身的原因很难保证监理工作的独立性。一方面,业主考虑到时间的限制、资金问题及银行贷款利息等方面的因素,对出现的施工质量问题不予追究,在施工措施不到位的情况下仍然允许施工,监理无法完成自己的职责;另一方面,监理行业薪资低,行业风气不良,部分人员素质不高,监理单位与施工单位权钱交易问题比较突出。这些都导致监理人员在监管过程中不能真正地实施其职责[1]。

工程监管方的伦理问题,一般是指工程监管方在监督管理过程中,违背了监理部门职责的行为,工程监管方的监督管理地位必须有效保证工程管理的透明化,保证工程发包方和承建方在工程实施过程中履行任务的合法性和合理性,工程监管方所对应的工程质量责任一般为间接责任[2]。

土木工程施工管理关系到工程的质量,经济的命脉。一方面,施工方和监管方应该提高队伍的整体素质,加强培训;另一方面,要加强项目管理,重视安全生产,依靠科学管理理念和先进的生产技术,提高企业的创新意识,使参与工程项目的各方熟练掌握土木工程项目管理的专业知识,才能满足社会需求,实现经济效益。

第五节 案例分析及伦理思考

案例一 重庆綦江彩虹桥坍塌事件

一、案例描述

架于綦河之上,贯通东西城区的重庆市綦江县人行彩虹桥(形似彩虹,系綦江县形象工程)从正式通行到垮塌,历时 2 年零 322 天。近三年的时间里,本有多次避免发生惨剧的机会,但都被人为"放过",教训极其深刻。

---

[1] 袁艺博,苑东亮,沈雪平. 我国监理行业存在的问题及改进思路 [J]. 焦作大学学报,2019 (2): 62-66.
[2] 念学睿. 伦理视野下我国的工程质量问题研究 [D]. 兰州:西北民族大学,2014.

綦江彩虹桥作为一项"县重点工程"，本应由该县的各职能部门完成工程立项、国土规划、可行性论证、设计审查、招投标等一系列必需的手续和程序，而当时该项目却在缺少可行性论证报告、项目建议书、立项请示及县计划委员会的立项手续、国土规划手续等众多条件要求的情况下开始建设。1996年6月19日端午节，綦江县在綦河上举办龙舟经贸会，綦江彩虹桥自然成了观看龙舟竞赛的"观礼台"，比赛异常火爆时，突然"咔嚓"一声巨响，桥身随之颤动。第二天，有人在大桥东端桥拱上发现一油漆剥落处露出了6厘米长的裂痕，还有人发现东端连接钢拱与桥面的拉杆下游侧断裂3根，上游侧断裂2根。但是面对綦江彩虹桥的警告，该县仍无人组织检查和维修。已经暴露出来的严重质量隐患就这样深埋进去了。1998年8月7日，綦江县遭遇了百年难遇的特大洪水，造成綦河下游1千米处还在修建的城北大桥坍塌。事后，人们发现綦江彩虹桥东头处出现重大裂痕，然而有关部门还是毫无反应。1998年底，距垮桥7天时，有关部门提出了綦江彩虹桥必须停止使用、立即抢修的建议，并起草报告，但始终无人理睬，綦江彩虹桥失去了最后一次避免惨祸发生的机会。

1999年1月4日18时50分，"轰隆"一声巨响，綦江彩虹桥突然整体垮塌，40多条无辜生命（其中包括18名武警战士）葬于綦河，轻、重伤14人，国家蒙受直接经济损失630多万元。

二、案例伦理分析

从各方面调查取证和专家组技术鉴定的情况来看，在该桥的整个建设过程中，有关领导急功近利，有关部门严重失职，有关人员玩忽职守，工程立项、发（承）包、设计、施工、监理、验收等环节均严重违反了基本建设程序，且设计、施工主体资格均不合法，工程管理十分混乱，导致施工质量极为低劣，致使该桥建成时就是一座危桥。血的教训是深刻的，更是发人深省的，如果在工程建设的前期，从工程立项审批、工程设计和施工方资格审查、工程质量把关等方面，层层加大监督管理力度，则会从根本上杜绝这类重大工程事故的发生。

案例二　上海"莲花河畔景苑"小区13层楼房倒塌事件

一、案例描述

2009年6月27日清晨5时许，上海闵行区莲花南路近罗阳路"莲花河畔景苑"小区在建的13层7号住宅楼整体倒塌，造成1名工人死亡。由于此楼尚未竣工交付使用，所以未酿成居民伤亡事故[①]。事故现场，该栋楼整体朝南侧倒下，13层的楼房在倒塌中并未完全粉碎。但是，楼房底部原本应深入地下的数十根混凝土管桩被"整齐"地折断后裸露在外，非常触目惊心。上海成立由14位勘察、设计、地质、水利、结构等相关专业专家参加的专家组，对事故原因进行调查。

事故调查专家组组长、中国工程院院士江欢成说，事发楼房附近有过两次堆土施工：半年前第一次堆土距离楼房约20米，距离防汛墙10米，高3~4米；第二次从6月20日起施工方在事发楼盘前方开挖基坑堆土，6天内即高达10米，"致使压力过大"。紧贴7号楼北侧，在短期内堆土过高，最高处达10米左右；与此同时，紧邻大楼南侧的地下车库基坑正在开挖，开挖深度4.6米，大楼两侧的压力差使土体产生水平位移，过大的水平力超过了桩基的抗侧能力，导致房屋倾倒。南面4.6米深的地下车库基坑掏空13层楼房基础下面的土体，可能加速房屋南面的沉降，使房屋向南倾斜。7号楼北侧堆土太高，堆载已是土承载力的两倍多，使第三层土和第四层土处于塑性流动状态，造成土体向淀浦河方向的局部滑动，滑动面上的滑动力使桩基倾斜，使向南倾斜的上部结构加速向南倾斜。同时，10米高的堆土是快速堆上的，这部分堆土是松散的，在雨水的作用下，堆土自身要滑动，滑动的动力水平作用在房屋的基础上，不但使该楼水平位移，更严重的是这个力与深层的土体滑移力形成一对力偶，加速桩基继续倾斜。高层建筑上部结构的重力对基础底面积形心的力矩随着倾斜的不断扩大而增加，最后使得高层建筑上部结构向南迅速倒塌至地。

二、案例伦理分析

楼房倒塌后，舆论的焦点主要指向楼房的建筑质量。但事故之所以发生，肯定是内、外部各种因素交织叠加的结果，教训是十分深刻的。根据《中华人民共和国建筑法》第五十五条、第五十六条等的规定，建筑工程的承包、施工、勘察、设计等单位都在其职责范围内对建筑承担法律责任。虽然对于倒塌事件导致的损失，政府无法律义务进行赔付，但从标准制定、规划、监督等角度而言，行政管理部门也恐怕难辞其咎，不管是从他人财产、人身安全方面，还是从节约社会资源或是从控制自身法律风险来看，严格控制工程质量是非常必要的，不应该由于某些人的疏忽或是管理的松懈而损害了公众的利益。

[①] 中国日报网. 上海在建13层住宅楼整体倒塌1人死亡（组图）[DB/OL]. [2009-06-28]. http://www.chinadaily.com.cn/zgzx/2009-06/28/content_8330977.htm.

案例三 梁思成、林徽因故居被拆除案例

一、案例描述

北京市东城区北总布胡同 3 号四合院（现为 24 号院），在 1931—1937 年期间曾为梁思成、林徽因夫妇租住。这一时期是两人对中国建筑史及文物保护做出重要贡献的时期，他们从这里出发，完成了对大部分中国古代建筑群落的考察。

2009 年，因涉及商业项目，24 号院门楼及西厢房被先后拆除。经媒体报道后，这件事在社会上引起极大关注。同年 7 月 10 日，北京市规划委员会叫停了对梁林故居建筑物的继续拆除。同月 28 日，北京市文物局发布通报称，该局已会同北京市规划委员会专题研究了北总布胡同 24 号院的保护问题，并责成建设单位调整建设方案，在建设规划上确保院落得到保留。然而 2012 年 1 月 27 日，有媒体在接到爆料后报道称，北总布胡同 24 号院梁林故居已被拆除，但北京市文物局并不知晓。而东城区文化委随后向北京市文物局递交的事故调查原因称，开发单位考虑到故居房屋腾退后，因陈旧、几经翻建、无人居住等原因，易出现险情，因此进行了"维修性拆除"。

梁思成和林徽因作为一对极力保护古建筑的学者夫妇，他们的故居依然摆脱不了被拆掉的命运。梁思成生前泣血陈情都没能保住北京古城墙。梁思成去世后，媒体的呼吁也保不住他们的故居。

二、案例伦理分析

如何遏制这种粗暴拆除文物的行为？问题的关键在于文物保护政策还有很多疏漏，应积极贯彻文物保护法，提升人们的文物保护意识。行政主管部门应做到有法必依、执法必严，使违法者不敢轻易涉法，让违法拆除者在经济利益方面付出惨重的代价。这样做一方面是为了让拆迁方感到"疼"，以后不敢再这么做；另一方面也是一种宣传，让更多人知道：文物确实有珍贵的价值，不能再拿古建筑不当回事。

故居的价值，更多的是历史文化价值，而非直接的物质价值和经济价值。鉴于此，故居应有其独特的管理模式和相应的评价标准。

案例四 三门峡水利工程

一、案例描述

被誉为"万里黄河第一坝"的三门峡水利工程，是中华人民共和国成立后在黄河上兴建的第一座以防洪为主、综合利用的大型水利枢纽工程。三门峡水利工程于 1957 年 4 月开工兴建，1960 年 10 月主体工程完工。控制流域面积 68.84 万平方千

米,占流域总面积的91.5%,控制黄河来水量的89%和来沙量的98%。

三门峡水利工程从立项到建成至今的数十年里,有效地保存了水库的库容,使其用于防御特大洪水和冬春蓄水,从而发挥了防洪、防凌、灌溉、发电、供水等综合利用效益,但这是以牺牲库区和渭河流域的利益为代价的,水库库尾泥沙淤积,造成渭河入黄河部分抬高(甚至泥沙倒灌),渭河下游洪患严重、土地盐渍化。2004年,陕西省人大代表建议三门峡水库立即停止蓄水发电,请求国家采取综合治理措施,以彻底解决渭河水患。围绕大坝的利弊,各方一直是争论不休。陕西省方面是为了自己的利益和生存而争,而三门峡水电站的水库调度负责人对于水位的感受有着最深刻的体会,要发电,就需要保持高水位,但上游地区将因此出现严重的泥沙淤积。如果降低水位,又无法发电,"水位是三门峡水利枢纽管理局的一道生死线"。

三门峡水利工程修建时正处于"大跃进"时期,决策并没有通过严谨的科学论证。它的主要技术依靠苏联列宁格勒水电设计院,而该院并没有在黄河这样多沙的河流上建造水利工程的经验,所以造成严重后果的泥沙问题当时被他们忽视了。周恩来总理在1964年6月同越南水利代表团谈话中就曾提到:"在三门峡工程上我们打了无准备之仗,科学态度不够。"而在决策过程中,对反对意见的漠视也值得人们深思。当时陕西和山西两省都有人反对修建,在专家中同样存在着不同的声音,但这些意见都被忽略了。

二、案例伦理分析

三门峡水利工程作为新中国治理黄河的第一个大工程,其探索方法、积累经验的作用不可小觑,丹江口、小浪底、葛洲坝、三峡等大工程都从这里得到了极其宝贵的经验。

但是,同样不能因此就拒绝做深刻的反思,在工程决策与工程管理的科学性和民主性方面,在工程实施各部门之间的协调机制方面,还是需要社会各界进行反思的。水利工程建设在给社会和广大居民带来巨大效益的同时,其引发的诸如移民安置等问题却让另一部分人承担损失,他们的生存权和发展权得不到应有的尊重和保障。那么,如果是绝大部分人分享利益建立在牺牲小部分人利益的基础上,这不仅仅影响一代人,可能会是几代人,这也是一种不合理的现象。

参考文献

[1] 高振世,朱继澄,唐九如,等. 建筑结构抗震设计 [M]. 北京:中国建筑工业出版社,1995.

[2] 赵丽平. 土木工程建筑施工技术创新分析 [J]. 住宅与房地产, 2018 (28): 169-170.

[3] 孙海娟. 土木工程施工技术及创新初探 [J]. 四川建材, 2013, 39 (173): 210-212.

[4] 朱晓轩, 张植莉. 建筑工程招投标与施工组织合同管理 [M]. 北京: 电子工业出版社, 2009.

[5] 袁艺博, 苑东亮, 沈雪平. 我国监理行业存在的问题及改进思路 [J]. 焦作大学学报, 2019 (2): 62-66.

[6] 念学睿. 伦理视野下我国的工程质量问题研究 [D]. 兰州: 西北民族大学, 2014.

第十章 网络社会中的伦理问题

第一节　网络简介

一、网络的定义和特性

（一）网络的定义

计算机网络是指将地理位置不同的具有独立功能的多台计算机及其外部设备，通过通信线路连接起来，在网络操作系统、网络管理软件及网络通信协议的管理和协调下，实现资源共享和信息传递的计算机系统。随着计算机网络的发展和信息技术的普及，由网络技术给人类带来的伦理、道德以及价值观问题逐渐凸显。在网络社会中，伴随着生产关系的革新，网络技术所带来的负面效应也日益突出，数据泄露、网络暴力等现象逐渐浮现。

（二）网络的特性

（1）离散性。现实生活中，人与人之间的交往方式受各方面条件限制，包括舆论、法律、责任等，在众多约束条件下，人们的行为更容易被控制。但网络是特殊的离散性结构，无中心、无界限且无约束。在网络中的个体能够自由地选择自己扮演的角色，任意选择自己的行为方式，甚至可以随意制定个性化的要求。在这种情况下，人们更易产生自我异化的趋势，甚至想着摆脱约定俗成的是非观念。

（2）无约束性。互联网可以使网端的每一个人联系起来，有了网络，距离便不再是阻隔人们交流活动的最大问题。网络技术一直奉行的是系统开放性，引导人们追求真实的意愿，鼓励个性化发展。人们在虚拟网络之下变得更加自信，能在网络中侃侃而谈、随意发表看法，而不担心外界的看法。在网络的掩盖下，一些真伪难辨、极具攻击性和不计后果的言论铺天盖地袭来，使得道德意识逐渐被削弱，触犯道德底线的事情时有发生。

（3）隔离性。人们从现实生活进入到网络时空时，面对虚拟世界的体验，往往忽视了现实世界的情感需求和关注重点。对物质需求的关注随着虚拟世界的时空变化而减少,由于远离他人的视线,不直接面对网络的另一端,对方的表情无法看到,情感也感受不到。这种所谓的安全感更容易使人处于混乱时空之中的隔离状态,人性、道德束缚和责任感都隐退了,人的自我认知感下降,"我"即不再是"我",而是隐藏在网络中的活跃者。主体道德体验的丧失、个体价值的凸显,使人们之间的距离反而越来越远。

二、网络安全

(一) 网络安全的意义

计算机网络安全是指利用网络管理控制和技术措施,保证在一个网络环境里,数据的保密性、完整性及可使用性受到保护。计算机网络安全包括物理安全和逻辑安全两个方面:物理安全即系统设备及设施受到物理保护,从而免于被破坏或丢失;逻辑安全即信息的完整性、保密性以及可用性。同时计算机网络安全也包括共享的资源和快捷的网络服务,所以定义计算机网络安全应涵盖计算机网络涉及的全部内容。参照 ISO 的计算机安全定义,可将计算机网络安全定义为:"保护计算机网络系统中的硬件、软件和数据资源,不因偶然或恶意的原因遭到破坏、更改、泄露,使网络系统连续、可靠地正常运行,网络服务正常有序。"

计算机网络安全就是保护互联网用户信息的安全。从个人计算机到计算机网络,大量的重要数据和信息存储其中,为避免一些不法分子利用病毒等方式入侵网络盗取信息,破坏网络的稳定,给用户带来不同程度的威胁,造成巨大损失,网络安全保护应受到重视。

(二) 网络安全问题分析与优化

(1) 安全问题成因。

计算机技术的日益成熟推动着网络软件的不断更新,软件与系统的性能好坏直接关系到网络承受攻击的能力。目前,所有的应用程序和操作系统都不同程度地存在漏洞,这些漏洞成为计算机病毒与黑客攻击的薄弱环节,如不尽早修复漏洞,用户在网络使用过程中的安全就无法保障。计算机病毒是当前网络安全面临的最大隐患问题,它极具隐蔽性、传播性和破坏性,通过复制相关指令与代码对计算机系统的应用程序形成攻击。同样,大多数计算机病毒均源于网络或计算机存储设备且潜伏期较长。网络构建错综复杂,若网络出现断裂、堵塞,则极易造成信息的混乱与暴露。目前,我国实施的保障计算机网络安全措施,主要包括的技术手段有防火墙技术、计算机网络加密技术等。这些技术可以有效应对计算机网络安全威胁,保护计算机网络的健康[1]。

（2）优化措施。

面对网络安全的威胁，用户有以下对策：首先，严格遵守网络安全条例，在健康安全的网络环境中浏览页面，不触碰非法网站，从根本上拒绝计算机病毒的乘虚而入；其次，用户需要养成定时清理排查计算机存储内容的习惯，及时更新系统设置，填补安全漏洞，这是目前最有效的防止计算机病毒入侵的方法；此外，计算机病毒的防范工作须加强，计算机病毒的消除与防范均是计算机网络安全维护工作中的重点。为防止病毒入侵，工程师通常会通过设置加密程序对存储的重要数据进行加密处理，常见手段就是屏蔽 USB 的数据接口以及在工作站与服务器中设置 CMOS 的密码[2]。

第二节 网络伦理问题

一、网络伦理学

（一）网络伦理学定义

伦理是处理人们相互关系应遵循的道德和准则。最早的"伦理"二字见于《礼记·乐记》："乐者，通伦理者也。"而网络伦理学则是以网络道德为研究对象和范围的学科，主要探讨在虚拟网络中人与网络、人与人的关系。在网络社会中，个人的行为通常无规范的道德准绳加以约束，往往是以人内心的信念和本身的价值观为行为标准，生活在虚拟社会中的虚拟人，其基本的善恶观念成为行为的导向。

基于互联网所形成的虚拟空间与现实空间不同，它生存于现实空间之中但又蕴含大量信息资源，同时使人与人之间时空距离发生改变，这势必会给传统文化和道德带来巨大的冲击。如何处理虚拟空间道德冲突的现象，就是网络伦理学要探讨的问题。

---

[1] 马科敏. 愈加开放的网络环境下提高计算机网络工程安全可靠性措施分析 [J]. 信息与电脑（理论版），2016（17）：159-160.

[2] 刘刚. 计算机网络工程的发展现状及项目管理模式的实践分析 [J]. 电脑迷，2017（02）：25.

（二）网络伦理学的特点

（1）特殊性。网络技术的普及是网络伦理学兴起的重要原因，人们逐渐从以地理位置为主导的交际圈子拓展为超越地理位置存在的互联网整体。网络中各种新兴技术的出现缩小了人与人的距离。传统的消息传递方式效率较低，导致各个区域信息封闭，交流困难，信息的分界线主要受地理局限影响。如今信息传递方式已被颠覆，取而代之的是打破地理空间局限的网络信息传输，人与人之间的交流不用受到地理空间的困扰，同时也消除了信息传递的滞后现象。位置的特殊性使得远距离的不同文化可以在网络中相互融合、相互碰撞，同时也为全球一体化的进程打下坚实的基础。

（2）开放性。网络伦理的开放性是由网络技术的开放性决定的，这不仅是技术发展阶段性问题的显现，更是技术发展自身逻辑增长的必经之路[1]。各种类型的网络伦理问题是伴随着网络的普及与全球一体化进程的深化而不断涌现的，网络本身的开放性决定它在传播过程中能够向着多元化、多层次化方向发展。网络的核心是开放的、自由的，使得每个人在虚拟世界中都以独立个体存在，平等的地位和平等的权利促使个人更容易选择自己想做的事情，以个人意愿发表自己的看法，而且不会受到任何因素的约束。

（3）普适性。网络伦理的普适性主要表现在普遍的社会价值道德观念在网络中是适用的，且也有许多的网络文化得到了普遍的认同，这就是网络伦理中的普适理论[2]。虽然网络中没有国籍、民族之分，但生活在网络中的自然人是有国籍、民族之分的。每个人不同的理念和信仰在网络中汇聚碰撞，同时由于文化背景和不同地域人们价值观的差异，导致网络伦理的判定没有统一的标准。因而，尊重地域的差异性和文化的多样性是建立稳定、和谐网络环境的前提，而人们的"网络生态观"保护意识也应随着伦理规范日益增强。

现实生活中，人们会受相关的法律法规约束，遵守严格的行为准则，但在网络虚拟世界中则很难达到预期的规范效果，自控力差、不道德和违法行为的出现都可以归结为网络主体的行为失范。要构建健康的网络环境，还需从根本上把握网络伦理的特点，不断完善相关法律法规，同时需要个人提高自身约束力，在对人的尊重与自由的尊重同时，创建网络文明，促进网络社会和谐发展。

---

[1] 郑海燕. 网络社会视域下中国共产党执政资源研究 [D]. 湛江：广东海洋大学，2013.
[2] 宋吉鑫. 论网络伦理困境及社会协同体系建构 [J]. 沈阳工程学院学报（社会科学版），2010，6（01）：40-43.

二、网络伦理研究的发展

(一) 中西方网络伦理研究的发展对比

西方国家的网络伦理学起步较早,可以追溯到20世纪70年代的计算机伦理学。早期控制论的创始人罗伯特·维纳预见到计算机领域的伦理问题,直到20世纪60年代中期,计算机技术带来了负面影响后才日益凸显。第一部计算机行为规范是由唐·帕克于1973年起草;约瑟夫·魏泽尔巴姆在1976年出版了第一部经典著作《计算机威力与人类理性》;同年,美国"计算机伦理学"学科正式成立,标志着网络伦理学的兴起。

中国的互联网技术起步较晚,1997年由陆俊、严耕合写的《国外网络伦理问题研究综述》在《国外社会科学》发表,才标志着"网络伦理"一词在中国学术界正式出现。随后,严耕、陆俊和孙伟平联合出版了我国该领域的首部专著《网络伦理》,刘钢出版了首部译著《世纪道德——信息技术的伦理方面》[①]。自此,网络伦理学在中国学术界悄然兴起,从这之后我国才进入网络的快速发展期,网络伦理开始广受关注。随着网络文化伦理的研究增多,学者将网络伦理进行了延伸,提出了网络传播伦理的理论,明确指出网络伦理就是人们通过电子信息网络进行社交时表现出来的道德关系。

如今,网络伦理已成为中西方学者争先恐后研究的前沿课题,由于存在科学技术水平、历史文化方面的差异,中西方网络伦理的研究朝着不同的学术特色与文化特点方向发展,归根结底都是在推动着网络伦理学的前行。

(二) 网络伦理的关系架构

网络伦理与现实社会规约的区别在于网络具有独特的环境,网络伦理的架构是建立在主体人与客体技术之间的,他们之间的关系决定了网络伦理的层次。首先,主体人分为网民、网络管理者两方。网民与网民组成了一张巨大的网络关系网,人们共享着网络资源,因此都具有维护网络环境的责任与义务。在这种环境约束下,网络的伦理观念与社会的道德观念是合二为一的,脱离现实谈网络道德是没有意义的。因此,网络伦理规范化的提出是建立和谐健康网络环境的保障。其次,网民与网络管理者的关系也并非对立,网络管理者与网民可以看作管理行为的主动方和被动方。健全的体制能使管理者的管理行之有效,自律意识能使网民在网络行为中遵

---

① 蒋艳艳. 当代网络伦理研究的中西对比 [J]. 自然辩证法研究, 2016, 32 (6): 29-33.

守道德规范。当网民的自律性达到一定的高度，网络管理者对网民网络行为的监管就可以淡化了。

除了人与人的关系外，人与网络技术的关系也是当今社会关注的焦点。技术本身是一种工具，是人们用于解决现存难题的研究手段，与感情观念和行为正确与否无关。人与网络技术之间的关系是主体与客体的关系，人们赋予技术正面的效力，它就能为人类解决各种难题，创造价值。所以网络行为积极价值的产生依靠的仍是网民和管理者的共同努力，虚拟网络与现实社会有着千丝万缕的联系，网络伦理的关系架构是复杂的，不能割裂分析，需要社会力量的协同共建。

第三节　网络伦理问题的根源

大数据与互联网的飞速发展为社会经济运行带来了技术红利，潜移默化地影响着人们的思想和习惯。由于互联网法制的不健全、人们道德观念的自我约束不足、技术的漏洞和监管的松懈，网络在给人类带来便利的同时，也产生了伦理失范的问题。造成网络伦理问题的根源在其自身的特点，主要包括以下几点。

一、网络的全球化与开放性

网络世界中没有地域之分和种族之分，人们在网络中是一体的，同政治经济全球化一样，网络世界的全球化也是一个开放的载体。人们通往网络世界是没有门槛的，可以在网络中畅所欲言、随意交谈，人们之间没有身份地位的不同，也没有年龄性别的差异。基于网络世界全球化的特点，人们的思想观念越来越开放和不受控制，道德问题不断产生。

同时，网络呈现给人们的形式也是多种多样的，可以通过视频、音乐、文字等方式传达各类信息。这些信息能带给人们正面引导，也能给人们造成负面的影响。然而人们并不善于在这些不计其数的信息中去伪存真，没有完全识别谣言、虚假信息、欺骗性信息的能力，同样也没有完全抵抗诱惑、暴力、垃圾信息的能力。这些没有价值的信息给人们的生活带来了巨大的困扰，同时也引发了一系列的网络暴力、网络诈骗案件。

在现实社会中，个体的存在是有名字、职业这些标签的。人与人的交往是直面进行的，在道德和法律的约束下，人们的活动范围并不广泛，行为也并不绝对自由。可是在网络中，这些约束都是不存在的，你猜不出对方是谁，甚至不能肯定对方是否真实存在，这种无标识状态的特征，使人和人之间变得冷漠，使传统道德规范和伦理限制受到挑战。

二、主体自律意识的缺失

人自身的道德意识与网络伦理道德的发展不同步，当人们的道德意识下降时，陈旧的道德观念跟不上新环境的发展，依然用旧的观念束缚新的行为，同时人们无法看到真相，旧观念和新行为的矛盾相互不适应。由于网络主体的受教育水平参差不齐，多数人以有限的分析能力和理论水平去指导自己的网络行为，从而出现了道德失范问题。许多网络主体具有盲从的心理，极易受到煽动且盲从舆论导向。从而在网络上出现了违背诚信、盲目崇拜、言语暴力、不良炒作等现象。由于网络约束的法制并不健全，使得大部分网民容易被人利用且盲目自信，使得网络道德失范现象越来越严重。

由于网络的便捷使人们摆脱了现实社会的束缚，人们的道德自律观也随之变弱，就好比在网上使用盗版软件、下载盗版电影，明知道这种行为是错误的，但由于其带来的便捷和利益巨大，致使人们一边谴责他人不尊重知识产权，一边肆意地使用未经授权的文件和数据，这是典型的"只见律他，不见他律"的行为。

网络道德的约束是多元化的，例如网络游戏玩家有自己的沟通方式，习惯运用自己的语言；网络上同一圈子的人们之间也有一套圈内衡量行为规范的准则。但是不管各种规范和习俗如何，人们衡量高尚人格的准绳是一致的，都是建立在良好健全的道德品质之上，尊老爱幼、友爱互助、文明团结等这些基本的道德规范是不变的。网络社会的开放程度决定了它必将向多元化、复杂化发展，以良好健全的道德品质自律，遵守维护网络环境，是每个人应承担的责任。

第四节　网络伦理问题的规范和应对措施

一、提升公众道德素养

大数据时代，信息的受众群体是公民。提高公民自身的道德修养与社会责任感，会直接引导网络事件朝向正面的发展方向。因此加强对公众的媒介素养教育，强化其社会责任感，是解决大数据时代出现伦理问题最有效和最根本的途径。既然互联网源于现实，也就必然要接受现实社会的制约和监督。据调查，网络犯罪者的年龄区段集中于 18~46 岁，平均年龄为 25 岁，他们大多数有知识、聪明好动、虚荣心强[①]。缺乏素质教育容易导致这个年龄段的青年人养成社会责任感缺失，网络示范行为随之而来。

人们在享受着大数据带来的便利的同时，也需要承担隐私泄漏等风险。网络空间是现实生活空间的延伸，每个人都应该维护这个共同的精神家园，这是全社会共同的责任。公民的道德感与使命感应在网络空间中落地生根，面对网络空间的"雾霾"，不能选择沉默，公民道德素养的提升，无人可以置身事外，守护社会公德需人人尽责。

二、提升网络主体自身道德修养

人的道德品格都是在后天实践环境中形成的，网络主体自身的道德品质决定了网络社会的整体道德水平。因此，网络建设的根本就是要提升网络主体自身的道德修养。首先，要树立正确的道德意识，我们在网络中表面上是与程序、符号、动画等虚拟事物打交道，但实际上却是在和网络背后一个个生活在现实世界的人交往。维护网络秩序、制止不良行为是每个人需共同面对的，只有意识到自身利益、他人利益和公众利益是捆绑在一起的，才能自立规范、身体力行。其次，要处理好"小节"与"大节"的关系，部分不经意的行为在一些人眼里无伤大雅，但实际上严重影响到其他人的正常生活，给他人造成沉重的心理负担和精神、物质上的损失。任何人在网络上不拘的"小节"都会削弱道德意识，演变成道德恶习。最后，良好道德修养的形成需要道德自律，人们需要不断思考和实践，通过自身反省、发现和克服的过程才能培养良好的道德意识，达到道德自律的程度。

三、加强网络监管

一段时间里，有一种声音认为互联网不应该受到监管，应该是自由的。这种片面的看法实则是误解了互联网的实质，也误解了监管的意义，割裂了现实生活与虚拟世界的联系。互联网是源于现实的，自然应接受现实社会的监管。没有监管的网络发展是无序的，良好的安全技术是用于保障用户安全使用互联网的根本。从国外网络信息系统安全保护的经验教训来看，凡是设立专门的监管机构并配备完备法律和规章的国家，其网络管理水平都较高，网络犯罪现象能够得到有效控制。

目前对于互联网大数据产业来说，我国相关的法律还不够完善，个人与企业权益无法得到保障。政府应积极参与到网络监管中，支持奖励规范管理的网络企业，

[①] 严耕，陆俊，孙伟平. 网络伦理 [M]. 北京：北京出版社，1998.

打击惩罚违反网络道德的企业,建立完善的奖惩制度,保护网络社会安全。

四、增强国际合作

我国互联网技术虽发展迅速,但起步较晚,相应的法律法规并不健全,借鉴其他国家的网络法律制度是较好的选择。由于网络全球化的特点,跨境网络案件也越来越多,全球应联手打击跨国网络犯罪,维护全球网络的安全。同时,网络技术的发展代表着国家信息产业进步水平,是衡量国家综合国力的重要指标之一,国际合作、携手共进,打造全球信息行业新局面、新业态势在必行。

第五节 案例分析及伦理思考

案例一 网上支付系统安全问题

一、案例描述

移动扫码支付在当下已成为主流支付手段之一,通过微信、支付宝等移动程序"扫一扫"即完成支付的方式取代了以往的现金支付。便捷的支付方式和超高的普及率在给人们带来便利的同时,也引得犯罪分子争相进入市场,甚至出现了完整的诈骗产业链,网上支付系统的安全问题逐渐被人们重视。

一些骗子在套取受害人的付款码后,再联系可兑现的扫码商,扫码商通过建立商家与用户的面对面支付场景完成交易过程,最后扫码商与套取付款码的骗子通过虚拟商品平台进行分成。还有一些被称为"电子扒手"的银行偷窃者专门窃取别人网络地址,或因商业利益甚至是好奇心理盗取银行和企业密码,浏览企业核心机密,甚至参与机密买卖。除网络支付诈骗套路外,还有购物退款诈骗、清理微信僵尸粉诈骗、手游买游戏账号诈骗、退共享单车押金误入假客服陷阱等多种网络支付诈骗方式。

二、案例伦理分析

讨论一:网络支付是一把双刃剑

现今社会,微信、支付宝、银行卡转账等支付方式给人们的生活带来了许多便利,可以接受这些支付方式的商家投入成本较低,用户不受地域的限制,支付速度快,额度可根据自身的需要进行定制。然而网络支付也是一把双刃剑,在给人们带来便利的同时,也不可避免地存在安全隐患。在网络中,诱惑欺诈的案例时有发生,人们一方面享受着网络支付带来的优越生存条件，一方面也要面对随之产生的支付环境恶化与支付风险加剧的问题。

讨论二：网络支付中的系统与人为风险

系统风险是指银行网络支付系统本身存在安全漏洞，电子信息系统由于技术或管理原因出现的问题就是重要的系统风险。例如客户在系统信息传输中因为网络问题造成信息中断，或者客户终端软件与系统不兼容，都会导致支付失败，导致双方损失，这些因为网络运行环境造成的风险需要依靠技术的不断更新与改进来避免。人为风险是指在交易过程中由于个人的原因，有意或无意的行为导致密码及重要信息的泄漏，造成财产损失。例如黑客攻击、网络诈骗等，保护好个人隐私是抵御人为风险的重要手段之一。

案例二　网络监听

一、案例描述

从 2016 年开始，互联网进入了大数据时代，包括亚马逊、微软在内的众多互联网巨头开始在自己的领域布局大数据阵地。借口为提升用户使用体验，暗地大肆收集用户信息数据，监听用户的网络使用行为。有媒体称，谷歌 Gmail 会自动扫描用户的每一封邮件、阅读每一条信息，收集后用于其他用途。2018 年，Facebook 曝出泄漏用户数据事件，涉及用户账号的数据达到 3000 万条。在这次事件中，黑客登录用户账号后，窃取了 2900 万个账号的用户姓名和联系信息，近一半的用户被窃取了包括生日、电话、教育程度和好友名单等在内的私人信息。虽然没有涉及高度机密，但这些信息足以让黑客伪装成用户本人、好友、雇主，向其他用户发出欺骗性质的电子邮件，或欺骗他人点击附件以入侵其他用户电脑。

另外，谷歌地图也在后台收集用户位置等信息，即便用户已经关闭了位置记录。谷歌以服务体验为由，在谷歌地图中加入自动收集位置信息功能，涉及 Android 手机和 iOS 手机用户。别小看了这些被谷歌收集的位置信息，它有可能为用户的出行带来风险。有了 Facebook 和谷歌的教训，由网络监听带来的数据信息安全问题成为整个互联网行业最受关注的话题。

二、案例伦理分析

讨论一：网络监听是管理工具

网络监听是一种监视网络状态、数据流程以及网络上信息传输的管理工具，它可以将网络界面设定成监听模式，并且可以截获网络上所传输的信息。目前，网络监听作为一种管理工具已应用在诸多领域，如账号管理、访问控制、安全审计、防病毒、评估加固等多个方面，常见的安全产品如 UTM、漏洞扫描、入侵监测等，为保障数据库系统的正常运行起到重要作用。网络监听作为一种发展比较成熟的技术，在协助网络管理员监测网络传输数据、排除网络故障等方面具有不可替代的作用。

讨论二：网络监听不当则会侵犯隐私

网络监听同时也给互联网安全带来了极大的隐患，网络入侵往往都伴随着互联网内的网络监听行为，从而造成口令失窃、敏感数据被截获等连锁性安全事件。网络监听的目的是截获信息的内容，监听的手段是对协议进行分析。随着互联网技术的发展，大数据技术被广泛运用到各个领域中。例如在职场中，越来越多的管理人员为了监督员工工作状态、提高员工工作效率、保护商业秘密和防止人员流失，公开使用职场监听软件，对于员工的网络使用情况进行监督。我国立法规定，对于劳动者在与工作无关的时间和空间内进行的行为，不得进行监控，否则将会侵犯个人的隐私权。

案例三　章莹颖失踪案和暗网

一、案例描述

2019 年 7 月，章莹颖失踪案在美国伊利诺伊州中区联邦法院正式宣判：2017 年 6 月谋杀中国访问学者章莹颖的凶手克里斯滕森被判处终身监禁且永不得保释。这宗受到多方关注长达两年时间悬而未决的失踪案件最终得以判决。

事件要追溯到 2017 年 6 月 9 日，伊利诺伊大学的中国访问女学者章莹颖前往位于伊利诺伊大学的特纳大厅（Turner Hall）做实验，返回途中在搭乘嫌疑人克里斯滕森的轿车之后便失去联系，调查时嫌疑人拒不承认与章莹颖失踪有关。在当地警方以及美国联邦调查局（FBI）长达两年时间对嫌疑人的审理与取证后，这宗广受国内外媒体关注的国际事件的真相最终浮出水面。犯罪嫌疑人对于网络黑暗系"二次元"作品有着极端的关注和喜爱，这也促使他绑架并杀害章莹颖行为的发生，嫌疑人沉溺于暴力黑暗系列游戏，游戏账号在他被捕之前的两周中，在线累计时长高达 78.8 小时。谁也没有想到，这样一个冷血暴力的杀手竟然是伊利诺伊大学厄巴纳香槟分校物理系的一名在读博士生。在工作经验一栏里，克里斯滕森称他从 2013 年开始担任助教工作，主要负责带 20 个学生，解答他们在物理方面的问题、批阅卷子、测验等。

二、案例伦理分析

讨论一："明网"之外的"暗网"

在章莹颖案引起各界关注的两年时间里，对"暗网"的猜测与讨伐不绝于耳。

"暗网"也称"深网"（Deep Web），或者叫"隐形网"（Hide Web），意思是在冰山上露出的那一角是文明世界里看得到的"明网"，而整个数据量的96%在下面，"暗网"是存在的，但人们感觉不到。"明网"是可监测、可浏览、可追踪的，但是"暗网"的 IP 地址是隐藏的，是我们现有的搜索引擎无法搜索到的。有那么一群人，潜伏在"暗网"之中，从事着各种不被文明世界所允许的交易，打击"暗网"犯罪已经成为国际网络安全治理的焦点问题。各国在不断打击"暗网"犯罪的同时，技术、制度等多方面也在不断完善，如何加强国际合作、增加打击效果是一个新的课题。

讨论二：网络净化之路

目前，网络已成为人们生活中不可或缺的组成部分，借助于互联网技术的进步，我们的生产和生活方式都发生了颠覆性、革命性的变革，人类的生活也因此变得更加便捷和美好。然而伴随着网络的快捷通达，网络谣言、网络暴力游戏、网络诈骗等现象也逐渐暴露。加强有关信息犯罪的立法、强化对虚拟社会信息内容传播的管理是优化网络生存环境、提高网络公信力的根本途径。

案例四 / 网络病毒

一、案例描述

1988 年 11 月，康奈尔大学的一名 20 岁的研究生罗伯特·塔潘·莫里斯，他想知道互联网有多大，即有多少设备连接在网上，于是编写了一个程序。这个程序通过在计算机之间的传递，使每台计算机向控制服务器发出一个信号而被计数。于是，第一个特定类型的网络攻击"分布式拒绝服务"诞生了，历史上称莫里斯的这个程序为"莫里斯蠕虫"。从根本上来说，蠕虫和病毒是相似的，经过不断改进优化后的蠕虫，可以进入个人计算机，随意将个人账号里的电子邮件发送给地址簿中的每个人。普渡大学和伯克利大学的研究人员花了三天时间才阻止蠕虫在互联网上的蔓延。在那期间，它已经感染了成千上万的系统。莫里斯的初衷并不是想破坏互联网，但蠕虫病毒的广泛影响导致他被判缓刑三年，罚款一万美元。

二、案例伦理分析

网络病毒的本质是编程人员人为编写的一段计算机代码程序，这种程序并不是服务于人们的生产生活，而是对特定计算机网络进行破坏，达到盗取信息、获取非法利益的目的。网络病毒的传播具有随机性、隐蔽性、破坏性等特点。依据我国刑法的规定，故意制作、传播计算机病毒等破坏性程序，影响计算机系统正常运行，后果严重的，构成犯罪。网络病毒的散播，不仅是对网络伦理的挑战，也是一种违法行为。

案例五 电影《搜索》中的伦理问题——网络隐私和网络暴力

一、案例描述

2012年一部名为《搜索》的电影引起国内对"网络暴力"的广泛探讨。电影讲述的是一个都市白领叶蓝秋,因为一件在公车上没有为一位老大爷让座的小事而引发了蝴蝶效应,遭受了铺天盖地的网络暴力,这件事彻底改写了牵连其中的数人的命运,叶蓝秋也因此被逼到生活的死角。电影刻画了从主人公坐公交车不让座这件小事到跳楼惨死这一过程中,一个个看似心存善念的网民是怎样一步步逼死剧中人的故事。电影中扭曲的世界折射出我们现实生活的影子,网络隐私被侵犯、网络暴力逐步升级这些问题近年来尤为突出,网民在网络上的暴力行为是社会暴力在网络上的延伸,网民在享有自由表达权利的同时,也应该担当起维护网络文明与道德的使命。

二、案例伦理分析

讨论一:言论自由的界限

言论自由是一种基本人权,通常指一个国家公民,可以按照个人意愿表达自己的意见和想法,这些意见不受政府约束和审查。近年来,言论自由通常被理解为充分的表述自由,包括发布电影、照片、歌曲等各种形式的资讯方式。一国公民通过语言表述各种思想和见解的自由是宪法中规定的公民基本权利之一,但具有破坏性的表达是会被处罚的,例如明显的蛊惑煽动、诽谤他人、散布谣言、发布与国家安全相关的秘密等违法行为,言语自由的界限需立法明确。

讨论二:"键盘侠"的质变

"键盘侠"的英文表述是"Keyboard Man",源于2014年6月4日《人民日报》的一篇名为《激励见义勇为不能靠"键盘侠"》的时评,特指一群在现实生活中胆小怕事、但在网上占据道德制高点而发表个人正义感评论的人。随着网络文化的普及,这个词逐渐衍生为脱离人群独自利用电脑键盘或手机进行网络评论、甚至发表不当言论的人。"键盘侠"渐渐丧失了"侠义"本质,对社会各方面评头论足,认识片面,极易成为被人利用的对象,形成群体性网络暴力现象。其在网络上的不当言论变成伤害当事人的利器,而本身却不用承担法律责任,"键盘侠"的"威力"远比人们想象的要可怕得多。

互联网的发达导致人们发表言论的门槛变低,网络极易成为个人情绪宣泄的出口。在抵制网络暴力方面,不少发达国家已经进行了探索,健全网络专项法规、推行网络实名制等都是有效措施。目前我国已出台《中华人民共和国网络安全法》,

对网络暴力画出红线。驱散网络暴力阴霾、呼吁多方共治是全社会公民的心声。

参考文献

[1] 马科敏. 愈加开放的网络环境下提高计算机网络工程安全可靠性措施分析［J］. 信息与电脑（理论版），2016（17）：159-160.

[2] 刘刚. 计算机网络工程的发展现状及项目管理模式的实践分析［J］. 电脑迷，2017（02）：25.

[3] 郑海燕. 网络社会视域下中国共产党执政资源研究［D］. 湛江：广东海洋大学，2013.

[4] 宋吉鑫. 论网络伦理困境及社会协同体系建构［J］. 沈阳工程学院学报（社会科学版），2010，6（01）：40-43.

[5] 蒋艳艳. 当代网络伦理研究的中西对比［J］. 自然辩证法研究，2016，32（6）：29-33.

[6] 严耕，陆俊，孙伟平. 网络伦理［M］. 北京：北京出版社，1998.

第十一章 公众食品安全中的伦理问题

第十一章　公众食品安全中的伦理问题

第一节　食品和食品安全

一、食品安全的演进

食品安全属于复杂的系统概念，包括食品数量、质量以及营养的安全。而现今所指的食品安全主要是食品质量安全。《中华人民共和国食品安全法》将食品安全定义为"食品无毒、无害，符合应有营养要求，对人体健康不造成任何急性、亚急性或者慢性伤害"。中华人民共和国成立以来，我国在食品安全实践方面取得了一系列的成果，1978—2011 年属于我国食品安全规章制度的政策调控阶段，众多的内生性及外生性调控政策在此阶段诞生，我国食品安全理念与制度架构初步形成。在这个阶段，我们国家由计划经济体制转变为市场经济体制，人民生活水平明显提升，食品供给体系也逐步优化，人们关注的焦点从温饱问题变为了卫生安全问题，此时监管的重点是传染病的预防和对食源性疾患的控制。2011 年后，我国进入了食品安全发展阶段，在这一阶段我国食品安全呈现多方参与、社会共治的新格局，从市场供给情况来看，我国经济发展进入新常态，新型食品经营主体层出不穷。我国生鲜电商平台发展迅速，B2C、O2O 模式的涌现拓宽了我国食品销售途径，同时也给监管带来了新的挑战。

二、食品安全的特征

我国食品安全一直以来都是民众最关心的话题，随着人们日益增长的物质生活水平和逐渐变化的生活需求，使得食品安全的控制越来越困难。目前我国食品安全控制实践特征主要体现在以下几个方面。

（一）供应环节众多，控制点增加

食品产业由原始生产逐渐转向精加工，这是由产业结构变革决定的，全球一体化加速了这一进程，使得食品流通的环节更复杂且路径更长。在整个供应链中包含了原材料采购、质量检验、清洗分割、熟化加工、包装分级以及最后的出厂检验等

多道程序，当然还不包括后期的存储及运输，食品从源头到流通环节，需经过层层把关①。但在众多环节中设置相应的控制点变得十分困难。第三方认证缺乏、质量安全标准差异、认证信息可信度低、追溯机制不成熟等都是造成食品危机不易发掘的原因。于是出现了"苏丹红鸭蛋""安庆剧毒农药包子""含三聚氰胺的三鹿奶粉"等社会危害事件，食品安全领域的关注点应从质量向广义的安全演进。

（二）信息不对称，风险增强

随着食品科技含量的提升，食品加工工艺的种类逐渐增多，如何判断工艺手段的合理性是政府与民众关心的问题。一方面，生产者制造假冒伪劣食品，用重金属伪造瓜果蔬菜的好品相、甚至采用有毒化学物质冒充营养成分的事件时有发生，消费者掌握的食品知识有限，无法简单从生活经验上判断食品质量，再加上部分商家伪造保质期、营养成分等信息，信息的匮乏使得消费者无从判断食品的真实情况，当然也无法维权。因此，食品供应链的共享机制亟待实行。另一方面，我国的食品安全信息披露机制、食品安全可溯源体系的建设并不完善，加之生产者流动性强，网络谣言极易传播，造成食品危害事件处理的滞后。信息的不对称造成监管盲区的出现是政府和社会大众需共同面对的问题。

（三）科技含量增加，难以防范

新型科技对食品生产是一把双刃剑，既能为食品性能的革新带来生机，同时也给食品安全的检测埋下隐患，增加了处理食品危机的难度、降低了事后补救的可能性。最典型的例子就是转基因技术，利用 DNA 重组、转化技术将外源目标基因转移到受体生物中，使之达到预期定向遗传改变，转基因技术也是现代农业生物技术的核心组成。转基因技术给生态环境造成了生态平衡的破坏、影响了生物的多样性。还有利用石油等原料生产的抗生素、生长素用于农业后却难以降解，导致土壤重金属含量超标。食品加工手段在不断革新，人工甜味剂、人工膨松剂的加入使人体不断摄入有害物质，看似光鲜的食物实则是"问题食品"，而这些往往是人们意识不到也难以防范的。

---

① 张蓓，马如秋，刘凯明. 新中国成立 70 周年食品安全演进、特征与愿景 [J]. 华南农业大学学报（社会科学版），2020，19（1）：88－102.

第二节 食品安全现状

一、食品加工业的重要地位

我国的食品加工业在人民生活中具有重要的地位，中国是食品生产和消费大国，同时也是贸易大国。据《中国的食品质量安全状况》白皮书报道，我国截至 2007 年上半年就有各类食品加工企业近 45 万家，每年加工的食品数量巨大。在小麦粉、食用油、乳制品、肉类、饮料等加工数量更是创世界之最。每年食品出口的货值逾 300 亿美元，涉及全球 200 多个国家和地区。然而，我国食品加工的现状与发达国家相较仍显不足，某些领域仍未达到世界平均水平。例如我国是农业大国，苹果种植面积和产量居世界首位，但果农基本上以销售鲜果为主，加工品种少，技术落后，严重制约了苹果深加工水平的提高。除此以外，葡萄酿酒技术、乳品奶源产量都相对落后，国内葡萄基地提供的原料不足酿酒原料的 10%。加工和制造食品的制约，削弱了中国食品工业的竞争力。

我国食品加工业的发展也依赖于设备的更新，中国食品装备的制造种类较少，技术含量不高，多数先进的食品工业技术关键设备还需从国外引进。我国的现代工业体系尚在完善中，精细化制造和高技能产业的关键环节仍待研究。国外发达国家为保持本国食品制造的领先地位，利用垄断优势阻止先进食品制造技术和设备的转让。

二、互联网食品行业的兴起

（一）互联网食品行业发展

随着互联网技术的快速发展，商品、服务、信息之间的传递方式由实物演变为网上，电子商务应运而生，如今大量的食品供应商采用电子商务进行食品售卖，基于互联网技术的延伸和扩展，我国网络零售市场规模逐年扩大。互联网食品流行速度之快超过了人们的预期，通过淘宝、京东、美团等电商平台销售的食品异常火爆，颇受当今社会年轻一代的青睐。我国互联网食品具有巨大的市场潜力，在移动端和跨境电商的驱动之下，互联网食品电商服务将迎来飞速发展时期。

（二）互联网食品商业模式特点

互联网的交易是即时性的，收发信息几乎是同时进行。互联网的食品交易也异常活跃，消费者可以随时随地自由地交易，即时性特征明显。交易成本也随之下降，网络技术实现了商品与信息的点对点交互，无须利用实体店面，仅通过信号即可完成交易，在某种程度上避免了信息不对称带来的困扰。网络上的信息是透明的，交易各方所掌握的信息量是相近的，交易更加直接，无须中间商的介入即可完成交易。这使得主体之间的界限变得模糊，产业链条各个环节逐渐融为一体。如今，互联网食品的平台涉及的领域广泛，包括零售、住宿、物流、餐饮等，综合类的平台展现出复杂的平台架构与运行模式，促进了食品与其他类产品的融合。目前，跨境食品销售的数量逐渐增加，食品销售的范围逐步扩大，食品安全把握着食品行业的命脉，食品质量引出的"口碑经济"日益兴盛。

（三）互联网食品监管的难题

互联网改变了人们的消费习惯，促进了食品产业转型，促进了食品行业繁盛发展。随之而来的是食品安全监管机制架构的配置、风险分担等问题。我国互联网食品监管的难题主要体现在法规庞杂、监管重心分散、监管成本高、市场准入确立困难等方面。与线下销售相比，传统的食品企业进入市场的控制与食品电商进入市场的控制方法是完全不同的，设定严格的平台责任与市场准入机制，是促进互联网食品安全监管的有效手段。

第三节　食品安全法规和监管机制

我国食品安全保障强调生产经营者自觉履行主体职责、政府加强监管和民众社会监督的思路，在建立食品安全社会共治的环境同时，也在完善监管体系。

一、食品安全法规的发展史

食品安全监管自改革开放以来，已逐渐得到重视，监管力度也随着一系列法规条例的颁布日益增强。从 1979 年制定《中华人民共和国食品卫生管理条例》以来，我国陆续出台了与食品安全相关的法律法规，例如 1982 年出台的《中华人民共和国食品卫生法（试行）》、1989 年施行的《中华人民共和国标准化法》、2007 年施行的

《新资源食品管理办法》。随着计划经济体制逐步向市场经济体制转轨,食品产业获得较快发展,食品链条不断延伸、食品企业显著增多加剧了监管的复杂性,对监管工作提出了更大的挑战[1]。1995年《中华人民共和国食品卫生法》的发布标志着我国食品监管从探索阶段进入强化阶段,这部法律将司法审判与行政处罚等法律手段应用到食品安全监督中。随着2004年《卫生行政许可管理办法》和2006年《超市食品安全操作规范(试行)》等法规的出台,标志着我国现代型监管体系越来越完善。2018年修正的《中华人民共和国食品安全法》明确提出食品安全的监管强化方向,即以预防为主、全程控制、社会共治。2019年5月国务院办公厅发布了《中共中央、国务院关于深化改革加强食品安全工作的意见》,要求坚决贯彻以人民为中心的发展思想,确保人民群众"舌尖上的安全"。

食品安全标准是食品安全的标杆,我国主要以食品安全风险评估制度为基础,到2020年为止,已经颁布食品安全标准1200多项,涉及安全指标达2万多项[2]。目前,我国已形成了以食品安全法为核心,以法律、行政法规、地方性政府规章以及地方性法规等构成的食品安全制度体系。

二、食品安全监管的现状

(一) 监管方式单一性

对于食品类企业的监管,大部分市场监管部门的方式是专项检查和日常监管相结合。相对于监管人员的数量有限,食品企业数量众多,尤其是在商业楼宇中的食品和餐饮单位,几十家至几百家不等,并且店铺更替速度较快,监管对象调整业态的频率频繁。若采用传统的专项检查或日常监管,则会降低监管的效率,往往达不到约束的效果。因此,"社会共治"的新概念在食品安全治理中被提出,新时代下,食品安全不仅要依靠国家公权力,还要依靠人民群众的力量。消费者成为参与社会共治的一员,是促进食品安全监督的重要途径。

(二) 监管对象多样性

全球化食品贸易的发展让食品安全面临严峻挑战,城市化提高了食品的运输、存储和制作的效率,同时也加大了过程风险。食品的异地生产而后转入市场销售的

---

[1] 霍龙霞,徐国冲. 走向合作监管:改革开放以来我国食品安全监管方式的演变逻辑——基于438份中央政策文本的内容分析(1979—2017)[J]. 公共管理评论,2020 (1):68-91.
[2] 何晖,郭富朝,郭泽颖. 新《食品安全法规实施条例》评述[J]. 食品科学,2020,41 (11):336-343.

模式为食源性疾病的传播创造了条件。食品的加工环节更多的是交到食品加工商的手中,在发展中国家,一些街头小贩自己制作食品;在一些发达国家,人们则愿意用更多的钱购买在本国尝不到的进口食物。随着食物的中转环节增加,任何一个地区的单一污染都可能导致全球性食品危机事件。而政府对于其中多环节的监管却没有行之有效的方案,传统食品安全问题尚未解决,对新技术引发的食品安全监管问题又提出新的挑战。

(三) 监管技术不断更新

导致食品安全问题的一大原因就是消费者、食品生产厂商的信息不对称。消费者无法判断和识别食品质量,而食品生产厂商往往会利用这一点将食品质量水平降低。因此仅依靠市场机制来调节是不可取的,卓有成效的监督机制是建立在选择正确的监督者的基础之上。对监督制度的制定应考虑政府、社会组织和消费者多方面,多元主体食品安全监管十分必要。监管技术的不断更新正是监管手段提升的表现:食品追溯机制、市场准入机制等新的机制不断涌入市场。

同时在技术层面,我国食品检测技术也在日益革新,衡量食品是否安全的标准不再局限于对有毒物质的检验,而是更注重添加物、微生物菌群、食品化学成分等指标所占比例是否在合理范围之中。与此同时,分子生物学、液相色谱等技术相继出现,并应用于食品检测中,这意味着监管技术会更加精确且合理。

第四节 食品安全中的伦理问题

习近平在中央农村工作会议上指出,"能不能在食品安全上给老百姓一个满意的交代,是对我们执政能力的重大考验。"[1] 由此可见,食品安全问题是属于思想道德问题,同时也是重大政治经济问题。食品领域出现的道德失范是主体与环境相互影响的结果,食品安全伦理承载的是民众的生命安全,伦理的构建是满足人自身物质与精神充分发展的需要。

一、食品安全伦理的意义

食品是人类生存的基础,如果食品出现问题,则人类社会的根基就会受到影响,

---

[1] 习近平. 在中央农村工作会议上的讲话 [N]. 人民日报, 2013 – 12 – 25.

人类将面临生存危机。从人类自身的发展角度来看，在研究道德问题的同时，既要解决食品安全问题，又要还原食品本质特性；既要满足人类诉求，又要承载社会公益价值。从实践方面来看，食品安全问题必须追溯到食品各级从业者，一方面需要道德自律，另一方面又需要监管约束。

由此可见，食品安全伦理是利益相关者践行社会主义核心价值观的体现，食品从业者需要以理性的态度从道德自律出发，坚持守住正确的安全伦理道德底线。目前，人们多数从经济学、法学的角度对食品问题进行研究，少数学者从德行伦理的视角解释人类社会最基本的生存价值理念，从伦理层面把握我国食品安全法规架构，完善食品安全伦理体系，为构筑社会诚信体系奠定基础。

二、食品安全伦理存在的问题

（一）食品企业文化缺失

企业文化是一个企业的灵魂所在，食品企业文化的缺失必将导致失去道德伦理的束缚。企业文化可以保证企业的整体性、系统性和凝聚力，同时对企业文化的坚持也是企业自律的强大动力。尤其是企业管理者，需具备优秀的文化特质，这样才有利于企业形成长远的发展战略，推进行业的可持续发展。可以这么说，文化是伦理的基础，规范制度是辅助手段，食品企业文化缺失必然导致食品安全伦理的坍塌。

（二）企业利益至上思想严重

马克思说过："如果有100%的利润，资本家们会铤而走险；如果有200%的利润，资本家们会藐视法律；如果有300%的利润，那么资本家们便会践踏世间的一切。"对于食品从业者来说，自身利益与他人健康都是最重要的，一旦天平向利益的一方倾斜，必将导致道德防线断裂。逐利行为表现在生产环节的违规操作、食品加工环节有害物质的超标、在回收环节为减少损失蒙骗消费者等，这一系列安全问题均是食品从业者因利欲熏心而不顾他人生命健康安全的结果，当自身利益与他人利益发生冲突时，食品从业者选择了维护自己利益。

三、食品安全伦理体系的构建思路

社会食品安全意识薄弱，是食品安全问题产生的根源。因此，构建食品安全伦理体系、增强社会责任意识尤为重要，建立完善的伦理体系需从以下几个方面着手：首先，需增强自律意识，由他律转向自律也是人们认识由浅入深的过程，过程中需要用他律进行引导，从而逐渐实现自律。食品立法要充分体现当前的道德观念，充分实现道德对食品安全的监督作用。其次，需加强自身道德修养。食品从业者的道德修养体现在坚守职业道德、商业道德与社会公德。充分认识到食品安全对消费者的重要性，在坚定道德理念的同时提升自身修养，认识到自身的经营活动承载着广大人民群众的生命安全。最后，探索食品信息共享途径。监管部门的积极干预、生产经营者的自我约束、消费者提升对商品的辨别能力，三方在信息不对称的情况下需积极地推进信息共享，建立供应链追溯系统，并将责任落实到各关键环节。同时配合媒体的正确舆论引导，将违背道德规范的食品生产者公之于众，促进社会共治。

第五节　案例分析及伦理思考

案例一　南京冠生园之殇

一、案例描述

2001年9月3日，央视《新闻30分》披露南京冠生园用"陈馅"做月饼。第二天，卫生部紧急通知严查月饼市场，各地冠生园均纳入被检名单中。9月5日，南京冠生园老板在接受采访时称，用陈馅做月饼是普遍现象。此言一出，引起舆论哗然，殃及全国月饼的销售，消费者失去了对月饼厂商的信任，一时间全国月饼市场跌入冰点。各品牌厂家集体挽救市场，推出了"开膛卖月饼""参观生产线"等活动，但仍难挽回消费者的心。数据显示，当年全国月饼销售量下降了20%。事发半年后，负债2000多万元的南京冠生园食品有限公司，正式向南京市中级人民法院申请破产，具有近70年历史的品牌因此毁于一旦。

二、案例伦理分析

讨论一：信誉的破产

南京冠生园的破产宣告着这家有着近70年历史的知名企业寿终正寝，信誉的缺失使多年来一直以月饼为主营商品的企业被逐出了月饼市场，公司其他业务也受到波及，再也销售不动了，人们在惋惜的同时也需要深刻反思。与其说南京冠生园是经营不善导致破产，不如说是自身挥霍掉多年培育的信誉而破产。面对危机，这家企业并没有第一时间自省，而是抛出"用陈馅做月饼是普遍现象"的言论作为挡箭牌，随后又发出公开信继续狡辩，彻底丢失了消费者最后的信任。表面上看，南京冠生园垮于媒体曝光，而究其根本，是企业本身不重视产品的质量，丢失了"诚信"。

因为信誉破产而导致的企业破产造成的损失是不可逆的,信誉是现代市场经济运行的一个重要的新型资本形态,是一个企业的灵魂和精神财富,失去信誉意味着丢掉了企业灵魂,为了生存发展,每个企业需用心守护。

讨论二:"品牌至上"还是"质量为重"

与其说南京冠生园毁于质量的以次充好,还不如说是毁在了品牌的一泻千里。可以说质量是口碑的保障,拥有良好的质量才能维持好的口碑。南京冠生园以往的口碑不可谓不好,优质的服务、精良的配方、实在的分量,这些都是品牌屹立70余年不倒的根本。然而"千里之堤,溃于蚁穴",陈馅月饼事件可能不足以说明该品牌所有的商品都是问题商品,但足以毁掉消费者对该品牌所有商品的信任。良好的口碑是创建品牌的基础,而维持一个品牌的价值则需要长年累月对质量的把控。品牌与质量并不矛盾,他们是相互依存的,重质量才能创品牌,维系品牌价值需要以优质产品作为基石。

案例二 / 三鹿奶粉事件

一、案例描述

三鹿奶粉事件虽然已逐渐淡出人们的视线,但其对我国奶制品行业的影响一直延续至今。2008年6月,兰州市解放军第一医院收治了一名患有肾结石的婴儿,患儿家长反映孩子长期食用三鹿集团生产的婴幼儿奶粉,甘肃省卫生厅接到该婴儿病例报告后随机展开了调查。而后的几个星期,该医院收治的患病婴儿迅速扩大到10多名,到2008年9月11日,甘肃省共发现59例肾结石患儿。随后湖北、山东、安徽、宁夏、江苏等地也陆续发生了类似事件。经调查,患病婴儿多数食用了三鹿集团生产的配方奶粉,而此种奶粉很可能被三聚氰胺污染。三聚氰胺是一种低毒性化工产品,可以提高食品检测中的蛋白质含量指标,如果长期摄入三聚氰胺会导致人体膀胱和肾脏产生结石,并可诱发膀胱癌[①]。据媒体公布的数字显示,截至当年12月底,全国累计报告因食用问题奶粉导致泌尿系统出现异常的患儿高达29.40万人。

2009年1月21日,"蛋白粉"生产者张玉军、鲜奶商人耿金平被依法判处死刑,三鹿集团原董事长田文华被判处无期徒刑,多名三鹿集团高管和多名牛奶商人被判处刑罚。三鹿奶粉事件曝光后,国家质量监督检验检疫总局对全国婴幼儿奶粉中的三聚氰胺含量进行检查,结果显示有22家奶粉生产企业的69批次产品不合格。三鹿奶粉事件不仅给中国奶制品行业造成了重大负面影响,还重创了中国制造商品

---

① 郭吴珉,夏宏运,芦宇婷,等. 从"三鹿奶粉"事件评述中国食品安全监管制度[J]. 食品安全导刊,2016(12):25.

的信誉。

二、案例伦理分析

讨论一：食品安全的监管漏洞

食品安全监管是国家职能部门对食品生产、流通企业的食品安全行使监督、管理的职能。此项工作可以由卫生部门单独制定，也可以联合有关部门共同制定规章和食品卫生标准，进行专项管理。三鹿奶粉事件中，监管部门具有不可推卸的责任。我国目前已经建立了较为完备的涉及食品安全的法律和行政法规体系，还有大量的地方性法规和章程，例如《中华人民共和国食品安全法》《乳制品质量安全监管条例》等。

虽然众多强制性法规已出台，但监管的漏洞仍然存在。（1）统一的安全标准和检验规范难以出台，最初的免检制度催生了一批努力达标后就放弃继续提升产品质量的企业。三鹿奶粉事件后，国家随即停止了食品类的免检制度。（2）监管者、生产者、消费者三者之间的信息不对称。消费者获取食品质量的信息渠道有限，企业为牟利利用伪劣商品欺骗消费者，逃脱监管部门的监督。此类事件屡禁不止，很重要的原因就是违法成本太低。（3）食品安全监管体制的不健全。监管部门的监管力度不到位、执法不严格，部门之间存在职责交叉、权责不明的问题，造成食品安全监管的隐患。

讨论二：降低成本与道德承诺

所有的食品企业若一心追求经济效益，则极易在利益驱使之下迷失方向。对于消费者而言，食品企业的承诺就是食品安全的保证。从经济学角度考虑，食品厂商无论是在哪个环节增加成本，企业的经济利益都会被降低，所以才会出现不法商贩恶意降低成本的行为发生，例如在三鹿奶粉中以价格低廉的三聚氰胺取代了蛋白粉。成本的控制与选择会出现在生产链条的各个环节，心态浮躁的生产商罔顾社会公益，为了自身的利益采取违法手段降低成本就是违反了道德准则。通过伦理约束，协调社会力量加强食品安全刻不容缓。

案例三　流入餐桌的"地沟油"

一、案例描述

从前人们在吃油条、水煮鱼等含油比较多的菜肴时，就会担心使用的油是否是被反复使用过。这种担心在 2011 年升级了，一种比反复使用油更让人难以接受的"地沟油"出现在了公众视线中。2011 年 6 月底，《新华视点》节目揭开了京津冀"地沟油"产业链的黑幕，"地沟油"是从餐厨垃圾中提炼出的，长期食用会对人体造成伤害，其中主要的危害物黄曲霉素是一种强烈的致癌物质。随后3个月，全国公安机关开展了打击"地沟油"专项整治活动，根据当年公安部的通报，全国涉及28个省份，各地公安机关侦破利用"地沟油"制售食用油案件128起，抓获违法犯罪嫌疑人700余名，查获涉案油品6万余吨。

"地沟油"问题并非中国特有，在欧洲、日本、美国等地几十年前都曾广泛出现，这种从厨余垃圾中分离"地沟油"、加工作为食用油出售的行为是暴利的。加工"地沟油"的做法本身没有错，"地沟油"的循环利用也是出于资源节约与社会的可持续发展的目的，最广泛的做法就是将"地沟油"作为生物煤油或生物柴油的原料用于飞机燃料。我国的一些城市均已建立回收"地沟油"、提炼生物柴油的加工厂。但事实是，这些炼油厂基本收不到油，在现有的技术条件下生物柴油的成本高于非法"地沟油"的成本，大多数"地沟油"在逐利的驱动下流入了百姓的餐桌。

二、案例伦理分析

讨论一：积极引导"变废为宝"

商人逐利是天性，在巨大利益面前，"地沟油"的流向也应有正确的导向。我国"地沟油"之所以有市场，是因为"变废为宝"的生物柴油成本远高于非法"地沟油"。我国的能源消费总量约占世界能源消费总量的1/4左右，位居世界首位，制造生物柴油燃料能降低对化石能源的依赖，使用生物柴油燃料有利于我国经济的可持续发展。

不少国家处理"地沟油"的做法值得我们借鉴。例如在日本，从严格意义来说，不存在"地沟油"一说，而称其为"废弃食用油"。按照法律规定，餐馆、食品加工厂产生的废弃食用油不能随意排放或卖给不法分子，需装入专门的容器交给正规回收公司处理并签订合同。2006年3月，日本提出了"生物能源综合战略"，明确了利用废弃食用油回收进行生物柴油燃料化的重要地位，制定了国家支援合作企业的方针，不仅给予回收企业高额的利润，还提供昂贵的设备。在美国，许多地方法律规定酒店、餐馆和食品加工企业必须安装油脂拦截器，在排水管道中安装油脂拦截器可以回收废弃的食用油。同时，美国政府对于再生能源公司的税务优惠力度很大，多地区建有再生生物柴油加油站，要求所有回收废弃食用油的企业拥有合法执照，否则给予重罚。同时，对食用油制造过程严格监管，防止废弃食用油再次回到餐桌上。

讨论二：法律的"无从下手"

对于将"地沟油"引回餐桌的黑心商贩，必须严厉查处，查处的前提是有法可依。目前我国针对食品安全的法律还有待进一步完善和健全，例如"地沟油"，其检测的标准仍未统一。我国现行的强制性法律对食用油检测指标包括酸价和过氧化值等9个指标,分别对植物原油和植物食用油进行不同的标准检测,但这些油均不是"地沟油",且这9个指标对于"地沟油"的检测也可能都合格,因此,根本无法针对"地沟油"进行辨别性检测。法规的不健全致使黑心商贩在产业法规漏洞中肆无忌惮的挣着"肮脏"的钱。

案例四 走私"僵尸肉"事件

一、案例描述

2015年6月23日,新华网刊登的一则名为《走私"僵尸肉"窜上餐桌,谁之过?》的文章引起广泛关注,一时间"僵尸肉"事件在社会上闹得沸沸扬扬,文章甚至指出,一些走私肉的肉龄竟然长达三四十年之久。后经记者质疑、官方辟谣,接下来的事态发生各种反转。但期间经原国家食品药品监督管理总局、海关总署、公安部发出通告,查获的走私冻肉中,部分生产日期已达四五年之久。6月份,海关总署在国内14个省份统一组织开展打击冻品走私专项查缉抓捕行动,成功打掉走私冻品团伙21个,涉案金额约30亿元,所查处的冻品卫生状况令人担忧。

这些来历不明的肉品通过批发市场,进入餐馆、大排档、超市,有的通过酱油腌制、辣椒调味后被制作成袋装熟食,顺利骗过消费者的眼睛,堂而皇之地被放到了人们的餐桌上。业内人士指出,即使在高压整治下,冻品走私肉仍屡见不鲜。由于走私环节多、非法利润高、交易记录隐秘,走私团伙抱团发展,利用四通八达的交通网络逃避严密的监控网络,因此,必须从源头进行管控。

二、案例伦理分析

讨论一:"受害者"还是"加害者"

"僵尸肉"事件影响面广泛,犯罪成功率很高。据调查,在"僵尸肉"事件揭露的当年,全国海关共立案冻品走私犯罪案件141起,查获走私冻品42万吨。香港一家媒体在报道该事件时引用数据称,各国海关查获走私的成功率约为1/8左右。冻品走私范围之广、查获率之低令人忧心。

一些涉事企业甚至声称自己也是"受害者",向上游厂商要求赔偿,试图逃避本应该为事件造成的社会危害所负的责任。这些企业中不乏麦当劳、肯德基、吉野家、必胜客等国际知名餐饮品牌。那么如果中下游企业使用了问题原料,他们到底属于受害者还是加害者呢?答案显而易见,所有涉及食品产业链条任一环节的企业,都应对食品安全负责,任何食品商家都要为自己卖出的产品负责,同时也要为买进的原材料负责。

讨论二：依靠企业自律还是政府监管

企业逐利的本性表现在其逃脱责任的意图，基于市场道德的自律并不能完全约束市场主体行为。近些年在欧美、东亚等地区屡屡发生的食品安全丑闻对市场自由派主张的优胜劣汰方式提出了挑战。既然企业做不到自律，就必须加强政府对市场的监管，按照现代社会治理的逻辑健全食品监管体系，在政府"简政放权"的同时，加强对市场主体的事中事后监管，建立切实有效的市场监管制度。

案例五　饿了么"黑店"风波

一、案例描述

"饿了么"是一家网上订餐平台，2009年4月，由张旭豪、康嘉等人在上海创立，隶属上海拉扎斯信息科技有限公司。平台创立以来，无数人通过这家网上订餐平台享受到了互联网时代"美食零距离"的优质服务，一时间引得无数年轻人追捧，甚至成为一部分人一日三餐的主要获得渠道。然而2016年"3·15"晚会的一次曝光，使"饿了么"平台站在了舆论的风口浪尖上。在曝光的案例中，数家没有营业执照的餐厅堂而皇之出现在"饿了么"订餐平台上，网页上看似光鲜亮丽的门店均为虚假照片，实际上却是油污横流的小作坊。有的餐厅，拍到老板娘直接咬开火腿肠丢入炒饭中，厨师尝完菜再扔进锅里，这些镜头瞬间引起了全国网民的轩然大波。在央视"3·15"晚会曝光后，多地食品药品监督管理部门介入并立案调查，严厉打击商家虚构地址、上传虚假实体店照片、无照经营的黑作坊入住平台等违法行为。

二、案例伦理分析

讨论：新业态的"破"与"立"

我国当前正经历"双创"热潮，进入"互联网+"时代，几乎所有行业都迎来了巨大变革，商业模式的推陈出新给了创新者更多的时间和空间，甚至是更多的容忍。人们的衣食住行，无时无刻不在发生着改变，人们也在创新力量的"破"与"立"中享受到了改革的成果。当然，创新是一个革故鼎新的过程，同时也是一个试错的过程，在"饿了么"平台因黑店风波曝光后，从长远来看，社会舆论应持有更为理性的态度。肯定新模式，但不能放过纠偏的机会。社会的规则和制度，在不少时候是滞后于社会发展的，弥补中间的时间差，使新业态顺利发展才是根本目标。因此，对于新生事物，监管者要划定底线，让决策者在纠偏中不断催生创新成果，才是引领改革和发展的动力来源。

参考文献

[1] 张蓓,马如秋,刘凯明. 新中国成立 70 周年食品安全演进、特征与愿景 [J]. 华南农业大学学报(社会科学版),2020,19(1):88-102.

[2] 霍龙霞,徐国冲. 走向合作监管:改革开放以来我国食品安全监管方式的演变逻辑——基于 438 份中央政策文本的内容分析(1979—2017)[J]. 公共管理评论,2020(1):68-91.

[3] 何晖,郭富朝,郭泽颖. 新《食品安全法规实施条例》评述 [J]. 食品科学,2020,41(11):336-343.

[4] 习近平. 在中央农村工作会议上的讲话 [N]. 人民日报,2013-12-25.

[5] 郭吴珉,夏宏运,芦宇婷,等. 从"三鹿奶粉"事件评述中国食品安全监管制度 [J]. 食品安全导刊,2016(12):25.

[6] 张振华. 三鹿奶粉案:引发乳业食品安全危机 [J]. 方圆,2019(Z1):96-99.

[7] 邹子楠. 由"地沟油"事件看食品安全问题 [J]. 才智,2011(32):191-192.

第十二章 我国工程伦理教育推进的设想

第一节　我国高等工程教育中的工程伦理素质要求

当今时代，随着科技的发展，人类的工程实践能力越来越强，人类对大自然影响的范围也越来越广，其中所蕴含的工程伦理问题也越来越突出。所以，在实施工程行为时，社会除了会关注工程技术人员的专业能力和专业素养之外，对工程技术人员处工程活动中相关非技术性问题的能力要求也越来越高，包括处理在工程活动中可能出现的政治、经济、法律、管理、伦理、环境和人类安全等问题的能力。目前，我国高等工科院校普遍加大力度注重拓宽工科大学生的人文社科视野，健全学生的工程伦理素养，以将学生培养成情感丰富、热爱生活、富有强烈社会责任感、有益于社会的高层次专业技术人才为己任，使其在工程活动中能始终坚持将公众的安全、健康和福祉置于第一位。随着我国高等工科院校工程伦理教育的逐步推进，也有更多的哲学界、教育界、工程界和管理界专家学者共同参与到工程伦理的研究和实践中，并且实施跨学科的合作和研究。

工程伦理教育通过对工程技术人员在工程伦理道德方面的能力培养，尽可能减少或杜绝其在工程活动中失范问题的出现，使工程技术人员的社会实践活动的利他属性成为可能，将工程活动负面影响降至最小。在我国，工程伦理教育已经成为高等工程教育中的一个组成部分。在国务院学位委员会办公室下发的学位办〔2018〕14 号文件《关于转发〈关于制订工程类硕士专业学位研究生培养方案的指导意见〉及说明的通知》中，已经将工程伦理课程设置为工程类硕士专业学位研究生公共必修课，自 2018 级工程类硕士专业学位研究生开始执行。

在我国的卓越工程师教育培养计划、工程教育专业认证体系建设和新工科建设中，都再三重申注重工科大学生工程伦理素质的培养。

一、我国卓越工程师教育培养计划中的工程伦理素质要求

卓越工程师教育培养计划是教育部贯彻落实《国家中长期教育改革和发展规划纲要（2010—2020 年）》和《国家中长期人才发展规划纲要（2010—2020 年）》的重大改革项目。我国在 2010 年启动了卓越工程师教育培养计划（以下简称"卓越

计划")。卓越计划具有三个特点:一是行业企业深度参与培养过程;二是学校按通用标准和行业标准培养工程人才;三是强化培养学生的工程能力和创新能力。

在《教育部、中国工程院关于印发〈卓越工程师教育培养计划通用标准〉的通知》中,涉及本科、硕士和博士三个教育层次。在本科工程型人才培养通用标准中,对工科大学生在工程职业伦理素养方面的具体要求如下:具有良好的工程职业道德、追求卓越的态度、爱国敬业和艰苦奋斗精神、较强的社会责任感和较好的人文素养;具有良好的质量、安全、效益、环境、职业健康和服务意识;具有较强的创新意识;具有信息获取和职业发展学习能力;了解相关行业的政策、法律和法规;具有较好的组织管理能力、较强的交流沟通、环境适应和团队合作的能力;应对危机与突发事件的初步能力;具有一定的国际视野和跨文化环境下的交流、竞争与合作的初步能力。由《卓越工程师教育培养计划通用标准》中针对本科工程型人才的培养要求可以看到,对学生非专业方面的能力和素质要求更广了,主要对学生的道德素养和职业伦理方面做了明确要求。硕士和博士层次的人才要求标准也涉及以上几个方面的内容,但随着培养层次的提高,各项标准要求更高、更加严格。

二、我国工程教育专业认证体系建设中的工程伦理素质要求

工程教育专业认证是指专业认证机构针对高等教育机构开设的工程类专业教育实施的专门性认证,由专门职业或行业协会(联合会)、专业学会会同该领域的教育专家和相关行业企业专家一起进行,旨在为相关工程技术人才进入工业界从业提供预备教育质量保证。

在我国《工程教育专业认证标准(试行)》中的通用标准,对工科大学生在工程职业伦理素养方面的具体要求如下:具有较好的人文社会科学素养、较强的社会责任感和良好的工程职业道德;能运用现代信息技术获取相关信息的基本方法;具有创新意识;了解与本专业相关的职业和行业的生产、设计、研究与开发的法律、法规,熟悉环境保护和可持续发展等方面的方针、政策和法律、法规,能正确认识工程对于客观世界和社会的影响;具有一定的组织管理能力、较强的表达能力和人际交往能力以及在团队中发挥作用的能力;具有适应发展的能力以及对终身学习的正确认识和学习能力;具有国际视野和跨文化的交流、竞争与合作能力。《工程教育专业认证标准(试行)》中的通用标准对工科大学生职业道德伦理素养方面的要求是顺应目前时代发展的大趋势。目前,很多发达国家已经将工程技术人才的培养定位到国家战略高度,工程技术人员综合实力的提升对国家综合国力的提升至关重要。

在我国全力发展高等工程教育的时候,在 2016 年,我国正式加入《华盛顿协

议》，进一步促进我国的高等工程教育和国际接轨，我国的工程专业质量标准得到国际认可[1]，通过认证的相关专业毕业生在相关国家申请工程师执业资格时，将享有与本国毕业生同等的待遇，为中国工科大学生走向世界提供了通行证。

知识点 12-1 《华盛顿协议》简介。《华盛顿协议》是国际上最具影响力的工程教育学位互认协议之一，1989年由美国、英国、澳大利亚等6个英语国家的工程教育认证机构发起，其宗旨是通过多边认可工程教育认证结果，实现工程学位互认，促进工程技术人员国际流动。经过二十多年的发展，《华盛顿协议》成员遍及五大洲，包括中国、美国、英国、加拿大、爱尔兰、澳大利亚、新西兰、中国香港、南非、日本、新加坡、中国台北、韩国、马来西亚、土耳其、俄罗斯、印度、斯里兰卡、巴基斯坦等19个正式成员，孟加拉国、哥斯达黎加、墨西哥、秘鲁、菲律宾等5个预备成员。我国2013年6月成为预备成员，2016年6月转为正式成员。

截至2019年年底，全国共有241所普通高等学校的1353个专业通过了工程教育专业认证，这标志着这些工程专业的教育质量实现了国际实质等效，进入全球工程教育的"第一方阵"。

三、我国新工科建设中的工程伦理素质要求

2017年2月以来，教育部积极推进新工科建设，先后形成了"复旦共识""天大行动"和"北京指南"，并发布了《教育部高等教育司关于开展新工科研究与实践的通知》《教育部办公厅关于推荐新工科研究与实践项目的通知》，全力探索形成领跑全球工程教育的中国模式、中国经验，助力高等教育强国建设。

新工科建设的目标是：到2020年，探索形成新工科建设模式，主动适应新技术、新产业、新经济发展；到2030年，形成中国特色、世界一流工程教育体系，有力支撑国家创新发展；到2050年，形成领跑全球工程教育的中国模式，建成工程教育强国，成为世界工程创新中心和人才高地，为实现中华民族伟大复兴的中国梦奠定坚实基础。通过我国新工科建设，培养造就一大批多样化、创新型卓越工程科技人才，为我国产业发展和国际竞争提供智力和人才支撑[2]。

在我国新工科建设中，对工科大学生在工程职业伦理素养方面的具体要求规定如下：促进学生的全面发展，把握新工科人才的核心素养，强化工科学生的家国情

---

[1] 中华人民共和国教育部. 我国近千专业进入全球工程教育"第一方阵"[DB/OL]. [2018-06-12]. http://www.moe.gov.cn/jyb_xwfb/gzdt_gzdt/s5987/201806/t20180612_339209.html.

[2] 中华人民共和国教育部. "新工科"建设行动路线（"天大行动"）[DB/OL]. (2017-04-08) [2017-04-12]. http://www.moe.gov.cn/s78/A08/moe_745/201704/t20170412_302427.html.

怀、全球视野、法治意识和生态意识，培养设计思维、工程思维、批判性思维和数字化思维，提升创新创业、跨学科交叉融合、自主终身学习、沟通协商能力和工程领导力。

综上所述，卓越工程师教育培养计划、工程教育专业认证体系建设和新工科建设都在努力提升我国对具有较高专业素养和工程伦理素养的高素质工程技术人才的培养力度，使我国的高等工程教育与国际接轨，推进我国和其他国家实现高等工程教育水平和质量的相互认同，促进国际上工程交流和合作，从而整体提升我国的综合国力和核心竞争力。

第二节　我国工程伦理教育推进的途径

一、城市公共资源对工科大学生工程伦理素养的提升作用

城市公共资源是用于城市公共服务的资源，涉及的领域很广泛，涵盖城市的教育、医疗、科技、文化、行政、交通、卫生和体育等城市功能的构筑。城市公共资源是服务于城市和城市公众，为城市公众营造一个良好的共同生活和工作的城市空间，为城市公众开展经济、政治、文化和生活的活动提供了平台和保障。优良的城市公共资源是城市综合竞争实力的体现，也能促进城市精神的塑造，展示城市的时代性、人文性、法治性和开放性。在此主要就城市的博物馆、公共图书馆、科学技术馆、美术馆、体育场馆、大剧院等关系民生又具有提升公众身心素养、肩负公共教育功能的城市公共资源进行阐述。工科大学生通过对城市公共资源的合理使用，对自身工程伦理素养的提升也具有一定的现实作用。

（一）博物馆的公共教育功能

中国的《博物馆条例》指出，博物馆是指以教育、研究和欣赏为目的，收藏、保护并向公众展示人类活动和自然环境的见证物，经登记管理机关依法登记的非营利性组织。博物馆承载了一个城市、一个国家或全球的人文历史和风土人情。徜徉在博物馆里，人们可以感受到一城、一国或全世界人类历史的遗存。博物馆的馆藏资源可以开阔现代人的眼界，可以将人们带入遥远的年代或遥远的国度，加深人们对这个世界在时空上的全面认识。

在欧美国家，博物馆的功能被总结为"3E"功能，包括 Education（教育）、Entertainment（娱乐）、Enrich（丰富），即教育国民、提供娱乐、充实人生。可见，在博物馆所拥有的收集、展览、研究、考古、公共教育、文化交流等众多功能中，社会教育功能是博物馆的重要功能之一。通过参观博物馆，可以博古通今，满足参观者自身的求知欲，在精神上产生感动和共鸣，达到陶冶情操、滋养内心的效果，促成人格的升华。

（二）公共图书馆的公共教育功能

公共图书馆是社会教育体系的组成部分，从古至今都起着育人、兴邦、传承文化的作用。我国的公共图书馆是从古代藏书楼和书院演变而来的。公共图书馆是提供知识文化产品的服务机构，履行着文献收集、整理、典藏、传递和社会教育的功能。现代公共图书馆拥有大量的电子图书、电子期刊、外文数据库、影音数据库、古籍数据库、专题数据库供读者查阅。

公共图书馆因为特有的深层次文化底蕴，会唤起人们对知识的敬畏之心，对一个人内在精神世界的净化产生深远影响。一个民族的人文素养的塑造不是一朝一夕达成的，需要文化氛围的长期熏陶，腹有诗书气自华，图书馆提供了这样一个潜移默化的环境，使人们在知识的海洋里丰富自己的精神世界，从而推动城市精神文明的发展和进步。在很多城市里，公共图书馆同时还是各级政府的人文素质教育基地，向公众传播正确的道德伦理价值观，提升国民的整体素质和社会伦理道德水平。

（三）科学技术馆的公共教育功能

科学技术馆（简称"科技馆"）是以普及科学技术知识，传播科学技术思想和方法，以提高社会公众科学技术基本素质为主要目标的公益性科普教育机构，是实施科教兴国战略的重要场所，是我国社会教育重要的组成部分。科技馆项目的展示具有开放性、主动性、创造性和启发性的特征，能引导社会公众主动参与到科技馆的项目体验中，激发公众对科学技术的求知欲，使公众以一种探索的心态接受科学技术知识，有意识培养社会公众的科学创新意识、创新思维和创新能力，是社会公众提升科学技术素养不可或缺的场所。

（四）美术馆的公共教育功能

美术馆是收集、保存、展示和研究艺术作品，开展审美教育、文化交流和公共服务的公益性文化机构。美术馆以展示视觉艺术作品为主，最常见的展示品是绘画、雕塑、摄影作品、插画、装置艺术和工艺美术作品等[①]。美术馆属于博物馆类，也兼具推广与文化相关的教育和研究等功能。社会公众可以通过参观美术馆，了解人类的艺术历史和文化，以艺术的方式铭记人类历史发展过程中的优势和不足，以史为鉴，在现今时代更好地发展自我。

对美术馆藏品的欣赏，可以提升人的艺术修养。艺术修养也是一个人的基本素养，涉及人对艺术的领悟力、判断力、想象力、敏锐力和创造力。人的艺术修养的提升，能增强人对色彩、声音和韵律的敏感性，使人获得更高的审美能力和艺术享受。一个具有较高审美能力的人，能更好地感知生活的美好，更加热爱这个世界，让自己的生命更有张力和更加自由。随着人们生活水平的提高，人们的精神需求越发强烈，感知美和享受美是人们的迫切需求，社会公众走进美术馆，接受艺术作品的熏陶和教育也是社会发展进步的一种体现。

（五）体育场馆的公共教育功能

体育场馆是提供给社会公众进行体育训练、体育竞赛、体育锻炼的专业性运动场所。体育场馆主要有：体育场、篮球馆、网球馆、乒乓球馆、游泳馆、健身房、体操馆、击剑馆等。体育场馆的主要功能是承接比赛，供使用者运动训练和强身健体，但体育场馆在提高公众素质方面也是具有一定的社会教育功能。体育运动一般都具有一定的运动规律和赛事规则，人们在体育场馆参加体育活动时，必须遵循和服从相关的运动规则，秉承健康、和平、友好、公平和公正的运动理念和运动精神。特别是在足球、篮球、排球、橄榄球等多人球类运动中，更需要团队成员的密切配合和协助，才能取得成功。通过体育运动的开展，在运动人员共同遵守社会规范和运动规则的基础上，人们的运动协作精神得到健全和完善。体育运动也能磨炼人的意志品德，令人面对困难时，更能够迎难而上。体育运动使体育精神得以弘扬，引导人们通过努力获得胜利的动力，激发人们的探索精神，促使人们积极面对人生中的艰难险阻。在大型国际体育比赛中，获得奖牌不仅使个人或运动团队的努力被认可，也是国家和民族精神的体现。中国女排在历史上五连冠的辉煌战绩，使中国女排精神激发了一代又一代中国人的爱国之情，具有重要的社会教育意义。

（六）大剧院的公共教育功能

大剧院是进行话剧、歌剧、舞剧、戏曲（以京剧、越剧、黄梅戏、评剧、豫剧中国五大戏曲剧种为核心）、音乐剧和音乐会等表演的建筑场所。莎士比亚曾说过：

[①] 景亭，许玮. 浅谈高校美术馆的价值与建设 [J]. 新美术，2013（9）：112-116.

"戏剧是时代的综合而简练的历史记录者。"大剧院作为公共文化艺术的表演和欣赏场所,具有提升和培养公众艺术修养和审美能力的社会责任[①]。同时,大剧院中的演出也传承着人类艺术的经典,展现着和时代背景相关的舞台创作,大剧院本身也是弘扬社会主流思想的场所,对于社会公众的内在精神世界的丰盈起着一定的导向和教育作用。大剧院的公共教育功能不是一蹴而就的,更多是以一种缓慢推进的形式提升着城市公众的艺术修养,作为一种社会公共资源对公众的内在素养和情感追求进行着滋润和营养。

大剧院中展现的众多的艺术表演形式能使观众的身心得到艺术的熏陶,在艺术美的品评中,观众的人格和艺术修养得到升华。例如:百老汇的经典儿童剧《小美人鱼》和《白雪公主》等剧目,可以直接启迪儿童的艺术修养和审美素养,使其明辨社会中的真善美。芭蕾舞剧《天鹅湖》和《红色娘子军》等剧目,通过芭蕾舞蹈演员优美的舞姿揭示和传达着人物的内心世界,观众的思绪会随着舞者一起舞动和共鸣。经典话剧《平凡的世界》《白鹿原》《茶馆》和《雷雨》等剧目则通过对剧中人物个性的刻画折射出一个时代的印记。

综上所述,博物馆、公共图书馆、科学技术馆、美术馆、体育场馆、大剧院等城市公共资源为城市公众营造了一个科学、休闲、艺术、教育和健身的氛围,通过对公众进行科学文化的熏陶和身心的滋养,潜移默化地改善着人们的内心精神世界,提升了人们整体的文化道德水平,带动了城市公众整体素质的提升。

对于工科大学生而言,他们是国家未来的建设者,在其未来工程职业生涯中,他们不仅需要面对和解决工程活动中的各类问题,还要面对和解决人与人、人与社会、人与自然之间的各种关系问题,他们需要拥有完备的科学、技术和工程知识结构体系,需要具备一定的政治、经济、文化、法律、环境和人类安全方面的正确意识,也需要具备广博的社会阅历和丰富的情感,能关爱社会、关爱他人,促成其正确的世界观、人生观和价值观的养成,培养其强烈的社会责任感,铸造其良好的工程职业素养。工科大学生和城市公众一样享有城市公共资源的福利,通过走进诸如博物馆这类公共文化场馆,他们能感受知识、感受文化、感受历史,对工科大学生内在素养和情感追求的提升起到润物细无声的效果,达到助其高尚品德、健全人格和综合素质的全面发展,提高其在未来工程活动中主动遵循工程伦理规范的自觉性,对其今后在工程界事业的开拓和工程伦理意识的健全也会起到重要作用。在全社会公众的自身修养、文化水平和伦理道德意识全面提升的基础上,工科大学生的工程

---

① 刘筠梅. 剧院的公共艺术教育功能及实施途径研究[J]. 内蒙古师范大学学报(哲学社会科学版),2015,44(6):109-113.

伦理道德意识也会随之提升，能引导他们在将来的工程活动中做出正确的工程判断、工程选择和工程决策，从而推动人类社会有序、和谐的发展。

二、共情能力对工科大学生工程伦理素养的助益

在人类的工程活动中，共情能力的培养是有利于工程活动实施的。

共情能力是指有意识设身处地地站在他人角度，去感受和理解他人情感和处境的能力，共情能力是具有利他属性的。共情能力原本是指心理治疗师体验他人的内心世界，协助他人达到自我情绪改善的能力。随着心理学知识的普及，共情能力的概念越来越多地渗透到我们的生活中，成为社会公众自我评价和评价他人的一个能力参数。在中国历史文化中，"恻隐之心""己所不欲勿施于人""换位思考""感同身受"等也都是属于共情意识的范畴。

共情行为的递进过程：（一）信息接收：倾听者通过诉说者的言行去了解诉说者的真实想法和经历。（二）信息处理：倾听者借助其自身所具备的知识和能力，思考诉说者的处境和问题。（三）信息输出：经过慎重的思考后，倾听者将自己的处理经验和方法告知诉说者，帮助和引导诉说者越过障碍，助其解决问题。

共情行为的外在体现就是理解他人，对他人的经历和情感感同身受，并以适当的态度和行为回应对方。但共情行为是有其内在个性和情感支撑的，只有当一个人自身具备了良好的认知能力、人格素养、理解能力和表达能力时，才能真正将共情能力恰到好处地应用到实际当中。另外，共情能力也是具有相互性的，当一个人在对他人共情、给予他人理解和关注时，自身的反应也是积极的，也会给自己一定的情感回馈，使自身的情感得到满足，给予自己内在的认可和评价。

在共情的情景下，虽然倾听者和诉说者都是同时代的人，但人是有差异性的，每个人的人生经历、教育程度、家庭背景、年龄、个性等都会有所不同，所拥有的个人信息和社会信息是不同的，这就需要在人际交往中做到换位思考，相互尊重和理解，对他人的情绪和体验不要以自己的阅历和主观臆断来评价，当出现分歧时应该退一步，缓一缓下定论，站在他人的立场去思考他人的想法，尽可能理解和包容他人的想法。同时，必须注意到共情并不是同情[①]。同情是对他人的遭遇表示理解和共鸣。共情则是能换位思考，从内心感知他人的感受，体验他人的经历，并帮助他人越过一定的情绪困境，助他人实现自我情绪的调整，是一种积极的利他行为。

达成良好共情效果的条件：（一）能设身处地的倾听和理解他人。共情的基础条件是倾听者和诉说者生活在同一时代、同一个世界，有着相似的经历，但每个人

---

① 蔺桂瑞. 共情使用中的误区及共情能力的提高 [J]. 中国心理卫生杂志，2015，24（6）：409-410.

的成长环境和外部条件不同,各自的人生经历也会千差万别,在交流过程中,每个人需尽量去体会对方的所思所想,其悲喜来源。但是,如果倾听者和诉说者处于完全不同的人生经历和社会环境时,共情相对比较难产生。目前,有些医患矛盾中出现的过激行为,普通大众很难理解这个现象,这种医患矛盾的出现在某方面也是缺乏共情能力导致的,医生和患者都需要审视自己的处事态度。当然,多数医患矛盾中,患者及其家属的个人素质也是被公众所关注的。(二)善于了解自己并去感受自己的想法。一个人如果能敏锐地感知自己的情绪,理解自己的所思所想,也能有助于理解他人并去感受他人的感觉,也容易与他人共情,感性的人相对更容易共情。(三)能将自己对他人的理解顺畅地表达出来。共情是倾听者和诉说者在信息上互相反馈的过程,在倾听和诉说过程中彼此理解着对方,交流着双方的观点和想法,如此往复达成两者的互动和情绪的交融。其中,恰当的表达方式和较强的表达能力很重要,能润滑着双方的情绪,产生情感共鸣。(四)必备的善良和包容心。倾听人需要具备善良的人品,具有良好的包容心和理解力,才能在更大程度上去倾听、理解并真心诚意反馈自己的真实想法去帮助他人。

提高共情能力的方法:(一)自我内在素养的提升和发展。共情能力高的人需要有丰富的人生阅历,并善于敏锐和主动思考周遭的问题,怀有一个对自己和对他人都爱护和包容的内心去看待他人和外界,尊重和理解是实现共情的基础。(二)对外界良好的理解力和感知力。善于倾听他人的真实想法,仿佛诉说者的经历就是自己的经历,则能更好和对方共情。

共情能力可以被运用在工程伦理教育中。人类的工程活动因其具有社会性,会涉及人与人、人与社会、人与自然的和谐相处,决定了人类的工程活动必然会对周围的人和环境产生一定的影响。工程技术人员在实施工程行为时,需要切实考虑到他人的感受、社会的感受和大自然的感受,本着为社会造福,共情于人类命运的共同发展,至此人类的工程活动才能有益于社会和人类的发展。如果工程技术人员具有良好的共情能力,能感知自己的工程行为对外界的影响,就能在遇到问题时及时修正自己的工程行为,使自己的工程行为向着造福社会的方向发展。所以,工程技术人员的工程伦理素养的培养也和共情能力的培养分不开。我国工程教育在培养工科大学生工程伦理素养时,培养目标是希望准工程师在其未来的职业生涯中参与的工程活动是有益于社会的。共情能力的培养可以帮助准工程师关注人类的生存和发展,关注社会公众的整体利益,感受我们赖以生存的生态环境的需求,此时的共情超出了人与人之间的理解和互动,我们生存的大环境也是人类共情的对象。

在工程活动中,良好的共情能力也会有助于工程技术人员形成良好的人际关系和道德品质,有益于工程技术人员自我综合素养的提升。通常情况下,共情能力越高的人，越能感受到他人内心的渴求，越能站在他人的立场去感受和理解并维护他人的尊严和利益。一个人的共情能力越强，其人格的发展应该是越健全的，越能把控自己的想法和行为。因为越能感受他人的情绪而去设身处地替他人着想，就越能赢得他人的认可，在其职业生涯中也更容易获得积极和正面的回馈，使其在社会和工作中的角色发展状态更具潜力，获得更高的幸福感和认同感。工程技术人员共情能力的发展很关键，需要具备丰富的人生阅历；优良的人文素养；秉持正确的人生观、世界观和价值观；拥有健全的人格；具备流畅的表达能力，才可能更快适应工作环境，在其参与的工程活动中处理相关问题时游刃有余，以强烈的社会责任感去造福人类，这也是推进工程伦理教育理念的宗旨所在。

思考12-1 当今时代，在微信的朋友圈发送信息和回复信息的行为也具有共情的特质。

微信是网络时代公众常用的一款APP。在微信中，多数人都有过发朋友圈信息和回复朋友圈信息的经历。但在微信中适度和恰当地发送和回应朋友圈信息，也是一个人良好共情能力的表现。

在马斯洛需求层次理论中提到人有五个需求层次，由低层次到高层次依次排列为：生理需求、安全需求、社交需求、尊重需求和自我实现需求。人作为一个生物体，首先要满足生理需求，即呼吸、水、食物、睡眠、生理平衡等需求。当人的生理需求得到满足时，才可能追求更高级和社会化程度更高的需求。在微信交流中也存在社交、尊重等高层次的心理需求。

人在发朋友圈的时候，所发的信息在某种意义上是这个人内心精神世界的折射，是这个人自我意识或憎恶倾向的一种表达。但在发朋友圈时，人应该考虑到朋友圈内其他人看到信息后的感受，应兼顾他人的心理需求。朋友圈里的人包罗万象，每个人的个人经历和社会角色不同，导致每个人会有不同的价值观、世界观和人生观。当一则信息在朋友圈发里出时，需要适度考虑朋友圈内的人对你发的信息是否认可和理解，是否会造成他人情感上的抵触或不理解。所以，在发朋友圈时需要适当注意信息的措辞，表达的个人观点应该中肯和客观。微信朋友圈是很多人共同拥有的空间，是更具普适性的人际交往圈，所以在朋友圈中依然需要言行得当，客观表达，所有人和谐共处。

另外，在回复朋友圈信息时，也能体现人的共情能力。每个人发朋友圈时，希望自己的观点能被理解和认同。能适度给他人朋友圈信息点赞和回复的人，表达了一种对他人的欣赏和关注，是一种包容的心态，也是共情的表达。

三、中国教育的完善对我国工程伦理教育的促进作用

教育就是教导受教育者认识世界，进而使其思考世界的形成和发展过程，再引导受教育者凭借自己的能力使世界得到更好的发展，以造福人类。教育是给人传道、授业、解惑的过程，教育能给人传授知识，教育能塑造人的健全人格，教育能激发人的内在潜能，经历过系统教育的人在踏入社会后，在其职业生涯中应具有符合时代发展的人生观、世界观和价值观，并能在社会实践中贡献自己的一份力量。

中国的教育有着悠久的历史。当前中国正处在社会高速发展时期，使得中国教育的实践和研究呈现着丰富多样的发展态势。近些年，中国一直致力于教育思路改革的探索，中国各层次学校教师在教学过程中越来越注重教育方法的应用，注重提升学生的教育主体地位，注重课堂的师生互动，关注学生综合素质的发展。在《国家中长期教育改革和发展规划纲要（2010—2020年）》（以下简称《教育规划纲要》）中，国家已经开始关注全面提升国民素质，学生在教育中的主体地位，教育中学生的身心发展规律，学习型社会的形成，提升高等教育毛入学率，国民的终身教育，学生创新能力的培养，创新人才的培养模式，教育学生学会知识技能、学会动手动脑、学会生存生活、学会做人做事的能力等。《教育规划纲要》的实施，对中国人才综合素质的培养，提升中国国家综合国力具有重大意义。但是，和发达国家的教育相比，中国教育的实践和研究还有待完善，中国教育的发展也面临着众多挑战。

中国的教育更多呈现的是标准化教育模式，导致培养的学生个性不突出。教育中的应试教育成分太重，学生会考高分，但思想活跃度不够，实践能力不足，创新能力不足，不擅长处理未知的新问题，这种教育的缺失也会对从事工程活动的工程技术人员造成一定的影响。在人类的工程活动中，每个工程项目都有其特殊性，工程技术人员在处理工程问题时，不可能完全照搬已有工程经验和工程处理策略来解决遇到的问题，而需要具体问题具体对待，以创新思维和创新意识处理工程中出现的问题。工程技术人员要善于创新，敢于开拓进取；面对工程中的疑难问题，要敢于挑战，要有担当精神；在尊重自己、尊重他人、尊重社会的基础上，公平、公正和合理地推进工程活动的实施。

工程伦理教育推进的厚积薄发阶段虽然在工科大学生的大学阶段和其毕业后的职业生涯阶段，但工程技术人员在大学教育之前所接受的基础教育、家庭教育、社会氛围的熏陶对其工程伦理素养的养成也是至关重要的。诚然，大学前的各类教育形式更具普适性，没有很明确的专业指向，但却是一个工程技术人员工程伦理素养养成的基础。"十年树木，百年树人"。中国的工程伦理教育推进不能是单点式的教

育实施过程,不能仅仅局限于工科大学生在大学时代的工程伦理教育,一个人综合素质的养成是个终身教育的过程,如果忽略了人的各个成长阶段的教育,对具备良好专业素养和工程伦理素养人才的培养都会是一种教育的缺失。

当今时代,高素质工程技术人才的培养是提升一个国家综合国力的重要途径,各国都致力于创新型、复合型、国际化综合型人才的培养。中国也正在加大力度推进中国高等工程教育和国际接轨,这样能带动中国教育跳出既有的教育藩篱,有利于中国教育和国外教育的充分融合和促进,也能吸收国外先进的教育理念和成果,使我国的高等工程教育顺应世界高等工程教育的发展趋势,为我国培养具有国际竞争力的专业技术人才创造良好条件。我国的高等工程教育需要培养适应时代发展、具有良好的工程伦理意识、良好的工程判断力、良好的工程决策能力的优秀工程技术人才。

思考 12-2 北京大学和耶鲁大学校长对话央视国际[①]。

2004 年 1 月,美国耶鲁大学校长理查德·莱文和北京大学校长许智宏做客中央电视台《对话》栏目,就大学教育和人才培养等方面进行了思想交流和分享。

(一) 校长心中的本校特点。

耶鲁大学校长:耶鲁大学有着闻名于世的奖学金,广为人知的是耶鲁大学致力于培养杰出的领导者,多位美国总统,也包括最近的三届总统都毕业于耶鲁大学。在商业、法律领域、新闻工作、娱乐、传媒业等领域都能看到这些领导者。耶鲁大学不只为美国,也在为世界培养领导者。

北京大学校长:北京大学是中国最古老的一所大学,同时我想它也是一所最现代化的大学。北京大学追求的是,它的不断创新,追求卓越。

(二) 校长心中的本校最杰出的五位毕业生。

耶鲁大学校长:最杰出的毕业生有比尔·克林顿、乔治·布什、希拉里·克林顿、乔纳森·斯宾塞、梅丽尔·斯特里普。

北京大学校长:最杰出的毕业生有季羡林教授、侯仁之先生、王选教授、周光召先生、李政道先生。

(三) 校长推荐本校最杰出五位毕业生的原因。

耶鲁大学校长:那些伟大的学者都富有好奇心,渴求知识,并主动地进行社会实践。他们都抱有远大志向,并为之做出贡献。我推荐的原因是他们都是领导天才,像比尔·克林顿是天生的领导者,是位鼓舞人心的演说家。

---

① 央视网. 北大与耶鲁:校长对话 [DB/OL]. [2004-01-04]. http://www.cctv.com/program/dialogue/20040105/101326.shtml.

北京大学校长：学术上的成就和个人的人品。

（四）学生进入大学后，最重要的三大任务。

耶鲁大学校长：对任何事情都提出质疑、努力学习、学会如何独立的思考。

北京大学校长：学习、学会怎么做人、学会为社会服务的能力。

（五）大学老师应该完成的三大任务。

耶鲁大学校长：清晰地交流、激励学生、鼓励独立思考。

北京大学校长：传授知识、学会教会学生做人、将学生培养成真正有不同个性的人。

（六）如果两位校长角色互换，分别到对方学校担任校长，第一件要做的事情是什么？

耶鲁大学校长：会做许智宏校长现在正在做的许多事情。认同许智宏校长在进行的教改，头两年内给学生更多的接受教育的机会，这些正在做的事都是我一开始就会做的事。为了成为一个第一流的大学，大学需要最好的教师。这是唯一的评价大学教育质量的基础，教师对社会知识的贡献。同意许校长的做法，与世界一流大学发展项目合作，互相分享知识，许校长走的路都是正确的。

北京大学校长：如果要去领导耶鲁大学——这个世界的一流大学，坦率来讲会是非常大的困难和挑战。相对而言，美国的大学，像耶鲁跟哈佛这类大学已经相当成熟了。在它们几百年的历史中，它们的所有体制实际上已经相当完善了。美国的大学校长的职责，是筹集资金，吸引优秀人才，这是他们的两个主要的任务。美国的大学校长的责任相对来讲，跟我们中国这种变化的环境的责任坦率来讲不一样。中国大学的校长可能要善于来运用你的各方面的技能来做好这个工作。对于我来讲，至今仍旧是很大的挑战。

耶鲁大学和北京大学虽然是分属不同国家的高校，但都承担着教书育人的重任。两位校长在对高等教育的看法和办学理念上存在着差异，这些差异和中美国情有一定的关系。但大学教育的宗旨都是促进学生的自由发展，培养具有独立人格的优秀学生为社会做贡献，这个教育理念在全世界是共通的。

四、工程伦理教育需要国家、社会和高校层面的共同推进

教育兴则国家兴，教育强则国家强。时代的发展对我国工程技术人员的培养提出了更高的要求，工程伦理教育在我国也呈现出快速发展的态势。对于工科大学生工程伦理素养的培养不仅仅是高等工科院校的责任，也是国家和社会共同肩负的责任，需要国家各个层面的共同努力来完善工程伦理教育。

(1) 在国家层面，我国的卓越工程师教育培养计划、工程教育专业认证体系建设、新工科建设和工程类硕士研究生教育中已明确对工程伦理教育提出了要求，这将有效推动我国工程伦理教育的进程。国家应继续加大力度出台推进工程伦理教育的详尽政策，在政策上对我国工程伦理教育给予规范化和体系化的规定和要求，以带动我国工程伦理教育的进一步实施。目前工程伦理课程已经成为工科硕士研究生的必修课，但工科本科生和专科生也是国家未来的工程建设者，在他们的职业生涯中也会涉及众多伦理问题的判断和处理。为了惠及更多的工科大学生建立和健全工程伦理意识，明确工程活动中工程技术人员的职业道德要求，帮助其养成求真务实、精益求精的工作态度和工作作风，知晓工程技术人员所肩负的社会责任和职业道德底线，国家可以下发强制性文件，将工程伦理课程设置为所有工科大学生的必修课，而不仅仅是作为工科硕士研究生阶段的必修课，使所有工科大学生都接受工程伦理教育。在我国的工程职业准入制度方面加大对工程技术人员工程伦理素养的评价要求，将工程伦理教育和工程教育专业认证进一步相结合，并逐步推进工程伦理教育走向建制化阶段。

(2) 高校应该加大对工科大学生工程伦理教育的培养力度。首先应加强工程伦理师资队伍的建设，高质量的工程伦理师资队伍是获取优良工程伦理教育效果的保障。工程伦理教育是多学科的交叉教育体系，涉及工程学、哲学、管理学、教育学、法学等多学科知识的交叉和渗透，工程伦理课程不能仅仅局限于由工科专业老师讲授课程，而需要接纳相关学科的老师共同参与到工程伦理教学实践中来，打造跨学科合作师资科研团队和教学团队来推进工程伦理教育的开展。同时，高校应积极响应国家教育部门的要求，完善工科大学生人才培养方案，制定合理的、科学的工程伦理课程大纲、课程教案和课程考核标准等，切实提高工程伦理课程的教育效果。教师在教学过程中，也应该主动探索适合的教学方法，例如情景教学法和案例教学法等，激发学生的学习兴趣，发挥学生学习的主观能动性，将学生轻松带入工程伦理问题中，引导学生对工程伦理问题进行分析、讨论和决策，加强学生解决工程伦理问题的意识和经验，达到提升学生工程伦理素养的目的。

(3) 工程伦理教育是高校的教育行为和教育责任，但也是全社会共同需要面对的社会责任。人类的工程活动中包含着事关人类命运的价值选择，失衡的工程活动对社会的影响是全方位的，需要国家通过政策和新闻媒体的宣传导向作用来推动社会各界工程伦理认知和意识的提升，在社会全面普及工程伦理相关基础知识。从社会层面理解，全社会形成了良好的工程伦理氛围，有助于我国工程伦理教育的推进，使具备较高专业理论素养和工程伦理素养的工程技术人员在工程活动中尽可能杜绝工程腐败和工程决策失误问题的出现，是有利于国家经济建设的，是有利于社会发展的。

第三节 对我国工程伦理教育的反思

工程伦理的研究和实践是为了应对工程领域中出现的未知性、前沿性和亟待解决的伦理道德问题而开展的，关注的核心问题是使工程活动能造福人类，并始终将公众的安全、健康和福祉置于首位。工程活动是人类利用各种资源的造物活动，工程是由人建造的，也是为人建造的，人类造物的过程和结果应该充分考虑人类自身的生存发展和内在精神的需求，应该能给人类社会带来一个伦理善的结果，使社会更和谐、更具可持续发展性。

由于工程活动具有社会性、系统性、复杂性、专业性和多学科交叉的特点，在工程活动中，工程技术人员需要协调好人与人、人与社会、人与自然的关系。既要保证多专业合作的工程技术人员之间彼此建立良好的沟通和合作关系，也要保证工程活动的实施符合时代和社会的发展节奏，达到合理、有序地实现工程活动全过程推进。人类的工程活动同样也会对大自然产生影响，有可能改变生态资源分布状况，引发生态环境问题。人类需要始终铭记，人类的造物活动不能以破坏人类赖以生存的自然环境为代价。人类中心论思想需要被摒弃，人类只是地球上的一个生物物种，人类需要尊重自然，尊重同在地球上生存的其他物种的存在和发展，需要和大自然共同依存、共同发展。

目前，科学技术呈现突飞猛进的发展态势，科学技术各领域相互渗透、交叉和融合，带动工程活动的深度和广度不断扩大。与此同时，工程活动对人类自身和周围环境造成的巨大负面影响，诸如土木工程事故频发、生态环境破坏、自然资源枯竭、核战争的潜在威胁、人工智能的伦理问题、核电站泄漏事故、大型水利工程引发的环境问题等，使工程活动中的伦理问题凸显，给人类的生存带来了不可以估量的风险和压力。工程活动中的伦理问题将工程技术人员推向了时代的风口浪尖，社会对工程技术人员的工程伦理素养和社会责任感越来越关注，也对工程伦理教育肩负的历史责任提出了更高的要求。

工程伦理教育培养的工程技术人员是工程活动的直接实施者，需要具备较高的工程专业素养，同时也需要肩负起厚重的伦理道德义务和责任，在其参与实施的各类工程活动中，工程技术人员的工程伦理意识和工程伦理执行力的影响和作用是很深远的。工程技术人员除了需要具备较强的社会责任感和工程伦理意识，还要求对工程结果具有一定的前瞻性，在工程决策时尽可能考虑到潜在的工程风险，并及时防范和规避工程风险的发生。工程技术人员有责任和义务为自己当前的工程行为负责，也需要为当前的工程行为的未来影响负责；需要对可预测的工程后果负责，必要时也需要对不可预测的工程后果负责。

工程伦理教育培养的工程技术人员的工程思维应该更开阔，应对工程问题时更具主观能动性和独立性。工程技术人员是隶属于其任职的集团的，当工程技术人员所属集团利益和社会利益发生冲突时，为了对更多人的利益负责，工程技术人员有权选择不参与和不服从自己所在集团的利益诉求，社会应该赋予工程技术人员出于伦理善的不服从的权利，也应该保护工程技术人员在不服从集团利益时不被恶意伤害。

工程伦理教育培养的工程技术人员应该更具领导能力。目前，越来越多的高素质工程技术人员加入工程活动的高层管理团队，对工程可行性研究、工程决策、工程设计、工程实施、工程后期维护等各个工程阶段进行专业的决策和管理，加大了他们在工程活动中的决策权和监控权。相对于纯管理型人才的工程管理，专业人做专业事，能有效避免一些功利性的工程伦理问题的发生，降低了工程风险的发生比例。但同时，因为工程技术人员职责和权限的提升，工程技术人员的社会影响力更大，社会对工程技术人员的工程伦理责任也提出更高的要求，他们需要为他们的工程行为承担更多的工程责任。

工程伦理教育培养的工程技术人员应能遵循伦理道德规范的指引和约束从事工程活动，能主动善待人类、善待社会、善待人类赖以生存的生态环境，始终对工程活动中可能发生的工程风险保持警惕性，保证其工程活动目标的实现和达成。当今是科学技术飞速发展的时代，也是机遇和挑战并存的时代，科学技术能造福人类，也能给人类带来巨大的危害。科学技术本身不存在对和错，但应用科学技术推动人类社会发展的工程技术人员的工程行为对人类和生态环境存在善和恶的伦理影响，其工程活动的结果是具有正反两面性的，工程技术人员则直接要为其工程行为的结果负责。由于工程技术人员是掌握专业知识的高层次专业技术人才，加之工程活动的社会属性，工程技术人员的工程行为结果相对于普通公众的行为结果产生的社会影响会更大，工程技术人员需要承担更多的伦理责任。工程技术人员如果错误地运用科学技术，或在科学技术应用上存在道德和伦理方面的偏私或失职，则有可能造成很严重的工程后果和工程伦理问题，这些是和相关工程技术人员的价值选择直接相关的。例如：核能的产生和发展是科学技术发展到一定阶段时人类智慧的结晶，核能的应用推动了军事、能源、工业、航天事业的发展，但核能不能用来伤害人类。人类在经历了日本广岛和长崎被投放原子弹的惨痛教训后，认识到核武器巨大的杀伤力，认识到使用核武器的非人道性，开始全面限制和禁止核武器的使用，坚决杜绝以非正义方式使用核能，避免核能对人类社会和生态环境造成持续的危害和威胁，始终保证核能在社会发展中得到正确和安全的使用。所以，工程技术人员在开展工程活动的同时，肩负着一定的工程伦理责任。但由于人类的工程伦理意识自觉没有跟上科学技术发展的速度，人类对很多工程领域出现的伦理道德问题存在认识和判断上的不确定性。例如：在20世纪二三十年代，氟利昂作为制冷剂在空调和冰箱中广泛应用，使人们能轻松应对冬季和夏季的气候条件，但在经历了漫长的时间后人类才发现使用氟利昂对臭氧层产生了巨大的破坏。由于臭氧层的破坏，地球上的生物遭受到强烈紫外线的辐射，对人类和生态环境造成了严重的危害。目前，人类在工业应用上限制和禁用氟利昂或者寻找其他氟利昂的替代品，尽可能避免氟利昂对人类和环境造成后续的危害。所以，面对工程风险时，工程技术人员的敏锐感知力和前瞻性就显得尤为重要了。但因为科学技术的高速发展，工程活动中的未知因素太多，工程技术人员并不能时刻准确感知和预测超出自己伦理认知能力范围的工程风险并及时规避，这个问题已经超出工程伦理范畴，需要进一步深入探讨和研究。

目前，工程伦理教育虽然不能完全保证工程技术人员对工程伦理问题进行准确的判断和预测，但可以使工程技术人员在工程实践中时刻秉持以人为本、知情同意、公平、公正、科学决策的原则，在工程活动中尽可能合理、有效地实施工程行为，知晓哪些工程行为可行，哪些工程行为不可行，达到减少或避免危害社会的工程伦理问题的发生。在工程活动中遇到各种伦理问题时，工程伦理理论和指导规范可以对工程技术人员的工程伦理行为起着规范和约束的作用，是工程活动顺利实施的一个有力保障。

在我国高等工程教育中，一直有着重视工科大学生专业理论素质教育，忽视工科大学生人文素质教育的倾向。随着国家工程教育改革的推进，这一现象也在逐步改善，目前我国的高等工程教育必须将工科大学生的工程伦理教育和专业教育纳入同等重要的地位。一名专业能力较强的工程技术人员，如果其工程伦理素养缺失，其工程行为则有可能对人类社会造成更大的威胁；兼具较高专业能力和工程伦理素养的工程技术人员，其工程行为对社会的潜在危害会在其伦理自觉中得到有效的减少和防范。所以，工程技术人员要明确其实施的工程行为必须是有利于人类的，其肩负的是整个人类兴衰和发展的重任，工程伦理素养高的工程技术人员也是国家和社会构筑的防范和减少工程活动对人类负面影响的重要防控屏障。在我国的高等工程教育中，对工科大学生的专业素养和工程伦理素养的培养不可偏颇。

目前，由于我国工程伦理教育研究和实践开展尚不充分，在国家、社会和高校层面对工程伦理的重视程度还有待加强。在我国工程活动中，工程伦理教育的作用和潜力还没有得到充分发挥,加之一些工程技术人员的工程伦理意识缺失,导致工程伦理问题频频出现,这一现象和我国工程大国的发展方向不相符。时代的发展迫切要求我国工程伦理教育的研究和实践奋起直追,通过工程伦理教育的有序推进,能激发工程技术人员用科学技术报国的家国情怀和历史使命担当,能使具备良好工程伦理素养的工程技术人员在工程活动中始终以求真、务实、诚实、守信、忠诚、公平、公正的态度去履行他们的工程责任,尽可能减少有偏差或错误的工程行为的发生,达到保护公众安全、社会和谐和生态环境可持续发展的目标。在工程实践中,工程技术人员应以其高尚的人格和高度的社会责任感,以对他人和生态环境保有一份人文关爱的情怀,去造福社会和人类。同时,时代的发展也要求工程技术人员具有一定的国际竞争力和前瞻意识,能面向世界、面向未来,能满足未来的国际化工程发展需求。

当然,工程伦理教育的普及和实施也是渐进的过程,需要全社会公众工程伦理认知的普及,需要国家、社会和高校层面的共同努力,来推动人类的工程活动向着有益于人类、有益于社会、有益于生态环境的方向发展,使人类在地球上的生存状态更具可持续发展性,能造福当代的人类和未来的人类。

参考文献

[1] 景亭,许玮. 浅谈高校美术馆的价值与建设 [J]. 新美术,2013 (9):112-116.

[2] 刘筠梅. 剧院的公共艺术教育功能及实施途径研究 [J]. 内蒙古师范大学学报(哲学社会科学版),2015,44 (6):109-113.

[3] 蔺桂瑞. 共情使用中的误区及共情能力的提高 [J]. 中国心理卫生杂志,2015,24 (6):409-410.